高等学校电子信息学科"十三五"规划教材·计算机类

计算机组网及 Wireshark 实验教程

徐　建　编著

西安电子科技大学出版社

内 容 简 介

本书是计算机网络课程的配套实验教材，同时也包含了进行实验所需的基础知识，因此可以单独使用。

全书共分为四个部分。第 1 部分是局域网的构建，在学习完基本概念后，还安排了网络配置及常用命令、网线的制作、交换机的基本配置、交换机 VLAN 的配置和生成树的配置管理等实验。第 2 部分是网络的互联，安排了静态路由、RIP、OSPF、NAT、ACL 和 DHCP 配置管理等实验。第 3 部分是网络的应用，安排了 BIND 服务器、Web 服务器的安装配置和简单的 TCP 客户机和服务器编程等实验。第 4 部分介绍了网络中流动的数据包，安排了 802.11、ARP、NAT、DHCP、DNS、TCP、HTTP 和 ICMP 等多个 Wireshark 数据包捕获实验。附录部分介绍了两个工具软件 Cisco Packet Tracer 和 Wireshark 的基本使用方法，还提供了部分实验中不同厂家交换机和路由器产品所使用命令的一些区别。

本书可以作为计算机科学与技术等信息类专业学生的实验指导书。一般工科专业的大二学生，在学习完高级程序设计语言、对计算机有基本认识之后，也可以选择这本书作为进一步学习计算机网络的教材。

图书在版编目(CIP)数据

计算机组网及 Wireshark 实验教程/徐建编著. —西安：西安电子科技大学出版社，2018.12
 ISBN 978−7−5606−5121−7

Ⅰ. ① 计… Ⅱ. ① 徐… Ⅲ. ① 计算机网络—通信协议—教材 Ⅳ. ① TN915.04

中国版本图书馆 CIP 数据核字(2018)第 249570 号

策划编辑　陈　婷
责任编辑　郑一锋　陈　婷
出版发行　西安电子科技大学出版社(西安市太白南路 2 号)
电　　话　(029)88242885　88201467　　　邮　编　710071
网　　址　www.xduph.com　　　　　　　电子邮箱　xdupfxb001@163.com
经　　销　新华书店
印刷单位　陕西利达印务有限责任公司
版　　次　2018 年 12 月第 1 版　　2018 年 12 月第 1 次印刷
开　　本　787 毫米×1092 毫米　1/16　印　张　17
字　　数　397 千字
印　　数　1～3000 册
定　　价　38.00 元

ISBN 978−7−5606−5121−7/TN

XDUP 5423001−1

如有印装问题可调换

本社图书封面为激光防伪覆膜，谨防盗版。

前 言

这是一本通过计算机组网实验学习 TCP/IP 协议的书。

以往的教科书大都按照协议层次自顶向下或者自底向上的方式讲述 TCP/IP 协议的原理和实现。本书从计算机组网的角度出发，先简单介绍相关的基本概念，然后说明如何具体构建一个计算机网络，最后深入到网络中流动的数据内部，观察各种数据传输单元的具体表现形式，从而达到学习和理解计算机网络原理的目的。

如果读者有一定的计算机基础知识，已经知道计算机是由 CPU、内存/外存、输入/输出等部件构成，也了解操作系统、应用程序这些概念，并且学习过 C 语言高级程序设计，有一定的编程经验，那么肯定能够顺利地学习本书，并且完成书里介绍的所有实验项目。在读完本书并且完成书中所有实验以后，你会对计算机网络原理有比较深刻的理解。如果你的理想是成为一名网络工程师，或者从事计算机相关的工作，那么通过本书学习到的网络知识和积累的经验，将对你未来的职业生涯产生积极的影响。

本书非常适合作为一般工科专业的大二学生在学习完高级程序设计语言、对计算机有基本认识之后，进一步学习计算机网络的教材。而对于计算机专业的学生来说，它是一本很好的实验指导书，能够帮助学生巩固在计算机网络理论课程学习中接触到的专业知识。

本书共分为四个部分。

第 1 部分是局域网的构建。

这部分首先介绍了一些有关网络的基本术语，例如局域网和广域网，接着引出了以太网的概念。以太网是事实上的局域网标准，在简单地描述了这个标准之后，还介绍了以太网交换机和以太网地址以及虚拟局域网。

在实验部分安排了网络配置及常用命令、网线的制作、交换机的基本配置、交换机 VLAN 和生成树配置等实验。通过这部分的学习，大家可以熟悉网络设备的基本配置和管理，从而具备构建一个局域网的能力。

第 2 部分是网络的互联。

这部分首先介绍了局域网互联的关键设备——路由器的基本结构和功能，然后介绍了子网、IP 地址的分配和 Internet 的层次路由架构等内容，最后介绍了内网和外网的区别。

在实验部分安排了静态路由的配置，RIP 和 OSPF 的配置，NAT、ACL 和 DHCP 配置管理等实验。在完成这部分内容的学习后，读者将会熟悉路由器的基本配置，能够互联不同的计算机局域网，从而具备构建一个广域网的能力。

第 3 部分是网络的应用。

网络应用是网络存在的意义。这部分首先介绍了网络应用的不同结构形式和操作系统提供给网络应用的两种基本传输服务，然后介绍分别采用这两种基本传输服务的典型应用：DNS 和 Web 服务，同时也介绍了基本的 Socket 编程，让大家能够了解网络应用的具体工作方式。

在实验部分安排了 BIND 服务器、Web 服务器的安装配置和简单的 TCP 客户机和服务器编程等实验。

第 4 部分是网络中数据包的流动。

这部分首先介绍了网络的基本层次，更确切地说是操作系统中各种软硬件模块在网络通信过程中扮演的角色，然后介绍 Internet 中数据的流动，最后通过一个无线上网的例子，介绍了各种协议在数据包流动过程中的作用。

在这部分将利用 Wireshark 工具深入到数据流内部观察数据传输单元具体的组织形式，让读者理解各个协议的工作方式。实验部分安排了 802.11、DHCP、ARP、NAT、DNS、TCP、HTTP 和 ICMP 等多个 Wireshark 数据包捕获实验，帮助读者理解协议的具体工作方式和数据流的内部组织形式。

在附录部分介绍了本书涉及的两个工具软件 Cisco Packet Tracer 和 Wireshark 的基本使用方法，也介绍了部分实验中不同厂家交换机和路由器产品所使用命令的一些区别。

如果大家在学习完本书后有所收获，那会使作者感到无比欣慰。欢迎大家提出宝贵意见和建议，并通过邮件发送到 jian.xu@hdu.edu.cn 与我们联系。谢谢大家！

徐建

2018 年 4 月

致　　谢

我之所以能够完成这本书的编写，要感谢很多人。

首先是我所有的老师，特别是西南大学的武伟、刘洪斌、刘秉刚、杨国才、余建桥，浙江大学的李善平和香港浸会大学的徐建良老师。

然后是我的同事们——杭州电子科技大学的董云耀、王相林、徐明、徐向华、姜明、章红娟老师。

还有我实验室的同学们——占观华、黄志锋、邵云帆。

最后还有我的家人。

感谢大家对我一直以来的关心和帮助！

阅 读 指 南

如果大家是刚开始学习计算机网络，那么建议从第 1 部分开始并按书中章节顺序阅读学习。如果你对计算机网络已有一定了解，那么你可以浏览已了解的内容并复习其要点，然后按照自己的计划开始学习。

在本书的第 1 和第 2 部分使用了大量例子来说明配置命令的使用。附录 A 简单介绍了 Cisco Packet Tracer 模拟器的使用方法，大家可以在模拟器上试用这些实例。大部分交换机和路由器都有相类似的功能命令，如果使用一个定制的实验环境，例如华为或锐捷公司的实验环境，读者有可能会发现本书所讲与读者平时面对的系统之间有所不同，包括一些屏幕显示或命令序列，这时就需要参阅相应公司的产品手册。但大部分情况下设备调试的过程是类似的。

本书在第 3 部分使用了两个软件 BIND 和 Apache HTTPD Server 来帮助大家理解 DNS、Web 服务。第 4 部分介绍了如何使用 Wireshark 数据包捕获工具对数据流进行观察。这些软件都是免费的，大家可以按照书中的方法在计算机上进行安装和使用。

本书使用不同的提示符和文字来区别不同的内容，列出概念或命令的某些特征或表示当前所采取的动作。

本书主要使用以下两种说明方式：

实例：
- 演示命令在系统中的功能
- 希望大家在自己的系统上练习使用命令

注意：
- 常见的用户错误
- 警告该操作可能发生的后果

印刷符号说明

本书使用特殊字体来强调某些词语。例如用黑体表示用户从键盘输入的命令或特殊字符。

在说明一个命令序列实例时，命令右侧 "~" 后面的文字是对其所执行操作或提示信息的注释。

下面是一些终端显示实例和命令，它们是大家在练习对设备进行配置时屏幕上经常看到的系统提示和使用的命令。

PC>**ping localhost**　　　　　　　　　　　　　　　～ping 某台主机以测试链路连通性
C:\WINDOWS\System32>　　　　　　　　　　　　～真实主机的命令行执行窗口

Switch>**enable**　　　　　　　　　　　　　　　　～进入特权模式

```
Switch#configure terminal                                    ～进入配置模式
Enter configuration commands, one per line.  End with CNTL/Z. ～系统提示
Switch(config)#                                              ～配置模式提示符

Router>enable
Router#
```

输入约定

用户键入的字符命令最后一般需要输入回车键，在各个例子中不再特别提示。
用户需要输入不可见字符，例如 TAB 指标符时，本书中使用<tab>提示。

目 录

第 1 部分　局域网的构建 1
1.1 基础知识 2
1.1.1 局域网 2
1.1.2 以太网技术 4
1.1.3 链路层的编址 7
1.1.4 以太网交换机 9
1.1.5 虚拟局域网 11
1.2 能力培养目标 12
1.3 实验内容 13
1.3.1 网络配置及常用命令 13
1.3.2 网线的制作 21
1.3.3 交换机的基本配置 25
1.3.4 交换机 VLAN 的配置 35
1.3.5 生成树的配置 41

第 2 部分　网络的互联 50
2.1 基础知识 50
2.1.1 路由器的基本结构 50
2.1.2 网络延迟的形成 54
2.1.3 IP 数据报 56
2.1.4 子网和 IP 地址 57
2.1.5 Internet 的层次路由 61
2.1.6 内网和 NAT 63
2.2 能力培养目标 65
2.3 实验内容 66
2.3.1 静态路由的配置 66
2.3.2 RIP 路由协议的基本配置 75
2.3.3 OSPF 路由协议的基本配置 85
2.3.4 NAT 的基本配置 102
2.3.5 ACL 的基本配置 107
2.3.6 DHCP 的基本配置 115

第 3 部分　网络的应用 123
3.1 基础知识 123
3.1.1 网络应用程序的体系结构 123
3.1.2 网络提供的传输服务 125
3.1.3 网络应用实例 130

		3.1.4 套接字编程	137
3.2	能力培养目标		140
3.3	实验内容		140
		3.3.1 BIND 域名服务器的安装和配置	140
		3.3.2 Apache Web 服务器的安装和配置	155
		3.3.3 TCP 客户机和服务器编程	162

第 4 部分 数据包的流动 170

4.1	基础知识		170
		4.1.1 主机内部的流动——协议的层次	170
		4.1.2 不同网络间的流动——Internet 的架构	173
		4.1.3 开启一天的互联网生活	174
4.2	能力培养目标		176
4.3	实验内容		177
		4.3.1 IEEE 802.11 协议	177
		4.3.2 DHCP 协议	185
		4.3.3 ARP 协议	193
		4.3.4 NAT 协议	199
		4.3.5 DNS 协议	206
		4.3.6 TCP 协议	214
		4.3.7 HTTP 协议	225
		4.3.8 ICMP 协议	234

附录 A Cisco Packet Tracer 使用初步 240

A.1	Packet Tracer 的主界面	240
A.2	构建一个简单的网络	241
A.3	配置 PC 和服务器	242
A.4	配置交换机和路由器	244
A.5	保存一次配置	244

附录 B Cisco、HUAWEI、Ruijie 公司配置命令参考对照 245

附录 C Wireshark 入门 251

C.1	Wireshark 的安装和启动	251
C.2	Wireshark 主窗口	252
C.3	Wireshark 捕获选项	254
C.4	第一次捕获数据包	255
C.5	过滤器使用	255
C.6	保存和导出捕获文件	259

参考文献 260

第 1 部分　局域网的构建

　　在学习本部分内容之前，了解一些关于TCP/IP(Transmission Control Protocol / Internet Protocol)网络的基本知识是很有必要的。

　　TCP/IP 协议是 Internet 的基础，没有 TCP/IP 协议就没有 Internet 的今天。网络协议约定了网络中数据的发送、接收以及数据本身组织(数据流是如何划分成分组或者数据包，以及分组格式)的一些规范。如同人与人之间相互交流需要遵循一定的规矩一样，计算机之间的相互通信也需要遵守共同的规则，这些规则就称为网络协议。

　　在 TCP/IP 网络中协议被分成了许多层次。它们是应用层、传输层、网络层、链路层和物理层。应用层主要指应用程序；传输层主要为两台主机上的应用程序提供端到端的通信，把网络层的通信复用为应用程序之间的通信；网络层负责两台主机之间的通信，处理数据包(IP 数据报)在网络中的流动；链路层有时也称作数据链路层或网络接口层，负责处理通信相关的具体细节问题。

　　在通信的时候，网络中的数据流划分为分组或者数据包这样的数据传输单元进行传输。因此本书使用分组或者数据包统称各个协议模块之间交换的数据传输单元。在 TCP/IP 网络中进行通信的两台主机至少各需要一个 IP 地址。一般用数据报(datagram)特指网络层协议模块交换的数据传输单元，它携带了源主机和目的地主机的 IP 地址；用链路层帧(frame)或者帧特指链路层协议模块交换的数据传输单元。本部分将要介绍的交换机和网络适配器(网卡)之间交换的数据传输单元就是链路层帧。

　　大家可能做不到一下子理解所有的协议层次以及它们的含义。但是在这一部分你需要了解一些基本知识，那就是网络中大部分的通信内容来自于应用层，也就是应用程序，接着交给计算机的操作系统，然后是网卡，最后通过通信链路，例如网线传输到网络中，再经由交换机发送到目的主机。如果目的主机和源主机在同一个网络中，源主机就将数据直接交付过去；如果目的主机和源主机不在同一个网络中，那么在下一部分会学习到，数据会经由网关代为转发，最后交付到目的主机。

　　很多书上经常提到的网络协议层次其实不是真正的堆栈状层次结构，而是一种逻辑上的描述。确切地说，这种所谓的层次结构是数据传输处理流程中的一种顺序关系，如图1-1所示。各个协议层次的实体存在，也就是各个协议层次具体实现的软件模块，例如应用程序、操作系统中的传输层模块和网络层模块、链路层实现的硬件模块(例如网卡)，它们之间的关系本质上是应用程序编程接口(Application Programming Interface，API)的调用关系，通俗地说就是函数调用关系。应用程序调用发送函数，以参数的形式把要发送的数据交付给操作系统提供的发送函数然后发送出去。同样，应用程序是以接收函数调用的方式，把数据接收回来。

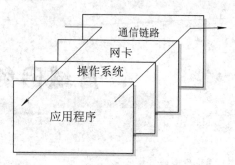

图 1-1 网络数据在主机内的流动

数据从应用程序出发，经过计算机的操作系统来到网卡，通过交换机到达目的主机。多个主机和交换机连接构成了一个局域网。在本部分将学习关于局域网的一些基本知识，包括事实上的局域网标准——以太网，以及以太网交换机、局域网主机的编址和虚拟局域网。通过本部分内容的学习，大家可以较好地理解数据流经局域网的基本过程。在完成本部分的实验后，大家将具备构建一个局域网的能力。

1.1 基 础 知 识

1.1.1 局域网

局域网(Local Area Network，LAN)是指在某一区域内由多台计算机互联而成的计算机网络。"某一区域"可以是同一办公室、同一栋建筑物、同一个公司或者同一个学校等，范围一般在几千米以内。在同一局域网内的计算机可以方便地实现文件、应用软件、打印机、扫描仪等资源和设备的共享功能。

局域网其实是相对于广域网而言的，是从地域范围角度对计算机网络的一种分类。广域网(Wide Area Network，WAN)是一种跨越更大地域范围的计算机网络，通常跨越省、市甚至一个国家。现在一般会把 Internet 指称广域网，因为 Internet 是一个世界范围内的互联了无数台计算机的网络。

大部分人家里都会使用无线路由器上网。仔细观察家里的无线路由器，会发现路由器的背面有许多端口，如图 1-2 所示，但是一般其中一个端口会标注成 WAN 口(有的路由器是 Internet 口)和另外四个 LAN 口(有的路由器标注的是 1、2、3、4)。

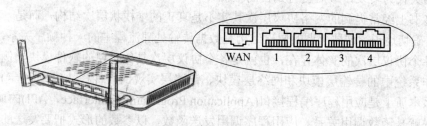

图 1-2 家用路由器的 WAN 和 LAN 口

路由器上的 WAN 口就是用来连接外网(Internet)，或者说是连接宽带运营商的接入设备的。例如电话线上网时 WAN 口用来连接 ADSL Modem(调制解调器)；光纤上网时 WAN 口用来连接光猫；普通的网线(双绞线)入户上网时，WAN 口用来连接入户网线。而路由器上的 LAN 口(1、2、3、4)，用来连接内网(局域网)中的设备。所以大家家里的路由器构建了一个局域网，同时这个局域网通过一个接口——WAN 口连接到了广域网(Internet)。家用的路由器如果有无线上网的功能，那么它还会帮我们构建一个无线局域网络，这时它就叫做无线路由器。

局域网的拓扑结构通常有总线型、环型、星型和树型。

1. 总线型结构局域网

总线型结构局域网中的各个计算设备都与一条总线相连，这个网络中所有的计算设备都通过总线进行信息传输。最早作为总线的通信线缆是同轴电缆和双绞线。许多电视机后面插的那条圆形的信号线就是同轴电缆，而通常所说的网线就是双绞线。在总线型结构中，总线的传输是有速度限制的，或者叫带宽限制，它由介质(线缆)本身的物理性质和介质访问控制协议所决定。由于总线型结构网络中计算设备共享总线的带宽，因此它能支持的设备个数是有限制的。一般使用总线型结构的局域网是一种广播网络，即传输的数据会被传送到与该总线连接的所有计算设备并被它们接收处理。总线型结构网络简单、设备投入少、成本低、安装使用方便，但是当某个主机节点出现故障时，故障的排除比较困难。

总线型局域网的一个例子是共享式以太网，本书将在下一节进行简单的介绍。这种类型的计算机网络在现实生活中已经不太常见了，但是在工业控制领域却得到了越来越广泛的应用。例如 EtherCAT(以太网控制自动化技术)是一个以以太网为基础的开放架构现场总线型系统，它在实施时就经常被部署成总线型结构。

在一些技术资料中通常使用类似图 1-3 中的总线型局域网来表示一个典型的局域网，但是现在大部分情况下人们使用的局域网其实是使用交换机构建的星型网络。

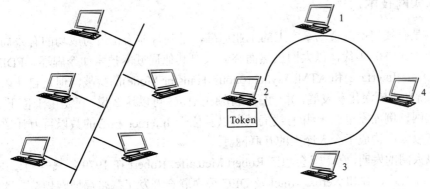

图 1-3 总线型和环型结构局域网

2. 环型结构局域网

在环型结构的网络中各计算设备通过一条首尾相接的通信链路连接起来。它是一个闭合的环型结构网络。环型结构网络系统中各个节点地位相等，网络结构也比较简单。

令牌环网络是环型结构局域网的一个例子。在这种网络中没有主节点。一个称为令牌(Token)的特殊帧(帧是局域网中数据传输的单元)在节点之间以某种固定的次序进行传递。

例如图 1-3 中的节点 1 可能把令牌传递给节点 2，节点 2 总是把令牌传递给节点 3，而节点 4 总是把令牌传递给节点 1。当一个节点收到令牌时，如果它刚好有数据要发送，它就持有这个令牌，然后发送它自己的数据，否则它立即向下一个节点转发该令牌。令牌传递是分散的，有很高的效率，但是它也面临一些问题。例如，一个节点的故障可能会使整个环型结构崩溃；若一个节点偶然忘记释放令牌，那么其他节点就必须调用某种恢复算法使令牌返回到循环中来。令牌环网络在局域网发展的初期曾经占有一定的市场，典型的产品如 IBM 公司的令牌环网络(Token-ring network)，但现在这种网络技术已经成为历史了。

3. 星型结构局域网

在这种结构的网络中各计算设备以星型方式连接。网络中的每一个计算设备都以中央节点为中心，通过连接线与中心节点相连。如果一个计算设备需要传输数据，那么它必须通过中心节点进行转发。

使用局域网交换机构建的网络就是一种星型结构局域网。交换机就是一种常见的中央节点。但是说交换机是中央节点其实是不妥当的，因为交换机对于接入设备来说是透明的，在数据转发过程中，连接的计算设备并不会感到它的存在。在稍后的章节会比较详细地介绍交换机及其配置使用的方法。

4. 树型结构局域网

树型结构网络是一种分级结构网络，又称为分级的集中式网络。其特点是网络构建成本低、结构比较简单。在树型结构网络中，每个链路都支持双向传输，并且网络中的节点扩充方便、灵活。但在树型结构网络中任意两个节点之间不能产生回路。

树型结构网络的一个缺点是在这种结构的网络系统中除叶节点及其相连的链路外，任何一个非叶节点或链路产生的故障都会影响整个网络系统的正常运行。

使用多台局域网交换机级联而成的网络可以认为是一种树型结构的局域网。

1.1.2 以太网技术

以太网是有线局域网市场事实上的工业标准，是到目前为止最为成功的有线局域网技术。在 20 世纪 80 年代，以太网虽然面临着来自其他局域网技术如令牌环、FDDI(Fiber Distributed Data Interface)和 ATM(Asynchronous Transfer Mode)的挑战，但是自从以太网发明以来，它就在不断演化和发展，并一直保持领先地位。可以这么说，正是由于位于 Internet 边缘的以太网，例如家里的无线/有线局域网以及位于 Internet 核心的数以百万计数据交换中心的高速以太网构成了今天庞大的互联网。

提到以太网的发明，马上就会想到 Robert Metcalfe。Robert 在 1979 年离开施乐(Xerox)，成立了 3Com 公司，并和 Xerox、Intel 及 DEC 公司联合开发了基带局域网规范。这些规范形成了 10Base 以太网标准，这个标准包括以太网适配器与外部收发器的接口电缆规范。

最早的以太网使用同轴电缆作为总线来互连节点，所以是一种共享式以太网。两个不同联网设备在同时发送数据时会发生碰撞，需要多路访问协议来规范它们在共享广播信道上的传输行为。载波侦听多路访问和碰撞检测协议(Carrier Sense Multiple Access with Collision Detection，CSMA/CD)就是一种常见的多路访问协议。

CSMA/CD 遵循两个重要的原则：

① 发送数据之前先侦听。如果有其他联网设备正在发送数据,那么要等到它们发送结束。用计算机网络的术语来说,这被称为载波侦听(Carrier Sense),即一个节点在传输数据前先侦听信道;如果来自另一个节点的数据正在信道上传输,节点则等待一段随机长度的时间,然后再开始侦听信道;如果侦听到该信道空闲,该节点则开始数据传输,否则该节点等待另一段随机时间,继续重复这个过程。

② 一个节点如果与其他设备同时开始传输,检测到冲突后马上停止发送剩余的数据。这被称为碰撞检测(Collision Detection),即一个传输节点在传输时其实一直在侦听信道,如果它检测到另一个节点也正在传输数据,它就停止发送,并用指数回退算法来确定它应该在什么时候尝试下一次传输。

在20世纪90年代以太网经历了一次变革。连接网络的共享总线被一个称为集线器的设备所取代,从而变成了星型结构。集线器"Hub"是"中心"的意思。集线器的主要功能是对接收到的信号进行再生整形放大,以增加网络的传输距离,同时把所有联网计算设备集中在以它为中心的一个区域。它工作于网络的物理层,是一个纯硬件的物理层设备。集线器与网卡、网线等传输介质一样,属于局域网中的基础设备。它的每个端口仅仅是简单地收发比特(Bit),收到1就转发1,收到0就转发0,而不进行碰撞检测。碰撞检测是由联网计算设备自身完成的。集线器的外形与后面介绍的交换机类似,但是进入21世纪后就很少使用了。

在20世纪90年代后期,以太网继续使用星型拓扑结构,但是位于中心的集线器慢慢地被以太网交换机取代了。

以太网的成功有很多原因。首先,以太网是第一个广泛部署的高速局域网。因为它出现得早,技术人员非常熟悉。而当其他局域网技术问世时,人们就不容易接受了。其次,令牌环、FDDI和ATM比以太网复杂并且价格昂贵。第三,以太网总是在不断进步,开发人员不断推出具有更高传输速率的产品。在20世纪90年代出现了交换式以太网,进一步提高了它的有效传输效率,同时加快了它的发展速度。最后,由于以太网市场的成功,以太网硬件尤其是网卡或者适配器成为了普通商品而变得极为便宜。现在已经很少看到网卡这种设备单独出现了,因为网卡上原有的网络适配器芯片全都集成到了计算机的主板上,成了联网设备的一个标准配置。

以太网在不断发展的过程中,从共享式以太网到Hub的发明,再到交换式以太网,有一个历经40年保持不变的东西,那就是以太网帧的数据结构。也许这才是以太网经过那么多年的发展,还叫以太网的真正原因。

一个以太网的数据传输单元叫**以太网帧**,它是链路层的数据传输单元。它的结构如图1-4所示。通过观察以太网帧,能够了解许多有关以太网的知识。在本书的第4部分,将详细介绍如何捕获并观察网络上传输数据单元的组成结构,其中当然也包括以太网帧。

前同步码	目的地址	源地址	类型	数据(载荷)	CRC

图1-4 以太网帧结构

设想这样一个环境,有一台主机向另一台主机发送一个IP数据报(网络层的数据传输单元)，且这两台主机位于同一个以太网。假设发送适配器(即适配器 A)的 MAC 地址是 AA-AA-AA-AA-AA-AA(MAC 地址就是物理地址或者以太网地址，下一节将介绍以太网的编址)，接收适配器(即适配器 B)的 MAC 地址是 BB-BB-BB-BB-BB-BB。发送适配器一般会在一个以太网帧中封装一个 IP 数据报，并把该帧传递到物理层，也就是发送到网络链接上。接收适配器从物理层收到这个帧，提取出 IP 数据报，并将该 IP 数据报交付给网络层。

以太网帧包括 6 个字段。

1) 前同步码(Preamble)

以太网帧以一个 8 字节的前同步码字段开始。该前同步码前 7 个字节的值是 10101010，最后一个字节是 10101011。前同步码字段的前 7 个字节用于"唤醒"接收适配器，并且将它们的时钟和发送方的时钟同步。需要同步信号的原因是适配器 A 上的时钟脉冲和适配器 B 上时钟脉冲存在不一致性，因为适配器时钟可能有一些漂移，而且这种漂移的范围也不能事先预知。但是随着半导体制造技术的发展，已经可以将这种漂移控制在一个可以接受的范围。因此接收适配器 B 只需通过锁定前同步码前 7 个字节的比特，就可以锁定适配器 A 的时钟频率。前同步码第 8 个字节的最后两个比特(第一次出现的两个连续 1)用于提醒适配器 B 接下来马上要开始传输数据了。

2) 目的地址(Destination Address)

这个字段包含目的适配器的 MAC(Media Access Control)地址，即 BB-BB-BB-BB-BB-BB。当适配器 B 收到一个以太网帧，如果这个帧的目的地址是适配器 B 的 MAC 地址 BB-BB-BB-BB-BB-BB，就将该帧的数据字段内容提取出来交付给网络层；如果收到一个帧其目的地址不是适配器 B 的 MAC 地址，就丢弃该帧数据。

3) 源地址(Source Address)

这个字段包含了发送该帧的适配器的 MAC 地址，指明了帧的发送者，在这里是 AA-AA-AA-AA-AA-AA。

4) 类型字段(Type)

该类型字段指明该以太网帧承载的网络层数据传输单元使用的协议。以太网帧承载的不一定都是 IP 数据报，也可以是其他类型的数据。例如工业控制领域现在也使用以太网技术，前面提到的 EtherCAT 协议就将其报文封装在以太网帧里在联网设备之间进行数据通信。其他的计算机网络，例如 20 世纪 90 年代流行的 Novell 网络也可以在以太网基础上实施。

事实上一台给定的主机可以支持多种网络层协议，来适应不同应用的数据传输需求。现在的 Windows 操作系统，如果打开它的网络配置界面，可以看到它支持 IPv4 的同时也支持 IPv6 协议。显然 IPv4 和 IPv6 就是两个不同的网络层协议。因此当以太网帧到达适配器 B 时，适配器 B 需要决定应该将数据字段封装的内容传递给哪个网络层协议模块进行处理。每个网络层协议都有自己的类型编号，这个编号都在相应的 RFC 文档(Request For Comments，RFC 文档记载着网络协议的具体规定)里面定义。例如 IPv4 协议的类型编号被定义为 0x0800。这个字段的作用就是为了把链路层协议与网络层的一个具体协议对应起来。这是一个非常重要的概念。

5) 数据字段(Data)

这个字段一般承载的是 IP 数据报。以太网的最大传输单元(Maximum Transmission Unit，MTU)是 1500 字节，这意味着如果一个 IP 数据报的长度超过了 1500 字节，那么该数据报发送进入一个以太网之前，主机必须将这个数据报分片。数据字段的最小长度是 46 字节。如果 IP 数据报少于 46 字节，数据报必须被填充至 46 字节。当有填充数据时，传递到网络层的数据包括原始的 IP 数据报和填充的数据。网络层协议可以使用 IP 数据报首部中的长度字段来移去填充数据。

6) 循环冗余校验码(Cyclic Redundancy Check, CRC)

循环冗余校验码是一种根据网络数据或文件内容进行函数散列而产生的固定位数校验码。这种校验码主要用来检测或校验数据传输、保存后可能出现的错误。它是利用除法及余数的原理来进行错误检测和纠正的。设置 CRC 字段的目的是使得接收适配器(适配器 B)能够判断所接收的帧中是否引入了差错。例如由于传输过程中的信号衰减和电磁干扰，会导致数据传输过程中的比特位发生翻转，从而引入差错。当源主机构造以太网帧时，它会计算生成 CRC 字段，并附加到所传输帧的尾部。当目的主机接收该帧时，它对该帧运用同样的算法进行计算，并核对所得的结果与 CRC 字段的内容是否相一致。这个操作称为循环冗余校验。如果校验失败，即两次计算的结果不相等，则目的主机就知道接收到的帧在传输过程中出现了差错。

以太网技术实现的链路层通信向网络层提供的是不可靠服务。目的主机适配器收到一个来自源主机适配器的帧后，即使这个帧通过 CRC 校验并提取出数据交付给网络层了，目的主机也不向发送方发送确认。而当这个帧没有通过 CRC 校验时，目的主机也同样不向发送方发送信息说自己没有收到正确的帧。当一个帧没有通过 CRC 校验，目的主机适配器只是简单地丢弃该帧。因此，源主机根本不知道它传输的帧是否到达了目的地并通过了 CRC 校验。但这种机制也有它的好处，它使得以太网协议的实现变得简单，硬件成本更低廉。

以太网技术的标准是由国际电气和电子工程师协会(Institute of Electrical and Electronics Engineers，IEEE)制定的。IEEE 802.3 标准定义了关于以太网物理层的连线、信号和介质访问控制协议等规范。自 100M 以太网在 20 世纪末的快速发展后，千兆以太网甚至 10G 以太网正在国际组织和企业的推动下不断拓展它们的应用范围。

常见的 802.3 标准有：

10M:10base-T(Unshielded Twisted Paired，UTP)

100M:100base-TX(UTP)，100base-FX(光纤)

1000M:1000base-T(UTP)，1000Base-SX(光纤)，1000Base-LX(光纤)

在 IEEE 802.3 标准中为不同的传输介质制定了不同的物理层规范。在这些标准中前面的数字表示传输速度，单位是"Mb/s"，Base 表示"基带传输"的意思，最后的一个字符表示传输介质的类型。

1.1.3 链路层的编址

每个节点或者联网的计算设备都有 MAC 地址。但是为什么在网络层和链路层都需要地址呢？

首先，TCP/IP 网络或者 Internet 和以以太网为代表的局域网解决的是两个不同的联网问题。它们出现的时间差不多都是在 20 世纪 70 年代，也就是说它们的发生、发展基本上是同步的，没有很明显的先后关系。局域网厂商需要解决的是在一个办公室、同一栋楼宇里面的计算机互联问题。而 Internet 要解决的是两个相距较远的不同地点之间计算机的互联问题。

其次，前面提到了在局域网市场的发展过程中以太网并不是天生就占据统治地位的。许多厂商都提出自己的联网标准，并希望自己的产品在竞争中胜出，因此有很多其他类型的局域网技术。IEEE(Institute of Electrical and Electronics Engineers，国际电气和电子工程师协会)为了协调各个厂商而制定了统一的 MAC 地址的标准。所有厂商的局域网产品在链路层编址的时候都遵循这个标准。因此 MAC 地址的出现主要是解决局域网中两台计算机的相互通信问题。它的编址在规范制定的时候可能还没有详细地考虑到不同局域网之间联网的需求。

最后，对于 TCP/IP 网络的 IP 地址来说情况就不一样了，因为广域网的市场还没有迫在眉睫的联网需求，或者说暂时没有什么市场潜力，所以基本上是 DARPA(Defense Advanced Research Projects Agency，美国国防部高级研究计划署)独家资助在做这项工作。Robert E. Kahn 和 Vinton Cerf 这些 TCP/IP 协议的早期开发者能够自由地规划自己的网络结构和地址类型。但有一点肯定的是，网络的互联和计算机在同一局域网内的互联解决的是两个不同的问题。直接将 MAC 地址用于两个网络之间的互联肯定是不合适的，因为 MAC 地址的层次结构是和生产厂商的设备绑定的，和实际通信的网络层次结构间没有对应关系。于是研究人员制定了独立于 MAC 地址的、具有网络层次结构的 IP 地址。

总之，MAC 地址和 IP 地址的相互独立存在应该是市场选择的结果，从技术的角度来讲网络只需要一种地址，但是谁能说使用两种地址就不行呢？能解决问题的技术就是好技术。

1984 年，美国国防部提出将 TCP/IP 协议作为所有计算机网络的标准。1985 年，Internet 架构理事会举行了一个有 250 多家厂商代表参加的关于计算机产业使用 TCP/IP 协议的工作会议，帮助协议的推广并且引领它满足日渐增长的商业应用。TCP/IP 协议逐渐成为广域网市场的事实标准。

而 3COM 公司的以太网技术也在市场竞争中胜出，MAC 地址有时也就被称为以太网地址。

1. MAC 地址

事实上并不是计算设备本身具有 MAC 地址，而是节点的网卡或者适配器具有 MAC 地址。MAC 地址长度为 48 位，共有 2^{48} 个可能的 MAC 地址。这 6 个字节的地址通常用一对十六进制数表示。一般情况下 MAC 地址是固定的，但使用软件可以改变一块网卡的 MAC 地址。

由于 IEEE 在管理着整个 MAC 地址空间，因此当一个公司要生产网卡时，需要象征性地支付一笔费用购买组成上述 2^{48} 个地址的一块地址空间。IEEE 负责给不同厂家分配高 24 位的代码，也称为编制上唯一的标识符(Organizationally Unique Identifier, OUI)，后三个字节(低位 24 位)由各厂家自行指派给生产的适配器接口，称为扩展标识符，它具有唯一性。

MAC 地址就如同身份证号码，具有全球唯一性。一般说网卡的 MAC 地址具有扁平结构就是这个意思。网卡的 MAC 地址通常是由网卡生产厂家烧入网卡的 EPROM(Erasable Programmable ROM)中，因此带有以太网网卡的计算机不管移动到哪里，其 MAC 地址是固定不变的。智能手机的 Wifi 接口也有一个 MAC 地址，这个地址也是固定不变的。

而 IP 地址则与一个人所在地区的邮政编码相似，它是有层次结构的，就如同你到了一个新的地方，你所在的地址就会改变。

2．链路层帧的三种传播方式

第一种方式是单播，指从单一的发送方节点发送到单一的目的节点。每个主机接口有唯一的 MAC 地址标识。在 MAC 地址的 OUI 字段中，第一字节第 8 个比特表示地址类型。对于主机 MAC 地址，这个比特固定为 0，表示目的地址为此 MAC 地址的帧发送到单一的主机。在一个局域网中所有主机都能收到源主机发送的单播帧，但是其他主机发现目的地址与本机 MAC 地址不一致后会丢弃收到的帧，只有真正的目的主机才会接收并处理收到的帧。

第二种发送方式是广播，表示帧从单一的发送方发送给局域网里的所有主机。广播帧的目的 MAC 地址可以表示为十六进制的 FF-FF-FF-FF-FF-FF，所有收到该广播帧的主机都需要接收并处理这个帧。显然广播方式会产生大量数据流，导致网络带宽利用率降低，进而影响整个网络的性能。因此在需要网络中的所有主机都接收到相同的信息并进行处理的情况下才会使用广播方式。

第三种发送方式为组播，可以理解为选择性的广播。主机侦听特定组播地址，接收并处理目的地址为该组播 MAC 地址的帧。组播 MAC 地址和单播 MAC 地址是通过第一字节中的第 8 个比特进行区分的。组播 MAC 地址的第 8 个比特为 1，单播 MAC 地址的第 8 个比特为 0。在需要网络上的一组主机(而不是全部主机)接收相同信息，而其他主机不受影响的情况下通常会使用组播方式。

1.1.4 以太网交换机

以太网交换机工作于网络模型的第二层(即数据链路层)，是一种根据 MAC 地址识别结果转发以太网帧的网络设备。它的任务是接收以太网帧并将它们转发到相应的端口。交换机自身对联网的计算设备是透明的，这就是说一个设备向另一个计算设备寻址发送一个帧时，交换机会自动检查这个帧，并通过某种算法将其发送到目的设备。这个过程对于发送方是透明的，也即发送方不知道、也不需要了解交换机是如何接收该帧并将它转发到另一个计算设备的。

1．交换机的转发方式

交换机的转发一般认为有三种方式：直通转发(cut-through switching)、存储转发(store-and-forward switching)、无碎片转发(segment-free switching)。

(1) 直通转发。直通转发是指交换机在收到帧后，直接检查此帧的目的 MAC 地址，然后立即根据交换机的转发表向相应的端口转发。这种转发方式的好处是速度快、转发所需时间短，但可能把一些错误的、无用的帧也同时转发到目的端口。

(2) 存储转发。存储转发机制指交换机的每个端口都分配了一个缓冲区，数据在进入交换机后读取链路层帧头部的目标 MAC 地址，从交换机转发表了解到转发关系后再向前转发。

（3）无碎片转发。它也叫碎片隔离式或改进型直通式交换。根据以太网协议，每个以太网帧不可能小于 64 字节或大于 1518 字节，如果交换机检查到有小于 64 字节或大于 1518 字节的帧，它就会认为这些帧是"残缺帧"或"超长帧"，会在转发前丢弃。由于这种方式具有直通交换转发迟延小的优点，同时又会检查每个帧的长度，综合了直通转发和存储转发的优势，因此很多高速交换机都会采用碎片隔离式交换。

在这三种转发方式中，存储转发方式的普及程度是最高的。

帧到达交换机任何一个输出端口的速率可能暂时会超过该端口的链路容量。例如两个计算机在两个端口同时向一个端口的另一台主机发送数据，就会发生这种情况。为了解决这个问题，交换机输出端口一般会设有缓存，这个缓存会暂时存放这些等待传输的数据，数据在缓存存储期间，交换机会对数据进行简单校验。如果在这个阶段发现错误的数据，交换机就不会将错误的数据转发到目的端口，而会在缓存这里直接丢弃。如果数据没有错误，那就等链路有空时向该端口继续发送数据。这种方式可以提供更好的数据转发质量，但是转发所需时间就会比直通转发要长一点。

交换机是一种即插即用设备，大部分情况下不需要网络管理员或用户的干预。如果仅将其作为一般用途，管理员在安装交换机时是不需要对其进行配置管理的；用户联网时除了将计算机与交换机的接口相连外，也不需要对交换机进行配置；当一个用户的计算机从该局域网离开时，管理员也不需要配置交换机。

交换机也是一种双工通信设备。这意味着任何计算机与交换机端口连接的链路之间的信息传输是双向的，因此传输的数据不会发生碰撞。

2. 交换机的过滤和转发

过滤(filtering)是交换机决定一个帧应该转发到某个端口还是将其丢弃的过程。

转发(forwarding)是决定一个帧应该被导向哪个端口，并把该帧发送到这个端口的过程。

交换机的过滤和转发借助于交换机转发表来完成。交换机转发表中的一个表项通常包含：① 计算机的 MAC 地址；② 连接该计算机的交换机端口；③ 该表项的生存时间。

显然交换机转发表是基于 MAC 地址构造的。

为了理解交换机过滤和转发的工作过程，假定有一个目的地址为 BB-BB-BB-BB-BB-BB 的帧从端口 1 到达交换机，而交换机用 MAC 地址索引它的转发表。交换机转发表见表 1-1。

首先来看转发表中没有针对地址 BB-BB-BB-BB-BB-BB 表项的情况。在这种情况下交换机会向除了端口 1 以外的所有端口转发该帧的拷贝。换句话说，如果没有查到目的地址对应的表项时交换机会广播该帧。

如果表中有一个表项将 BB-BB-BB-BB-BB-BB 与端口 1 关联，这种情况说明这个帧的目的地址就在这一个端口所在的网段，交换机不需要进行转发。此时交换机执行过滤功能，将这个帧丢弃。这里使用了网段的概念，即假设这个端口可能是一个交换机与另外一个交换机级联的端口，从而存在一个单独的网段。这个网段中可能有多台计算机使用这个端口进行对外通信。

最后一种情况是有一个表项将 BB-BB-BB-BB-BB-BB 与 1 号端口之外的端口关联。这种情况下这个帧就需要转发到这个端口。交换机立即将该帧发送到该端口对应的缓存等待发送。

表 1-1　交换机转发表

地　　址	接　　口	时间
BB-BB-BB-BB-BB-BB	2	8:01
62-FE-F7-11-89-A3	1	7:58
7C-BA-B2-B4-91-10	3	8:23

3．交换机转发表的建立——自学习的过程

交换机的转发表是自动构建的。交换机能够对转发表进行动态的自我维护。自动构建是指不需要网络管理员或配置协议的任何干预。这个过程是以如下方式进行的：

(1) 交换机表初始化为空。

(2) 对于在一个端口接收到的每个链路层帧，该交换机在它的转发表中存储以下信息：① 在该帧源地址字段中的 MAC 地址；② 该帧到达的端口；③ 当前的时间。

交换机以这种方式在它的转发表中记录发送节点所在的局域网网段。最终该网段每台计算机的 MAC 地址都会有一条转发表记录或表项描述其对应的交换机端口号。

(3) 如果在一段时间以后，交换机没有接收到以该 MAC 地址作为源地址的帧，就在表中删除这个地址的相关记录。因此交换机上原来与这个端口相连的计算机，如果被一台其他的计算机所代替，那么原来那台计算机的 MAC 地址所对应表项最终会从该交换机转发表中删除。

1.1.5　虚拟局域网

交换技术的发展也加快了虚拟局域网(Virtual Local Area Network，VLAN)技术的应用速度。在共享式以太网中一个物理的网段就是一个广播域。一个广播域是指网络中所有能接收到同样广播消息的设备集合。而在交换网络中广播域可以是由一组任意选定的主机组成的虚拟网段。这样网络工作组的划分就可以突破网络中的地理位置限制，而完全根据管理功能来进行划分。

IEEE 于 1999 年颁布了用于标准化 VLAN 实现方案的 802.1Q 协议标准。VLAN 技术的出现使得管理员能够根据实际应用需求，把同一物理局域网内的不同用户逻辑地划分到不同的虚拟局域网。每一个 VLAN 都包含一组有着相同需求的计算机，与物理上形成的局域网有着相同的属性。但它是从逻辑上而不是从物理上划分的，所以同一个 VLAN 内的各个计算设备可以位于不同的物理局域网。

VLAN 通常在交换机或路由器上实现。现在使用最广泛的 VLAN 协议标准是 IEEE802.1Q。许多厂家的交换机/路由器产品都支持 IEEE 802.1Q 标准。它在以太网帧中增加 VLAN 标签来给以太网帧进行分类。具有相同 VLAN 标签的以太网帧会在同一个广播域中进行传送。

1．VLAN 优点

(1) 限制了网络上的广播流量。将网络划分为多个 VLAN 以后，由于在一个 VLAN 中的广播不会转发到 VLAN 外部,所以可以防止广播风暴波及整个网络,从而减少参与广播风暴的设备数量。

(2) 增强局域网的安全性。基于 VLAN 工作组的模式大大提高了网络规划和重组管理的便捷性。不同 VLAN 之间的相互通信需要路由器的支持,因此可以使用路由器把含有敏感数据的用户组与网络的其余部分隔离,从而降低泄露机密信息的可能性。这样可以增加企业网络中不同部门之间通信的安全性。

(3) 方便了网络管理。借助 VLAN 技术能将不同地点、不同网络的用户组合在一起,形成一个虚拟的网络环境,就像使用本地局域网一样方便、灵活、有效。

2. VLAN 划分标准

(1) 按端口划分 VLAN。根据交换机端口来划分 VLAN 是最常用的方式,它是一种物理层上划分 VLAN 的方法。被设定为同一个 VLAN 的端口在同一个广播域中。例如一个交换机的 1,2,3,4,5 端口被定义为 VLAN A,同一交换机的 6,7,8 端口组成 VLAN B。这样只有在同一个 VLAN 的各个端口之间才能够互相通信,一台交换机硬件便复用成了两台逻辑上独立的虚拟交换机。

随着技术的发展,人们已经能够建立跨越多个交换机端口的 VLAN。因此两个不同交换机上的多个端口也可以组成同一个虚拟网。

(2) 按 MAC 地址划分 VLAN。这是一种根据每个主机的 MAC 地址来划分 VLAN 的方法,即对每个主机都按照 MAC 地址配置它的归属 VLAN。这是一种数据链路层上的 VLAN 划分方法。这种划分方法的最大优点就是当用户的物理位置移动,即从一个交换机切换到其他的交换机时 VLAN 不用重新配置。因此可以认为这种根据 MAC 地址划分的方法是基于用户的 VLAN 划分。但因为所有的用户都必须进行配置,所以这种方法配置过程比较麻烦。如果用户数量较多,网络管理员的工作量是比较大的。而且这种划分方法也容易降低交换机的执行效率。

(3) 按网络层协议或地址划分。这种划分 VLAN 的方法是根据每个主机的网络层地址或协议类型来进行的,是网络层的 VLAN 划分方法。这种方法的缺点是效率低,因为检查每一个数据包的网络层地址需要花费更多的处理时间。而且一般的交换机仅具有检查以太网帧头部的能力,若采用这种方法需要深入到数据报头部检查网络层地址或者协议,所以一般只能在路由器上实现。

(4) 基于策略的 VLAN 划分。理论上这是最灵活的 VLAN 划分方法,它具有自动配置的能力,能够把相关的用户连成一体。网络管理员只需在网络管理软件中确定划分 VLAN 的规则(或属性),当一个计算机加入网络时,将会被"感知",并被自动地包含进正确的 VLAN 中,但这种 VLAN 划分实现起来比较复杂。

1.2 能力培养目标

上一节介绍了局域网中交换机处理的数据传输单元——链路层帧的基本结构。链路层帧封装了网络层的数据传输单元——IP 数据报。链路层协议负责在同一个网络中相邻主机之间帧的传输。

以太网交换机工作于数据链路层，是一种根据 MAC 地址进行帧转发的网络设备。它的任务是接收以太网帧并将它们转发到相应的端口。

网络管理员可以根据实际应用的需求，把同一物理局域网内的不同用户逻辑地划分到不同的虚拟局域网中。VLAN 的使用限制了网络上的广播流量，增强了局域网的安全性，提高了网络规划和重组管理的方便性。

在学习了这些基本知识以后，本书在 1.3 节安排了五个实验：
- 网络配置及常用命令；
- 双绞线的制作；
- 交换机的基本配置；
- 交换机的 VLAN 配置；
- 交换机的生成树配置。

在完成以上实验后，读者将具有以下几方面的能力：
- 理解计算机 IP 地址配置的基本方法和目的，掌握常用网络命令的功能和操作方法；
- 掌握网线制作的线序标准和 RJ-45 接头的基本制作方法；
- 了解交换机的功能，掌握交换机的连接方法、配置模式、配置命令以及基本参数的设置方法；
- 了解 VLAN 的功能，掌握 VLAN 的 Access 接口、Trunk 接口的配置方法，以及通过三层交换机实现 VLAN 间通信的配置方法；
- 了解生成树的概念，理解生成树的选举规则，掌握快速生成树协议的基本配置方法。

1.3 实 验 内 容

1.3.1 网络配置及常用命令

1. 实验原理

计算机要联网就需要配置一个 IP 地址。从计算机配置的角度来说，有两种途径能够获得一个 IP 地址：动态配置和静态配置。

动态获得 IP 地址，是指主机通过 DHCP(Dynamic Host Configuration Protocol，动态主机配置协议)，从网络管理员先前预留的一组 IP 地址中，动态获得一个 IP 地址和子网掩码，以及本地网络的网关(Gateway)、DNS(Domain Name Server)服务器地址等信息。大部分计算机联网都是以 DHCP 协议获得 IP 地址的。在本书的第 2、4 部分将通过实验的方式对 DHCP 协议加以介绍。

静态配置 IP 地址，是指从网络管理员处取得一个本地可用的 IP 地址，以及子网掩码、本地网络的网关和 DNS 服务器地址等信息，再进行手工配置的过程。

在配置好计算机的 IP 地址后，可以使用 ipconfig、ping 等控制台命令查看配置及验证配置的正确性。

2．实验目的

(1) 掌握计算机 IP 地址的静态配置方法。
(2) 掌握 ipconfig、netstat、ping 命令的使用方法。

3．实验条件

具有有线/无线网卡的主机一台，安装的操作系统为 Win XP/Vista/7/8/10。

4．实验步骤

1) 配置 IP 地址

在 Win 10 系统中使用图形界面配置 IP 地址(对于不同的 Windows 操作系统发行版本，具体过程略有不同)。

(1) 在 Win 10 系统桌面，依次点击"开始/Windows 系统/控制面板"菜单项；
(2) 在打开的"控制面板"窗口中选择"网络和共享中心"图标；
(3) 在打开的"网络和共享中心"窗口中选择"更改适配器设置"快捷方式；
(4) 在打开的"网络连接"窗口中可以看到计算机本地连接的列表，然后右键选中正在使用的本地连接，在弹出的菜单中选择"属性"菜单项；
(5) 在打开的"属性"窗口中选择"Internet 协议 4 (TCP/IPv4)"项，双击或者选择后点击"属性"按钮；
(6) 在打开的"Internet 协议版本 4 (TCP/IPv4)属性"设置窗口中选择"使用下面的 IP 地址"项，在相应位置输入你的 IP 地址、子网掩码及网关和域名服务器地址，如图 1-5 所示。

图 1-5 IP 地址的静态配置

以下介绍几个主要概念。

(1) IP 地址。它是 IP 协议规定的一种统一地址格式。Internet 上的每一台主机都有一个 IP 地址，用于主机之间的通信。IP 地址通常使用点分十进制表示，例如 192.168.1.2。在计算机内部使用二进制表示，长度为 32 比特。

一个 IP 地址包含两层意思：主机所在的子网和主机的地址(本书将在第 2 部分详细介绍子网的概念，这里只需要知道同一个子网里的主机是可以直接通信的)。IP 地址的这两层含义与邮政编码类似。中国大陆地区的 6 位邮政编码的前 2 位数字表示某一个省份(直辖市、自治区)，后四位表示市区(县)和投递区。邮政编码具有三层结构，而 IP 地址具有两层结构。IP 地址的前若干位是主机所在子网的网络地址，后若干位是主机地址，也即主机在这个子网中的编号。

(2) 子网掩码。子网掩码由连续的 1 和 0 组成。子网掩码的长度和 IP 地址相同，也是 32 比特。它左边的比特位是网络位，用二进制数字"1"表示，1 的数目等于计算机所处子网的网络地址长度；右边的比特位是主机位，用二进制数字"0"表示，0 的数目等于主机地址的长度。例如 255.255.255.0，就是一个长度为 24 的子网掩码，长度 24 表示子网计算机 IP 地址中前 24 位表示网络部分地址，而 32 比特中后 8 位为主机地址。

在计算机通信过程中，子网掩码与一个 IP 地址进行与运算可以获得这个 IP 地址所在子网的网络地址。通过子网掩码与目的主机 IP 地址进行与运算获得对方的子网地址并与己方子网地址比较，可以判断对方主机与己方主机是否位于同一子网，从而决定数据报的交付方式。

(3) 默认网关。默认网关是路由器的一个端口 IP 地址，这个路由器端口与主机在同一个子网或直接相连(在第 2 部分中会介绍路由器)。它是一种数据报转发设备，通常有多个端口，负责在子网之间转发数据报)。默认网关协助子网内主机向外部网络转发数据报。当子网内部一台主机通过子网掩码判断一个数据报目的地与自己不在同一个子网的时候，它会将数据报首先转发给默认网关，委托默认网关向目的主机代为转发。

(4) DNS 服务器。它是进行域名与相对应的 IP 地址转换的服务器。通常有主域名服务器(首选 DNS 服务器)和辅域名服务器(备用 DNS 服务器)。

2) Windows 命令执行环境

点击"开始"按钮，在开始菜单的搜索框中输入"cmd.exe"，按下回车键确认进入命令提示符窗口，在窗口中即可进行命令行操作。

实例 1-1：一个命令行执行窗口

C:\Windows\System32>

Microsoft Windows [版本 10.0.16299.309]

(c) 2017 Microsoft Corporation. 保留所有权利。

C:\Windows\System32>

PowerShell 是另外一种功能强大的命令行和脚本执行环境。它引入了许多非常有用的新概念，进一步扩展了 Windows 命令提示符和 Windows Script Host 的功能。在开始菜单的搜索框中输入"powershell.exe"，按下回车键确认进入 PowerShell 提示符窗口，在这个窗口中也可执行本书的 Windows 命令。

实例 1-2：一个 Powershell 执行窗口

Windows PowerShell

版权所有 (C) Microsoft Corporation。保留所有权利。

PS C:\Windows\System32\WindowsPowerShell\v1.0>

3) ipconfig 命令

ipconfig 命令用于显示当前主机 TCP/IP 配置的设置值，或者用于更新 IP 地址、子网掩码、网关和 DNS 系统设置。ipconfig 常用参数说明见表 1-2。

用法：

ipconfig [/allcompartments] [/? | /all |
　　　　　　　　　　　　　　　　/renew [adapter] | /release [adapter] |
　　　　　　　　　　　　　　　　/renew6 [adapter] | /release6 [adapter] |
　　　　　　　　　　　　　　　　/flushdns | /displaydns | /registerdns |
　　　　　　　　　　　　　　　　/showclassid adapter |
　　　　　　　　　　　　　　　　/setclassid adapter [classid] |
　　　　　　　　　　　　　　　　/showclassid6 adapter |
　　　　　　　　　　　　　　　　/setclassid6 adapter [classid]]

其中，适配器 adapter 表示连接名称(允许使用通配符*和?，参见示例)。

表 1-2　ipconfig 常用参数说明

选项	参数含义
/?	显示帮助消息
/all	显示完整配置信息
/release [adapter]	释放指定适配器的 IPv4 地址
/renew [adapter]	更新指定适配器的 IPv4 地址
/flushdns	清除 DNS 解析程序缓存
/registerdns	刷新所有 DHCP 租用并重新注册 DNS 名称
/showclassid	显示适配器允许的所有 DHCP 类 ID
/setclassid	修改 DHCP 类 ID

注：*6 样式的参数表示针对 IPv6 进行操作。

实例 1-3：显示完整配置信息

C:\Windows\System32>**ipconfig /all**

Windows IP Configuration　　　　　　　　　　　　　～Windows IP 配置
　　Host Name . . . . : DESKTOP-4J5DM1U　　～主机名
　　Primary Dns Suffix　 . . . . :　　　　　　　　　　　　～主 DNS 后缀
　　Node Type . . . . : Hybrid　　　　　　　 ～节点类型：混合
　　IP Routing Enabled. . . . . . : No　　　　　　　　　　 ～IP 路由已启用：否
　　WINS Proxy Enabled. . . . : No　　　　　　　　　　　　～WINS 代理启用：否

```
Ethernet adapter Ethernet:                              ~以太网适配器 以太网
    Media State . . . . . . . . . . . : Media disconnected    ~介质状态：已断开连接
    Connection-specific DNS Suffix :                    ~特定连接的 DNS 后缀
    Description . . . . . . . . . . . : Realtek PCIe GBE Family Controller  ~描述
    Physical Address. . . . . . . : 80-FA-5B-3A-33-B1   ~物理地址
    DHCP Enabled. . . . . . . .: Yes DHCP              ~DHCP 已启用：是
    Autoconfiguration Enabled: Yes                      ~自动配置已启用：是

Wireless LAN adapter WLAN:                              ~无线网适配器以太网
    Media State . . . . . . . . . . . : Media disconnected  ~介质状态：已断开连接
    Connection-specific DNS Suffix  . :                 ~特定连接的 DNS 后缀
    Description . . . . . . . . . . : Intel(R) Dual Band Wireless-AC 3165   ~描述
    Physical Address. . . . . . .: 58-FB-84-2B-9F-E9   ~物理地址
    DHCP Enabled. . . . . . . .: Yes                   ~DHCP 已启用：是
    Autoconfiguration Enabled: Yes                      ~自动配置已启用：是
C:\Windows\System32>
```

实例 1-4：更新指定适配器 WLAN 的 IPv4 地址

```
C:\Windows\System32>ipconfig /renew WLAN
Windows IP Configuration                                ~Windows IP 配置
Wireless LAN adapter WLAN:                              ~无线局域网适配器 WLAN
    Connection-specific DNS Suffix:                     ~特定连接的 DNS 后缀
    Link-local IPv6 Address . . : fe80::5967:eab3:6699:2352%19 ~本地连接 IPv6 地址
    IPv4 Address. . . . . . . . . . : 10.189.140.215    ~IPv4 地址
    Subnet Mask . . . . . . . . . .: 255.255.240.0      ~子网掩码
    Default Gateway . . . . . . . : 10.189.128.1        ~默认网关
C:\Windows\System32>
```

实例 1-5：释放指定适配器 WLAN 的 IPv4 地址

```
C:\Windows\System32>ipconfig /release WLAN
Windows IP Configuration                                ~Windows IP 配置
Wireless LAN adapter WLAN:                              ~无线局域网适配器 WLAN
    Connection-specific DNS Suffix :                    ~特定连接的 DNS 后缀
    Link-local IPv6 Address . . . : fe80::5967:eab3:6699:2352%19 ~本地连接 IPv6 地址
    Default Gateway . . . . . . . . :                   ~默认网关
C:\Windows\System32>
```

4) netstat 命令

netstat 命令是一个非常有用的 TCP/IP 网络监控工具。它可以显示路由表、实际的网络连接以及每一个网络接口设备的状态信息。它常用于显示与 IP、TCP、UDP 和 ICMP 协议相关的统计数据，一般用于检测本机各网络适配器的连接情况。

计算机网络接口设备会统计数据包出错或故障的数量。在工作中如果发现网络明显工作不正常时，可以使用 netstat 命令检查数据包累计的出错数目占所发送/接收总数的百分比，或者观察这个数目的变化情况，然后判断网络可能出现的问题。netstat 常用参数说明见表 1-3。

用法：

NETSTAT [-a] [-b] [-e] [-f] [-n] [-o] [-p proto] [-r] [-s] [-x] [-t] [interval]

表 1-3 netstat 常用参数说明

选项	参 数 含 义
-a	显示所有连接和侦听端口
-b	显示在创建每个连接或侦听端口时涉及的可执行程序
-e	显示以太网统计信息
-f	显示外部地址的完全限定域名
-n	以数字形式显示地址和端口号
-o	显示拥有的与每个连接关联的进程 ID
-p proto	显示 proto 指定协议的连接；proto 可以是 TCP、UDP、ICMP
-q	显示所有连接、侦听端口和绑定的非侦听 TCP 端口
-r	显示路由表
-s	显示每个协议的统计信息
-t	显示当前连接卸载状态
-x	显示 Network Direct 连接、侦听器和共享
-y	显示所有连接的 TCP 连接模板
interval	重新显示选定的统计信息，各个显示间暂停的间隔秒数；按 CTRL+C 停止重新显示统计信息。如果省略，则 netstat 将打印当前的配置信息一次

注：-e、-p 选项可以与 -s 选项结合使用。

实例 1-6：显示以太网统计信息

C:\Windows\System32>**netstat -e**

Interface Statistics   ~接口统计

	Received	Sent	
			~接收的/发送的
Bytes	6075524	2147422	~字节
Unicast packets	6778	5930	~单播数据包
Non-unicast packets	10773	2183	~非单播数据包
Discards	0	0	~丢弃
Errors	0	0	~错误
Unknown protocols	0		~未知协议

C:\Windows\System32>

实例 1-7：显示指定协议的活跃连接

C:\Windows\System32>**netstat –p tcp**

第 1 部分　局域网的构建

```
   Active Connections                               ～活跃的连接
   Proto  Local Address         Foreign Address            State       ～协议/本地、外部地址/状态
   TCP    10.189.137.140:56913  52.229.174.233:https       TIME_WAIT
   TCP    10.189.137.140:56923  ec2-54-222-207-99:https    CLOSE_WAIT
   TCP    10.189.137.140:56940  tg-in-f139:https           SYN_SENT
   TCP    10.189.137.140:56941  180.149.131.104:https      ESTABLISHED
   TCP    10.189.137.140:56942  tg-in-f101:https           SYN_SENT
   C:\Windows\System32>
```

5) ping 命令

Ping (Packet Internet Groper)命令是一个用于测试网络连接是否正常的工具。ping 发送一个 ICMP(Internet Control Messages Protocol)echo 请求报文给目的地主机并报告是否收到返回的 echo 响应报文。Ping 常用参数说明见表 1-4。

用法：

```
ping       [-t] [-a] [-n count] [-l size] [-f] [-i TTL] [-v TOS]
           [-r count] [-s count] [[-j host-list] | [-k host-list]]
           [-w timeout] [-R] [-S srcaddr] [-c compartment] [-p]
           [-4] [-6] target_name
```

表 1-4　ping 常用参数说明

选　项	参　数　含　义
-t	ping 指定的主机，直到停止；按下 Ctrl+Break：暂时停止；按下 Ctrl+C：终止
-a	将地址解析为主机名
-n	要发送的回显请求数
-l	发送缓冲区大小
-f	在数据包中设置"不分段"标记(仅适用于 IPv4)
-I TTL	生存时间
-r count	记录计数跃点的路由(仅适用于 IPv4)
-s count	计数跃点的时间戳(仅适用于 IPv4)
-j host-list	与主机列表一起使用的松散源路由(仅适用于 IPv4)
-k host-list	与主机列表一起使用的严格源路由(仅适用于 IPv4)
-w timeout	等待每次回复的超时时间(毫秒)
-R	同样使用路由标头测试反向路由(仅适用于 IPv6)
-S srcaddr	要使用的源地址
-c compartment	路由隔离舱标识符
-p	ping Hyper-V 网络虚拟化提供程序地址
-4 或 -6	强制使用 IPv4 或 IPv6

实例 1-8：ping 命令检测网络故障

C:\Windows\System32>ping localhost -n 3

Pinging DESKTOP-4J5DM1U [::1] with 32 bytes of data:　～正在 Ping
Reply from ::1: time<1ms
Reply from ::1: time<1ms　　　　　　　　　　～来自 localhost 的回复
Reply from ::1: time<1ms

Ping statistics for ::1:　　　　　　　　　　　～Ping 统计信息
　　Packets: Sent = 3, Received = 3, Lost = 0 (0% loss),
Approximate round trip times in milli-seconds:　～往返行程的估计时间
　　Minimum = 0ms, Maximum = 0ms, Average = 0ms～最短，最长，平均
C:\Windows\System32>

注意：

这里 localhost 是环回地址 127.0.0.1 的别名，ping 环回地址可以验证本地计算机是否正确配置安装了 TCP/IP 协议。

网络故障的典型检测过程是从本地主机开始的，大家在检测到 localhost 工作正常以后，可以开始按顺序检测本机 IP 地址、本地局域网相同子网主机、默认网关，最后检测目标主机的网络是否正常。

假设网关地址是 192.168.1.1，下面 ping 的结果就表示本地主机到网关的通信情况正常。

C:\Windows\System32>**ping 192.168.1.1 -n 3**

Pinging 192.168.1.1 with 32 bytes of data:　　～正在 Ping
Reply from 192.168.1.1: bytes=32 time=2ms TTL=64　～来自目标主机的回复
Reply from 192.168.1.1: bytes=32 time=2ms TTL=64
Reply from 192.168.1.1: bytes=32 time=2ms TTL=64

Ping statistics for 192.168.1.1:　　　　　　　　～统计信息
　　Packets: Sent = 3, Received = 3, Lost = 0 (0% loss),
Approximate round trip times in milli-seconds:　～往返行程的估计时间
　　Minimum = 2ms, Maximum = 2ms, Average = 2ms　～最短，最长，平均
C:\Windows\System32>

实例 1-9：检测与网站主机连接是否正常

C:\Windows\System32>**ping www.baidu.com -n 3**

Pinging www.a.shifen.com [115.239.211.112] with 32 bytes of data:　～正在 Ping
Reply from 115.239.211.112: bytes=32 time=1082ms TTL=55　～来自目的地主机的回复
Reply from 115.239.211.112: bytes=32 time=8ms TTL=55
Reply from 115.239.211.112: bytes=32 time=6ms TTL=55

Ping statistics for 115.239.211.112:　　　　　　　～统计信息
　　Packets: Sent = 3, Received = 3, Lost = 0 (0% loss),
Approximate round trip times in milli-seconds:　～往返行程的估计时间
　　Minimum = 6ms, Maximum = 1082ms, Average = 365ms　～最短，最长，平均
C:\Windows\System32>

```
C:\Windows\System32>ping www.baidu.com -n 3
Pinging www.a.shifen.com [115.239.211.112] with 32 bytes of data:   ～正在 Ping
Request timed out.                                                  ～请求超时
Request timed out.
Request timed out.
                                                                    ～统计信息:
Ping statistics for 115.239.211.112
    Packets: Sent = 3, Received = 0, Lost = 3 (100% loss),
C:\Windows\System32>
```

这是两个连接 www.baidu.com 网站主机正常和不正常的例子。注意这里输入的是网站的名称，在这种情况下，ping 命令首先通过 DNS 服务器解析 www.baidu.com 网站的 IP 地址 115.239.211.112。可以发现 ping www.baidu.com 时，其实是主机 www.a.shifen.com 在响应，也就是 www.a.shifen.com 在充当 www.baidu.com。如果主机名不能正常解析成 IP 地址，那么往往是本地域名服务器地址配置错误，或者本地主机到域名服务器的网络连接出现了问题。当然也有可能是域名解析服务器出现了问题，但由于网络配置时指定了两个域名服务器，它们同时出错的情况非常罕见，所以一般情况下是本地主机的域名服务器地址配置问题。

5. 问题思考

在使用 ping 命令检测网络运行状况时，你以前都是怎么操作的？在完成了本实验后，你觉得应该如何进行修正，或者说应该遵循怎样的检测顺序，才能快速地定位网络的故障并加以排除？

1.3.2 网线的制作

1. 实验原理

在网线制作过程中通常采用的 T568A 和 T568B 标准是指用于 8 针配线(最常见的就是 RJ-45 水晶头)模块插座/插头的两种线序颜色标准。按 EIA/TIA(Electronic Industries Association/Telecommunications Industry Association)国际标准共有四种线序：T568A、T568B、USOC(8)、USOC(6)，一般常用的是前两种。颜色指的是剥开一段双绞线后看到的双绞线颜色，其中共有四对互相缠绕的独股塑包线：绿对、蓝对、橙对、棕对。由于向后兼容性问题，T568B 配线图被认为是首选的配线图。T568A 配线图被标注为可选，但现在仍被广泛使用。T568A 和 T568B 线序见表 1-5。

表 1-5 T568A 和 T568B 线序

标准名称	线 序							
	1	2	3	4	5	6	7	8
T568A	白绿	绿	白橙	蓝	白蓝	橙	白棕	棕
T568B	白橙	橙	白绿	蓝	白蓝	绿	白棕	棕

注意：
- T568B 为平常所使用的线序，在 100 Mb/s 数据传输中，主要用到 1、2、3、6 这四根线。

• 如果两端采用不同的标准，即一端线序采用 T568B，另一端线序为 T568A，则这条网线称为交叉线。一般来说交叉线用于交换机连接交换机、路由器连接路由器、PC 连接 PC 以及路由器直接连接 PC。

• 如果两端同时采用 T568B 标准，也就是两端都是同样的线序且一一对应，称这条线为直通线，又叫正线或标准线。直通线一般来说用于交换机连接路由器或交换机连接 PC。

• 自动翻转(Auto MDI/MDI-X)是指端口的线序自适应功能。具有这种功能的端口可以自动检测连接到当前端口上的网线类型是交叉线还是直通线，且能够自动进行调节转换。现在大部分交换机和路由器都具有这个功能。

2. 实验目的

(1) 熟悉网线制作的工具。
(2) 了解 T568A 和 T568B 线序颜色标准。
(3) 掌握网线制作的基本技能。
(4) 掌握网线连通性检测的基本方法。

3. 实验条件

1) 非屏蔽双绞线

双绞线(Twisted Pair，TP)是综合布线工程中最常见的一种传输介质。它由两根具有绝缘保护层的铜导线组成。非屏蔽双绞线(Unshielded Twisted Pair，UTP)是一种由四对不同颜色双绞线所组成的数据传输介质。它被广泛用于以太网和电话线路中。非屏蔽双绞线电缆具有无屏蔽外套、重量轻、直径小、易弯曲安装、串扰现象少等特点，非常适合于结构化综合布线。

按照频率和信噪比进行分类，双绞线可以分为 Category1～Category6。常见的有三类线 CAT3、五类线 CAT5、超五类线 CAT5e 以及六类线 CAT6，具体型号见表 1-6。

表 1-6 双绞线标准

等 级	最高传输频率/速率	用 途
一类线(CAT1)	750 kHz	语音传输
二类线(CAT2)	1 MHz/4 Mb/s	语音、4 Mb/s 规范令牌传递协议数据传输
三类线(CAT3)	16 MHz/10 Mb/s	语音、10BASE-T 以太网数据传输
四类线(CAT4)	20 MHz/16 Mb/s	16 Mb/s 令牌环、100BASE-T 以太网数据传输
五类线(CAT5)	100 MHz/100 Mb/s	100BASE-T、1000BASE-T 以太网数据传输
超五类线(CAT5e)	100 MHz/1 GMb/s	100BASE-T、1000BASE-T 以太网数据传输
六类线(CAT6)	250 MHz/1 GMb/s	100BASE-T、1000BASE-T 以太网数据传输
超六类线(CAT6e)	500 MHz/10 GMb/s	100BASE-T、1000BASE-T 以太网数据传输

2) RJ-45 水晶头

RJ-45(Registered Jack 45)是布线系统中信息插座连接器的一种。连接器由插头(接头、水晶头)和插座(模块)组成。插头有 8 个凹槽和 8 个触点。RJ-45 模块的核心是模块化信息插头、插座孔，还包括在它们之间为维持稳定可靠的电器连接所使用的插座弹片等连接机构。本实验中的 RJ-45 水晶头指 RJ-45 模块中的信息插头。

3) 压线钳

压线钳又称驳线钳,是用来压制 RJ-45 水晶头的一种工具。常见的电话线插头和双绞线插头都可以使用驳线钳压制而成。一种典型的压线钳如图 1-6 所示。

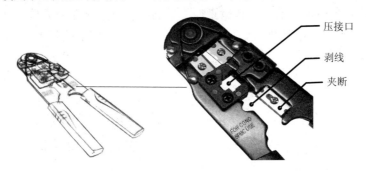

图 1-6　压线钳

4) 检测工具

网络电缆测试仪是一种常用的网络电缆检测工具,可以对双绞线 1、2、3、4、5、6、7、8、G 线对逐根(对)测试,并可判定哪一根为(对)错线或是短路和开路。一种常见的网络电缆测试仪如图 1-7 所示。

图 1-7　网络电缆测试仪

4．实验步骤

1) 取合适长度的一段网线,用压线钳在线缆的一端剥去 3 cm 长度的外皮。剥出来的线缆是 8 根即 4 对细线。过程如图 1-8(a)所示。

2) 用手将 4 对线按 T568B 标准,即白橙、橙、白绿、蓝、白蓝、绿、白棕、棕的顺序将线芯撸直并拢。过程如图 1-8(b)所示。

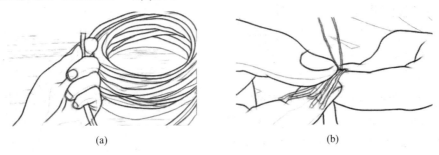

(a)　　　　　　　　　　　　(b)

图 1-8　网线梳理

3) 将并排的线芯放到压线钳切刀处，线芯要在同一平面上并拢、保持平直，并保留一定的线芯长度，在离外皮剥离处约 1.5 cm 处夹断剪齐。过程如图 1-9(a)所示。

4) 将并排线芯插入 RJ-45 插头，在放置过程中注意水晶插头的平滑面朝上，并且保持并排线芯的颜色顺序不变。放入后再检查插头里的线缆颜色顺序，并确保线缆的末端抵到插头的顶端，而且此时双绞线外皮也已进入水晶头尾部，并位于凸起下方。过程如图 1-9(b)所示。

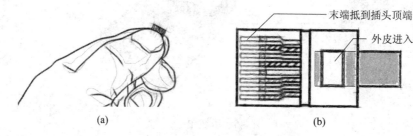

图 1-9 网线平齐及水晶头连接

5) 确认无误后用压线钳用力压制插头，使插头内的金属刀片穿破各条线芯的绝缘层，与内部铜线发生接触，并形成通路。过程如图 1-10 所示。

图 1-10 网线压制

6) 重复以上步骤，使用相同 T568B 线序制作线缆的另一端。如制作交叉线，另一端请采用 T568A 标准。

7) 制作完成后使用测试仪检测所制作网线的连通性。具体步骤为：
① 将做好的直通线或者交叉线分别插入测试仪两个接口。
② 打开测试仪的开关。
③ 判断网线是否连通，需要仔细查看测试仪发光二极管闪烁的同步性。同步性指发光二极管同步亮起的顺序。

如果是直通线，则两边二极管依次且同步亮起顺序为：1、2、3、4、5、6、7、8。

如果是交叉线，则测线仪主机(发送方)二极管从 1 至 8 依次闪烁；接收方这边亮起顺序为：3、6、1、4、5、2、7、8。

若中途出现有二极管未亮起或者顺序不对，则表示网线未连通，需要重新制作。

5．问题思考

(1) 在日常的工作生活中千兆以太网交换机的使用越来越普及。请试着从线缆类型、RJ-45 水晶头电气性能、网线制作方法等几个方面思考或者查找相关资料了解千兆网线的制作要求以及方法。

(2) 查找相关资料了解信息插座的类型，以及信息插座安装过程中所需要使用的线缆准备工具和打线工具。

1.3.3 交换机的基本配置

1．实验原理

交换机的管理方式基本分为两种：带内管理和带外管理。通过交换机的 Console (控制台)端口管理交换机属于带外管理，不占用交换机的网络端口，其特点是需要使用配置线缆进行近距离配置。第一次配置交换机时必须利用 Console 端口进行配置。

交换机之间通过以太网连接时需要协商一些接口参数，比如端口速率、双工模式等。端口速率指交换机端口每秒钟的数据传输能力，在交换机上可根据实际需要配置以太网端口速率。默认情况下当以太网端口工作在非自协商模式时，它的速率为端口支持的最大速率。交换机端口的全双工是指一个端口在发送数据的同时也能接收数据，也就是说发送和接收同时进行。而半双工指在同一时刻一个端口只能发送数据或接收数据。交换机可以通过配置的方式改变端口速率、双工模式等。

2．实验目的

(1) 掌握交换机各种命令行操作模式的区别。
(2) 掌握获取各种帮助信息的方法。
(3) 熟悉交换机的基本配置和管理，包括交换机名称、端口以及配置保存。
(4) 熟悉命令行界面的操作技巧。

3．实验条件

Cisco Packet Tracer6.0 以上版本模拟器。

4．实验步骤

1) 交换机的连接

交换机如果带 Console 端口，那么包装箱里可能会有一根 Console 线缆。这条线缆一头是 Console 端口(RJ-45 端口)，另一头是 COM 端口(串口)。台式机主板上一般会有 COM 接口，如果没有或者是使用笔记本，就需要一条 COM 口转 USB 接口线缆。但现在市场上有直接 RJ-45 连接 USB 端口的 Console 线缆。常见的交换机 Console 端口标识如图 1-11 所示。

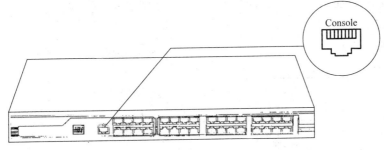

图 1-11 交换机的 Console 端口

使用 Console 线缆把交换机与计算机 USB 口连接后，在 WinXP 系统中打开超级终端(在开始—附件—系统工具里面),设置正确的连接参数(例如波特率为9600),选择合适的端口(在控制面板—设备管理器中查看自己计算机的 COM 端口的信息,然后选择正确的 COM 端口)。设置完毕,点击连接,就会出现控制台窗口,输入回车键就可以进入交换机控制台界面(Command-Line Interface,CLI)进行命令行操作。

Win7 和以后版本的操作系统中没有超级终端,这时大家需要自行下载超级终端应用程序或者使用第三方工具如 SecureCRT。打开 SecureCRT,新建串口连接,进行与超级终端连接类似的设置后进入控制台界面。

在 Packet Tracer 模拟器中使用鼠标双击交换机,即出现交换机控制台界面。

在接下来的实验中,假设大家已经打开模拟器并选择了交换机面板中的任意型号交换机放置于模拟器的工作区,并且已经进入交换机控制台界面。

2) 交换机各个操作模式之间的切换

交换机的命令是按模式分组的,每种模式中定义了一组命令集,如果希望使用某个命令,必须先进入相应的模式。各种模式是通过命令提示符进行区分的,命令提示符的格式是:

提示符名　　模式
Switch　　　>

提示符名一般是设备的名字,如交换机的默认名字是"Switch",路由器的默认名字是"Router"。提示符模式表明了当前所处的模式,如">"代表用户模式,"#"代表特权模式等。

交换机的命令行操作模式主要包括用户模式、特权模式、全局配置模式、端口模式等。常见的操作模式如表 1-7 所示。

表 1-7　交换机常见的操作模式

模式	提示符	说明
User EXEC 用户模式	>	用于查看系统基本信息和进行基本测试
Privileged EXEC 特权模式	#	查看、保存系统信息,可使用密码保护
Global configuration 全局配置模式	(config)#	配置设备的全局参数
Interface configuration 端口配置模式	(config-if)#	配置设备的各种端口
Line configuration 线路配置模式	(config-line)#	配置控制台、远程登录等
Router configuration 路由配置模式	(config-router)#	配置路由协议
Config-vlan VLAN 配置模式	(config-vlan)#	配置 VLAN 协议

下面介绍各种主要模式，并用实例说明它们之间的切换过程。

(1) 用户模式。进入交换机后的第一个操作模式是用户模式。该模式下只能使用有限的命令，可以简单查看交换机的软、硬件版本信息，并进行简单的测试。

(2) 特权模式。使用 enable 命令可由用户模式进入高一级模式—特权模式。该模式下可以对交换机的配置文件进行管理，查看交换机的配置信息，进行网络的测试和调试等。

(3) 全局配置模式。全局配置模式是属于特权模式的更高一级模式，该模式下可以配置交换机的全局性参数(如主机名、登录信息等)，可以进入端口配置模式、线路配置模式、路由配置模式、VLAN 配置模式等。

实例 1-10：不同配置模式之间的切换

```
Swtich>enable                              ~从用户模式进入特权模式
Swtich#
Swtich#configure terminal
Enter configuration commands, one per line. End with CNTL/Z.
                                           ~进入全局配置模式，每个命令一行
Swtich(config)#
Swtich(config)#interface FastEthernet 0/1
              ~使用 interface 命令进入端口配置模式，FastEthernet 0/1 是端口名称
Swtich(config-if)#

Swtich(config-if)#exit                     ~使用 exit 命令退回全局配置模式
Swtich(config)#
Swtich(config)# exit                       ~使用 exit 命令退回特权模式
Swtich#


Swtich#configure terminal
Swtich(config)#interface FastEthernet 0/2
Swtich(config-if)#end                      ~使用 end 命令直接退回特权模式
%SYS-5-CONFIG_I: Configured from console by console    ~提示信息，配置结束
Swtich#


Switch(config)#interface
Swtich(config)#interface FastEthernet 0/1
Switch(config-if)# ^Z                      ~使用快捷键"Ctrl+Z"直接退回特权模式
%SYS-5-CONFIG_I: Configured from console by console    ~配置结束
Switch#

Switch#disable                             ~使用 disable 命令退回用户模式
Switch>
```

3) 交换机命令行界面基本功能

交换机命令行可以直接获取帮助信息，使用 Tab 键进行命令补全，显示命令参数和终止部分命令。

实例 1-11：输入 "?" 显示当前模式可执行的命令

```
Switch> ?                                                ~显示用户模式下所有可执行的命令
Exec commands:
  <1-99>      Session number to resume              ~恢复会话数
  connect     Open a terminal connection            ~打开终端连接
  disable     Turn off privileged commands          ~退出特权模式
  disconnect  Disconnect an existing network connection~断开现有的网络连接
  enable      Turn on privileged commands           ~进入特权模式
  exit        Exit from the EXEC                    ~从执行退出
  logout      Exit from the EXEC                    ~从执行退出
  ping        Send echo messages                    ~发送 ping 信息
  resume      Resume an active network connection   ~恢复活跃网络连接
  show        Show running system information       ~显示系统运行信息
  telnet      Open a telnet connection              ~打开 telnet 连接
  terminal    Set terminal line parameters          ~设置终端线参数
  traceroute  Trace route to destination            ~跟踪目的地路由
Switch>
```

实例 1-12：使用命令简写、Tab 键补齐命令，显示相似命令

```
Swtich>en <Tab>                                      ~使用 Tab 键补齐命令
Swtich>enable
Swtich# disable
Swtich>en                                            ~使用 enable 命令的简写
Swtich#
```

注意：

使用 Tab 键命令可以补全当前命令，在以所输入字符串开始的命令只有一个的情况下，可以认为是该命令的简写模式。

使用 "?" 显示命令时，如果当前有多个以相同输入字符串开始的命令，将显示所有以该字符串开始的命令。

```
Switch>con?                                          ~"?"当前模式下以 "con" 开头的命令
connect
Swtich#con?                                          ~"?"特权模式下以 "con" 开头的命令
configure connect
Swtich#
```

实例 1-13：使用 "?" 显示命令参数

```
Swtich#conf t                                        ~使用命令的简写
Enter configuration commands, one per line. End with CNTL/Z.
```

Swtich(config)#
Swtich(config)#**interface** ?　　　　　　　　　~显示 interface 命令后可出现的参数，
　　　　　　　　　　　　　　　　　　　　　　~可以查看本设备支持的端口类型

　　Ethernet　　　　　　IEEE 802.3　　　　　~以太网
　　FastEthernet　　　　FastEthernet IEEE 802.3　~快速以太网
　　GigabitEthernet　　 GigabitEthernet IEEE 802.3z　~千兆以太网
　　Port-channel　　　　Ethernet Channel of interfaces　~捆绑而成的端口通道
　　Vlan　　　　　　　 Catalyst Vlans　　　　~VLAN
　　range　　　　　　　 interface range command　~端口范围

Swtich(config)#**exit**
%SYS-5-CONFIG_I: Configured from console by console　　~配置结束
Switch#

实例 1-14：ping 命令使用以及强制终止

　　Switch#**ping 1.1.1.1**
　　Type escape sequence to abort.　　　　　~可以使用快捷方式退出
　　Sending 5, 100-byte ICMP Echos to 1.1.1.1, timeout is 2 seconds:
　　.....
　　Success rate is 0 percent (0/5)　　　　　~成功率为 0
　　Switch#

注意：
在交换机特权模式下执行 ping 1.1.1.1 命令，发现不能 ping 通目标地址。交换机默认情况下需要发送 5 个数据包，如希望提前终止 ping 命令，通过执行快捷键"Ctrl+Shift+6"可以终止当前操作。

4）配置交换机的名称和每日提示信息

实例 1-15：配置交换机名称

　　Switch #**conf t**　　　　　　　　　　~进入全局配置模式
　　Enter configuration commands, one per line. End with CNTL/Z.
　　Switch(config)#**hostname SW-1**　　　　~使用 hostname 命令更改交换机名称
　　SW-1(config)#

实例 1-16：配置交换机登录提示信息

　　SW-1(config)#**banner motd $**　　　　　~使用 banner 命令设置交换机登录提示
　　　　　　　　　　　　　　　　　　　　　　参数，motd 指定字符为信息的结束符
　　Enter TEXT message. End with the character '$'.　~提示信息
　　Welcome to SW-1, if you are admin, you can config it.
　　If you are not admin, please EXIT!
　　$　　　　　　　　　　　　　　　　　　~用户输入的提示信息，字符"$"表示结束

```
SW-1(config)#exit
SW-1#
%SYS-5-CONFIG_I: Configured from console by console    ~配置结束
SW-1#exit                                              ~退出特权模式


Press RETURN to get started.                           ~提示信息


Welcome to SW-1, if you are admin, you can config it.
If you are not admin, please EXIT!                     ~登录新的提示信息
SW-1>                                                  ~进入用户模式
```

注意：

终止符不能在描述文本中出现。如果在键入结束的终止符后仍然输入字符，则这些字符不会作为提示符出现。

5) 配置端口状态

Packet Tracer 中的 Generic Switch-PT 是带有一般性端口的交换机，例如 10 Mb/s 和 100 Mb/s 自适应端口，且双工模式也为自适应(端口速率、双工模式可配置)。默认情况下，所有交换机端口均开启。

如果网络中存在一些型号比较旧的主机，还在使用 10 Mb/s 半双工的网卡，为了能够实现主机之间的正常通信，应当在交换机上进行相应的配置，把连接这些主机的交换机端口速率设为 10 Mb/s，传输模式设为半双工。

实例 1-17： 配置交换机端口速率、双工模式和描述信息

```
SW-1#conf t                                            ~进入全局配置模式
Enter configuration commands, one per line. End with CNTL/Z.
SW-1(config)#interface FastEthernet 0/1                ~进入端口F0/1的配置模式
SW-1(config-if)#speed 10                               ~配置端口速率为10 Mb/s
SW-1(config-if)#duplex half                            ~配置端口的双工模式为半双工
SW-1(config-if)#no shutdown                            ~开启端口，使端口转发数据
                                                       交换机端口默认是开启状态
SW-1(config-if)#description "This is a access port."   ~配置端口的描述信息，可作为提示
SW-1(config-if)#end                                    ~退出到特权模式，结束配置
%SYS-5-CONFIG_I: Configured from console by console    ~配置结束
SW-1#


SW-1#show interface Fastethernet0/1                    ~显示端口状态，如图1-12所示
```

FastEthernet0/1 is down, line protocol is down (disabled)
  Hardware is Lance, address is 0060.5ca6.7788 (bia 0060.5ca6.7788)
  BW 10000 Kbit, DLY 1000 usec,

reliability 255/255, txload 1/255, rxload 1/255
Encapsulation ARPA, loopback not set
Keepalive set (10 sec)
Half-duplex, 10Mb/s
input flow-control is off, output flow-control is off
ARP type: ARPA, ARP Timeout 04:00:00
Last input 00:00:08, output 00:00:05, output hang never
Last clearing of "show interface" counters never
Input queue: 0/75/0/0 (size/max/drops/flushes); Total output drops: 0
Queueing strategy: fifo
Output queue :0/40 (size/max)
5 minute input rate 0 bits/sec, 0 packets/sec
5 minute output rate 0 bits/sec, 0 packets/sec
  956 packets input, 193351 bytes, 0 no buffer
  Received 956 broadcasts, 0 runts, 0 giants, 0 throttles
  0 input errors, 0 CRC, 0 frame, 0 overrun, 0 ignored, 0 abort
  0 watchdog, 0 multicast, 0 pause input
  0 input packets with dribble condition detected
  2357 packets output, 263570 bytes, 0 underruns
  0 output errors, 0 collisions, 10 interface resets
  0 babbles, 0 late collision, 0 deferred
  0 lost carrier, 0 no carrier
  0 output buffer failures, 0 output buffers swapped out
SW-1#

图 1-12 交换机端口状态显示

如果需要将交换机端口的配置恢复默认值，可以使用 no 命令。

实例 1-18：恢复交换机端口默认配置

SW-1#**conf t**   ~进入全局配置模式
Enter configuration commands, one per line. End with CNTL/Z.
SW-1(config)#**interface FastEthernet 0/1**
SW-1(config-if)#**no speed**   ~恢复端口默认的带宽设置
SW-1(config-if)#**no description** ~取消端口的描述信息
SW-1(config-if)#**no duplex**   ~恢复端口默认的双工设置
SW-1(config-if)#**end**   ~退出到特权模式，结束配置
%SYS-5-CONFIG_I: Configured from console by console ~配置结束
SW-1#
SW-1#**show interface Fastethernet0/1** ~显示端口状态，如下所示

FastEthernet0/1 is down, line protocol is down (disabled)
　　Hardware is Lance, address is 0060.5ca6.7788 (bia 0060.5ca6.7788)
　　BW 10000 Kbit, DLY 1000 usec,
　　　reliability 255/255, txload 1/255, rxload 1/255
　　Encapsulation ARPA, loopback not set
　　Keepalive set (10 sec)
　　Full-duplex, 100Mb/s　　　　　　　　　　~全双工，100Mb/s
　　input flow-control is off, output flow-control is off
　　ARP type: ARPA, ARP Timeout 04:00:00
　　…
　　SW-1#

6) 查看交换机的系统和配置信息
实例 1-19：查看交换机的系统信息
　　SW-1#**show version**　　　　　　　　　　~查看交换机的系统信息
　　Cisco Internetwork Operating System Software
　　IOS (tm) PT3000 Software (PT3000-XX-M), Version 12.1(22)EA4, RELEASE SOFTWARE (fc1)
　　Copyright (c) 1986-2006 by cisco Systems, Inc.　　~操作系统的描述信息
　　Compiled Fri 12-May-06 17:19 by pt_team
　　Image text-base: 0x80010000, data-base: 0x80562000

　　ROM: Bootstrap program is is C2950 boot loader　~交换机的启动信息
　　Switch uptime is 7 minutes, 29 seconds
　　System returned to ROM by power-on

　　Cisco WS-CSwitch-PT (RC32300) processor (revision C0) with 21039K bytes of memory.
　　Processor board ID FHK0610Z0WC　　　　~交换机的描述信息
　　Last reset from system-reset
　　Running Standard Image
　　6 FastEthernet/IEEE 802.3 interface(s)　　　~交换机端口的描述信息

　　63488K bytes of flash-simulated non-volatile configuration memory.
　　Base ethernet MAC Address: 0060.2F1C.6B70　　~交换机部件的序列号信息
　　Motherboard assembly number: 73-5781-09
　　Power supply part number: 34-0965-01
　　Motherboard serial number: FOC061004SZ
　　Power supply serial number: DAB0609127D
　　Model revision number: C0
　　Motherboard revision number: A0

Model number: WS-CSwitch-PT
System serial number: FHK0610Z0WC
Configuration register is 0xF
SW-1#

实例 1-20：查看交换机的运行配置信息

SW-1#**show running-config**	~查看交换机的配置，可以用简写sh run
Building configuration...	
Current configuration : 452 bytes	~当前配置所占字节数
!	
version 12.1	~版本号
no service timestamps log datetime msec	~无服务时间戳日志日期时间
no service timestamps debug datetime msec	~无服务时间戳调试日期时间
no service password-encryption	~无enable密码
!	
hostname SW-1	~交换机名称
!	
spanning-tree mode pvst	~生成树模式
!	
interface FastEthernet0/1	~端口列表
interface FastEthernet1/1	
...	
!	
interface Vlan1	~VLAN1端口信息
no ip address	~无IP地址
shutdown	~关闭状态
!	
line con 0	~line口的信息
!	
line vty 0 4	~VTY线路有0到4共5条
login	
!	
End	~配置文件结束
SW-1#	

注意：

show running-config 查看的是当前生效的配置信息，该信息存储在 RAM(随机存储器)里，当交换机掉电或重新启动时会重新生成新的配置信息。

7) 保存配置

实例 1-21：保存交换机配置

下面的三条命令都可以保存配置

  SW-1#**copy running-config startup-config**　　~把当前配置写入非易失性RAM保存

  　　　　　　　　　　　　　　　　　　　　　　~覆盖当前的启动配置(下同)

  Destination filename [startup-config]?

  Building configuration...

  [OK]　　　　　　　　　　　　　　　　　　　　~备份完毕

  SW-1#**write memory**　　　　　　　　　　　~把当前配置写入非易失性RAM保存

  Building configuration...

  [OK]　　　　　　　　　　　　　　　　　　　　~备份完毕

  SW-1#**write**　　　　　　　　　　　　　　　~把当前配置写入非易失性RAM保存

  Building configuration...

  [OK]　　　　　　　　　　　　　　　　　　　　~备份完毕

注意：

下面总结了命令行输入(CLI)的特点：

- 模拟器中 Cisco IOS 不支持中文输入，也不支持中文输入模式下的英文输入。
- 输入的命令不区分大小写。
- 可以使用命令简写，但前提是不能引起歧义。

简写的原则是输入命令的前几个字母足够与其他命令进行区分。例如 enable 命令简写成 en，configure terminal 命令可简写为 conf t;

- 可以使用 Tab 键进行命令补全。
- 可以检索历史命令来简化命令输入。

历史命令是指曾经输入过的命令，可以用"↑"键和"↓"键检索历史命令，然后执行此命令。(注：只能检索当前提示符下的输入历史。)

- 可以使用编辑快捷键，Ctrl+a——光标移到行首，Ctrl+e——光标移到行尾。
- 可以使用"?"获取输入命令的帮助和提示。

CLI 的常见错误提示有：

  % Incomplete command.　　　　　　　　~命令缺少必需的关键字或参数

  % Ambiguous command: "show c"　　　　~没有足够的输入字符，无法识别命令

  % Invalid input detected at '^' marker.　　~输入的命令错误，符号 ^ 是错误的位置

有一个特殊的提示，大家可能遇到：

  Translating "test"...domain server (255.255.255.255)

这个不是错误提示，而是系统在进行域名解析的提示。系统在收到一些不能识别的命令行字符串时会自动进行域名解析。在本书实验中大部分时候没有给交换机或路由器指定域名服务器。而且由于实验是在模拟环境，即使指定了域名服务器，这种解析一般也不会有结果，因此这个过程的结束往往需要较多的时间。大家可以使用以下命令关闭这个功能：

  Switch (config)#**no ip domain-lookup**

5. 问题思考

查看距离你办公桌最近的交换机，确定它的生产厂商、型号以及它的主要参数和适用

范围。

1.3.4 交换机 VLAN 的配置

1. 实验原理

交换机能有效隔离冲突域，但是由同一交换机相连的多台计算机仍处于同一个广播域，计算机仍有可能收到所有的数据帧，这将降低网络工作的效率，同时也会影响网络的安全。为了减少数据广播影响的范围，提高局域网安全性，可以使用虚拟局域网即 VLAN 技术把一个物理的 LAN 在逻辑上划分成多个广播域。同一 VLAN 的计算机间可以直接通信，而不同 VLAN 之间的主机不能直接通信。

在现实生活中经常会遇到主机需要跨越 VLAN 相互访问的需求。网络管理员可以使用不同的方法实现 VLAN 间主机的互相访问，例如单臂路由技术。但是由于这种技术存在带宽、转发效率低等局限性，在实际应用中使用较少。

三层交换机在原有二层交换机的基础上增加了路由功能，同时数据不需要像单臂路由那样经过外部的物理线路进行转发，从而很好地解决了带宽限制的问题，为局域网设计提供了新的选择方案。

通过给 VLAN 的网络层端口配置相应的 IP 地址，并开启路由功能，可使三层交换机具有路由转发功能，从而实现不同 VLAN 间的数据报转发。

2. 实验目的

(1) 理解 VLAN 的应用场景。
(2) 掌握 VLAN 的基本配置。
(3) 理解数据报跨越 VLAN 路由的原理。
(4) 掌握多层交换网络连通的方法。

3. 实验拓扑

本实验模拟的是一个企业网络的场景。假设公司内网是一个大型局域网，二层交换机 SW2-1 放置在一楼，一楼主要是市场部；二层交换机 SW2-2 放置在二楼，二楼主要是 IT 部门，但未来可能还有人事部迁入。由于交换机组成的是一个广播网络，它连接的所有计算机都可以直接通信。公司为了区隔不同的部门，规定只有同一部门的主机之间才可以通信，因此需要在交换机上划分不同的 VLAN。在划分 VLAN 的基础上，通过原有的三层交换机 SW3 进行通信。实验拓扑如图 1-13 所示。

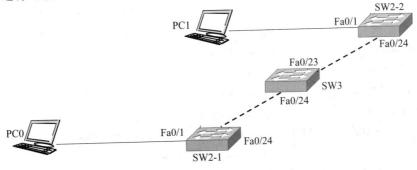

图 1-13 交换机的 VLAN 配置拓扑

实验中各个设备编址见表 1-8。

表 1-8 VLAN 配置实验编址

名 称	IP 地址	子网掩码	默认网关	端 口
PC0	192.168.10.3	255.255.255.0	192.168.10.1	Fa0
PC1	192.168.20.3	255.255.255.0	192.168.20.1	Fa0
SW2-1(2950)				Fa0/24(Trunk)
SW2-2(2950)				Fa0/24(Trunk)
SW3 (3560)	192.168.10.1(VLAN10)	255.255.255.0		
	192.168.20.1(VLAN20)	255.255.255.0		

注：SW2-1 指交换机名称，2950 指交换机型号；
　　Fa0 是 FastEthernet0 的缩写，/24 指第 24 号端口，Trunk 表示指定为 Trunk 端口；
　　其他指定以此类推。

4．实验步骤

1) 基本配置

使用实验编址进行相应的设备命名和 IP 地址配置，在此步骤中不要为交换机创建任何的 VLAN。

2) 二层交换机 SW2-1 上的配置过程

(1) 创建 VLAN。交换机启动以后，会自动创建一个默认的 VLAN1，初始时所有端口都属于这个 VLAN。其余 VLAN 需要使用命令手工创建。使用命令 vlan 一次创建一个 VLAN。

实例 1-22：在二层交换机 SW2-1 上显示 VLAN 状况

SW2-1#**show vlan**　　　　　　　　　　　　　　~显示当前 VLAN 配置，运行结果如图 1-14 所示

```
VLAN Name                             Status    Ports
---- -------------------------------- --------- -------------------------------
1    default                          active    Fa0/1, Fa0/2, Fa0/3, Fa0/4
                                                Fa0/5, Fa0/6, Fa0/7, Fa0/8
                                                Fa0/9, Fa0/10, Fa0/11, Fa0/12
                                                Fa0/13, Fa0/14, Fa0/15, Fa0/16
                                                Fa0/17, Fa0/18, Fa0/19, Fa0/20
                                                Fa0/21, Fa0/22, Fa0/23, Fa0/24
1002 fddi-default                     act/unsup
1003 token-ring-default                act/unsup
1004 fddinet-default                   act/unsup
1005 trnet-default                     act/unsup
VLAN Type  SAID       MTU   Parent RingNo BridgeNo Stp  BrdgMode Trans1 Trans2
---- ----- ---------- ----- ------ ------ -------- ---- -------- ------ ------
1    enet  100001     1500  -      -      -        -    -        0      0
```

1002 fddi	101002	1500	-	-	-	-	-	-	0	0
1003 tr	101003	1500	-	-	-	-	-	-	0	0
1004 fdnet	101004	1500	-	-	-	ieee	-	-	0	0
1005 trnet	101005	1500	-	-	-	ibm	-	-	0	0

Remote SPAN VLANs

Primary Secondary Type   Ports
------- ---------- ---------------- -------------------------------------

图 1-14 当前 VLAN 配置的情况

实例 1-23：在二层交换机 SW2-1 上配置 VLAN 10

  SW2-1#**conf t**

  Enter configuration commands, one per line. End with CNTL/Z.

  SW2-1(config)#**vlan ?**   ~显示命令的参数

    <1-1005>   ISL VLAN IDs 1-1005   ~显示VLAN指定的范围

  SW2-1(config)#**vlan 10**   ~配置VLAN 10

  SW2-1(config-vlan)#**end**   ~退出VLAN配置模式

  %SYS-5-CONFIG_I: Configured from console by console

  SW2-1#**show vlan**   ~重新显示当前VLAN配置情况

  VLAN Name   Status   Ports   ~VLAN名称、状态和端口号

  ---- -------------------------- ----------- ---------------------

  1   default   active   Fa0/1, Fa0/2, …

  10   VLAN0010   active   ~新增VLAN、状态和端口号(未指定)

    …

  VLAN Type   SAID   MTU   Parent RingNo BridgeNo Stp   BrdgMode Trans1 Trans2

  ---- ----- ---------- ------ ------ ------ -------- ---- -------- ------ ------

  1   enet 100001   1500   -   -   -   -   -   0   0

  10   enet 100010   1500   -   -   -   -   -   0   0

  SW2-1#

(2) 配置 Access 端口。默认情况下，所有端口的 VLAN ID 都是 1。一般使用 switchport access 命令指定一个端口的 VLAN 归属。

实例 1-24：使用 **switchport access** 命令配置端口 1 和端口 2 的 VLAN 归属

  SW2-1#**conf t**

  Enter configuration commands, one per line. End with CNTL/Z.

  SW2-1(config)#**interface FastEthernet 0/1**   ~指定端口 Fa0/1

  SW2-1(config-if)#**switchport access vlan 10**   ~指定端口 Fa0/1 归属 VLAN 10

  SW2-1(config-if)#**end**

  %SYS-5-CONFIG_I: Configured from console by console

```
SW2-1#show vlan                                         ~重新显示当前 VLAN 配置情况
VLAN Name                       Status    Ports         ~VLAN 名称、状态和端口号
---- -------------------------- ----------
1    default                    active    Fa0/2, Fa0/3, ...
10   VLAN0010                   active    Fa0/1          ~新增 VLAN 端口号
                                          ...
SW2-1# conf t                                           ~配置端口 2 的 VLAN 归属
Enter configuration commands, one per line.   End with CNTL/Z.
SW2-1(config)#interface Fa0/2                           ~指定端口 Fa0/2,使用了简写
SW2-1(config-if)#switchport access vlan 10              ~端口 Fa0/2 也归属 VLAN 10
SW2-1(config-if)#end
%SYS-5-CONFIG_I: Configured from console by console
SW2-1#
```

(3) 配置结果检查。

```
SW2-1#show vlan
```

(4) 交换机 Trunk 端口配置。为了使 VLAN 的帧能跨越多台交换机传递,交换机之间互联的链路需要配置为干道链路(Trunk Link)。和接入链路不同,干道链路是用来在不同的交换机之间、交换机和路由器之间转发帧的,不属于具体的 VLAN,可以转发所有的 VLAN 数据帧,也可以配置成转发指定的 VLAN 数据。

实例 1-25:Trunk 端口的配置

```
SW2-1#conf t
Enter configuration commands, one per line.   End with CNTL/Z.
SW2-1(config)#interface Fa0/24                          ~指定端口 Fa0/24
SW2-1(config-if)#switchport mode trunk                  ~指定端口 Fa0/24 为 Trunk 端口
SW2-1(config-if)#exit                                   ~退出端口配置模式
SW2-1(config)#
```

可以通过 switchport trunk allowed 命令指定 Trunk 模式下端口允许传输数据的 VLAN。

3) 二层交换机 SW2-2 上的配置过程

二层交换机 SW2-2 上的配置过程与 SW2-1 类似。

(1) 在 SW2-2 上创建 VLAN。

```
SW2-2#conf t
Enter configuration commands, one per line.   End with CNTL/Z.
SW2-2(config)#vlan 20                                   ~配置 VLAN 20
SW2-2(config-vlan)#exit                                 ~退出 VLAN 配置模式
SW2-2(config)#
```

(2) 配置 Access 端口:使用 switchport access 命令配置端口 1 和端口 2 的 VLAN 归属。

```
SW2-2(config)#interface Fa0/1                           ~指定端口 Fa0/1
SW2-2(config-if)#switchport access vlan 20              ~指定端口 Fa0/1 归属 VLAN 20
SW2-2(config-if)#exit
```

SW2-2(config)# ~配置端口 2 的 VLAN 归属
SW2-2(config)#**interface Fa0/2** ~指定端口 Fa0/2
SW2-2(config-if)#**switchport access vlan 20** ~端口 Fa0/2 也归属 VLAN 20
SW2-2(config-if)#**end**
%SYS-5-CONFIG_I: Configured from console by console
SW2-2#

(3) 配置结果检查。
  SW2-2#**show vlan**

(4) 交换机 Trunk 端口配置。
  SW2-2#**conf t**
  Enter configuration commands, one per line. End with CNTL/Z.
  SW2-2(config)#**interface Fa0/24** ~指定端口 Fa0/24
  SW2-2(config-if)#**switchport mode trunk** ~指定端口 Fa0/24 为 Trunk 端口
  SW2-2(config-if)#**end** ~退出端口配置模式
  %SYS-5-CONFIG_I: Configured from console by console
  SW2-2#

4) 三层交换机 SW3 上的配置过程
(1) 在 SW3 中创建 VLAN。

实例 1-26：在三层交换机 SW3 中创建 VLAN 10 和 VLAN 20
  SW3#**conf t**
  Enter configuration commands, one per line. End with CNTL/Z.
  SW3(config)#**vlan 10** ~配置 VLAN 10
  SW3(config-vlan)#**vlan 20** ~配置 VLAN 20
  SW3(config-vlan)#**exit** ~退出 VLAN 配置模式
  SW3(config)#

(2) 在 SW3 上给 VLAN 配置 IP 地址。
实例 1-27：在三层交换机 SW3 中为 VLAN 10 和 VLAN 20 端口指定 IP 地址
  SW3(config)#**interface vlan 10** ~指定端口 VLAN 10
  SW3(config-if)#**ip address 192.168.10.1 255.255.255.0** ~指定端口 IP 地址
  SW3(config-if)#**no shutdown** ~开启端口
  SW3(config-if)#**exit** ~退出端口配置模式
  SW3(config)#**interface vlan 20** ~指定端口 VLAN 20
  SW3(config-if)#**ip address 192.168.20.1 255.255.255.0** ~指定端口 IP 地址
  SW3(config-if)#**no shutdown** ~开启端口
  SW3(config-if)#**exit** ~退出端口配置模式
  SW3(config)#

(3) SW3 上配置 Trunk。
实例 1-28：启用端口 Trunk 模式和 IP 路由
  SW3(config)#**interface Fa0/23**

SW3(config-if)#**switchport mode trunk**

SW3(config-if)#Command rejected: An interface whose trunk encapsulation is "Auto" can not be configured to "trunk" mode.

SW3(config-if)#**exit**

SW3(config)# **ip routing**　　　　　　　　　　　　~开启路由

SW3(config)#**exit**　　　　　　　　　　　　　　~退出全局配置模式

%SYS-5-CONFIG_I: Configured from console by console

SW3#

注意：

Cisco 三层交换机 3560 的端口 Trunk 封装是自动的，不需要进行与 VLAN 相连端口的 Trunk 模式配置。

在端口 Trunk 封装不是自动的情况下，需要使用以下命令进行 VLAN 相连端口的 Trunk 模式配置：

SW3(config-if)#switchport mode trunk

(4) VLAN 间连接有效性的测试。

实例 1-29：通过 VLAN 10 中主机 PC0 检测 VLAN 10 网关的连通性

PC>**ping 192.168.10.1 –n 3**　　　　　　　　~检测 VLAN 10 网关连通性

Pinging 192.168.10.1 with 32 bytes of data:
Reply from 192.168.10.1: bytes=32 time=0ms TTL=255
Reply from 192.168.10.1: bytes=32 time=0ms TTL=255
Reply from 192.168.10.1: bytes=32 time=0ms TTL=255
Ping statistics for 192.168.10.1:　　　　~ VLAN 10 网关连接正常
　　Packets: Sent = 3, Received = 3, Lost = 0 (0% loss),
Approximate round trip times in milli-seconds:
　　Minimum = 0ms, Maximum = 8ms, Average = 2ms

实例 1-30：检测 VLAN 20 网关的连通性

PC>**ping 192.168.20.1 –n 3**　　　　　　　　~检测 VLAN 20 网关的连通性

Pinging 192.168.20.1 with 32 bytes of data:
Reply from 192.168.20.1: bytes=32 time=1ms TTL=255
Reply from 192.168.20.1: bytes=32 time=0ms TTL=255
Reply from 192.168.20.1: bytes=32 time=0ms TTL=255
Ping statistics for 192.168.20.1:　　　　~ VLAN 20 网关连接正常
　　Packets: Sent = 3, Received = 3, Lost = 0 (0% loss),
Approximate round trip times in milli-seconds:
　　Minimum = 0ms, Maximum = 1ms, Average = 0ms

实例 1-31：通过 VLAN 10 中主机 PC0 检测 VLAN 20 中主机 PC1 的连通性

PC>ping 192.168.20.3 –n 3　　　　　　　　　~检测 VLAN 20 主机连通性

  Pinging 192.168.20.3 with 32 bytes of data:
  Reply from 192.168.20.3: bytes=32 time=1ms TTL=127
  Reply from 192.168.20.3: bytes=32 time=0ms TTL=127
  Reply from 192.168.20.3: bytes=32 time=0ms TTL=127
  Ping statistics for 192.168.20.3:　　　　　~VLAN 20 主机连接正常
   Packets: Sent = 3, Received = 3, Lost = 0 (0% loss),
  Approximate round trip times in milli-seconds:
   Minimum = 0ms, Maximum = 1ms, Average = 0ms

5．问题思考

(1) 本实验中假设在 SW2-2 上也创建一个 VLAN 10，并指定端口 Fa0/11 为 Access 类型。如果配置一台与此端口相连的主机 PC2，其 IP 地址为 192.168.10.11，掩码为 255.255.255.0，网关为 192.168.10.1，请问这台主机能与 PC0 和 PC1 进行通信吗？

(2) 连接 PC 的交换机端口能够配置成 Trunk 端口吗？为什么？

(3) 请大家查阅资料，了解三层交换机与路由器所实现功能的具体方式和区别。

1.3.5　生成树的配置

1．实验原理

  在多个交换机互联的网络中，有可能出现交换网络的环路问题。STP(Spanning-Tree Protocol，生成树协议)的目标就是解决交换网络中的环路问题。运行 STP 协议的设备通过交换 BPDU(Bridge Protocol Data Unit，网桥协议数据单元)信息发现环路，通过阻塞特定端口，将交换网络的冗余链接在逻辑上断开，最终将网络结构修剪成无环路的树型结构，同时在交换网络中提供冗余备份链路。当主链路出现故障时，STP 协议能够快速发现链路故障，并自动地切换到备份链路，找出另外一条传输路径，从而保证网络中数据的正常转发。

  交换机上运行的 STP 协议通过 BPDU 信息的交互，选举根交换机，然后每台非根交换机选择与根交换机互联的根端口，使交换机之间形成树型通信网络。

  STP 虽然能够解决环路问题，但是也存在一些不足。比如 STP 没有细致区分端口状态和端口角色；其次 STP 端口状态共有 5 种，即 Disable、Blocking、Listening、Learning 和 Forwarding，对于用户来说，Blocking、Listening 和 Learning 状态并没有区别，都不转发流量。

  IEEE 于 2001 年发布的 802.1W 标准定义了 RSTP(Rapid Spanning-Tree Protocol，快速生成树协议)，对原有的 STP 协议进行了细致的修改和补充。

  RSTP 新增加了两种端口角色，加上原有的端口角色共有 4 种：根端口、指定端口、Alternate 端口和 Backup 端口。根端口和指定端口的作用与 STP 相同，Alternate 端口和 Backup 端口的作用如下：

- **Alternate 端口**：用于学习其他网桥发送因配置 BPDU 报文而阻塞的端口，提供一条从指定桥到根的可切换路径，作为根端口的备份端口。

• Backup 端口：用于学习自身发送 BPDU 报文而阻塞的端口，作为指定端口的备份端口，提供了另一条从根桥到相应网段的备份通路。

RSTP 相应的也把原来的 5 种端口状态缩减为 3 种：Discarding、Learning 和 Forwarding。

RSTP 在网络结构发生变化时能更快地收敛网络。当根端口或指定端口出现故障时，冗余端口可直接切换到替换或备份端口，从而实现 RSTP 协议小于 1 s 的快速收敛。

2. 实验目的

(1) 理解生成树协议的工作原理。
(2) 掌握快速生成树协议 RSTP 的基本配置方法。
(3) 理解 STP 的选举过程。
(4) 掌握修改交换机优先级的方法。
(5) 理解根端口的选举过程。
(6) 掌握修改端口优先级的方法。

3. 实验拓扑

本实验模拟的是一个企业网络的场景，拓扑结构如图 1-15 所示。假设公司内网是一个大型局域网，交换机 SW1 放置在一楼，一楼主要是市场部；二层交换机 SW2 放在二楼，二楼也有市场部的部分工作人员；两台交换机互联组成公司的内网。为了提高网络的可靠性，网络管理员必须使用两条链路将交换机互联。现要求在交换机上做适当配置，使网络避免出现环路。

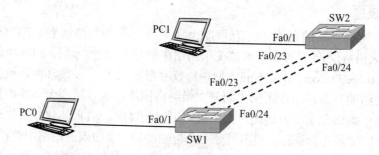

图 1-15　生成树协议实验基础配置及端口连接拓扑

实验各个设备编址见表 1-9。

表 1-9　生成树协议实验编址

名称	IP 地址	子网掩码	默认网关	端口
PC0	192.168.1.2	255.255.255.0	192.168.1.1	Fa0
PC1	192.168.1.3	255.255.255.0	192.168.1.1	Fa0
SW1(2950)				Fa0/23-24(Trunk)
SW2(2950)				Fa0/23-24(Trunk)

4. 实验步骤

1) 基本配置

按拓扑图搭建网络，并为交换机准备冗余链路。使用实验编址进行相应的设备命名和

IP 地址配置。

　　交换机在生成树协议启用的情况下，通过互相交换网桥协议数据单元(BPDU)，会自动选出根交换机、根端口等，最后确定端口的转发状态。

注意：

　　在本次实验中，只有当两台交换机都完成 RSTP 配置后，才能将交换机连接起来。如果先连线再配置会造成广播风暴，从而影响交换机的正常工作。

2) 生成树协议配置

首先配置交换机 SW1。配制 RSTP 前的 Spanning-tree 状态如图 1-16 所示。

实例 1-32：查看生成树协议配置信息

```
SW1#show spanning-tree summary              ~查看生成树协议的配置信息
Switch is in pvst mode
Root bridge for:
Extended system ID              is enabled
Portfast Default                is disabled
PortFast BPDU Guard Default     is disabled
Portfast BPDU Filter Default is disabled
Loopguard Default               is disabled
EtherChannel misconfig guard    is disabled
UplinkFast                      is disabled
BackboneFast                    is disabled
Configured Pathcost method used is short

Name                    Blocking Listening Learning Forwarding STP Active
---------------------- -------- --------- -------- ---------- ----------
1 vlans                    0         0        0        0          0
SW1#
```

图 1-16　配置 RSTP 前的 Spanning-tree 状态

实例 1-33：交换机 SW1 的生成树协议配置

```
SW1#conf t                                           ~进入到全局配置模式
Enter configuration commands, one per line.   End with CNTL/Z.
SW1 (config)#inter Fa0/1                             ~进入到端口配置模式
SW1 (config-if)#switchport access vlan 2             ~将该端口划分到 VLAN 2
% Access VLAN does not exist. Creating vlan 2        ~交换机生成不存在的 VLAN 2
SW1 (config-if)#exit                                 ~退出端口配置模式
SW1 (config)#
SW1 (config)#inter range Fa0/23-24                   ~指定端口 fa0/23-24 进入配置模式
SW1 (config-if)#switch mode trunk                    ~配置这两个端口为 trunk 模式
```

SW1 (config-if)#**exit**　　　　　　　　　　　　~退出端口配置模式
SW1 (config)#**spanning-tree mode rapid-pvst**　~指定生成树协议的类型为 RSTP
SW1 (config)#**end**　　　　　　　　　　　　　~退回特权模式
%SYS-5-CONFIG_I: Configured from console by console
SW1#**show spanning-tree**　　　　　　　　　　~显示根交换机、端口角色、状态等
No spanning tree instance exists.　　　　　　　~表明没有 spanning-tree 存在

在交换机 SW2 上重复上述配置过程。

当两台交换机都配置 RSTP 后，使用交叉线分别连接交换机的两组端口：SW1 f0/23 和 SW2 f0/23 连接，SW1 f0/24 和 SW2 f0/24 连接。

实例 1-34：在 PC0 上检测 SW1 和 SW2 的连通性
PC>**ping 192.168.1.3 -n 3**　　　　　　　　　~pingPC1 的 IP 地址

Pinging 192.168.1.3 with 32 bytes of data:
Reply from 192.168.1.3: bytes=32 time=6ms TTL=128
Reply from 192.168.1.3: bytes=32 time=1ms TTL=128
Reply from 192.168.1.3: bytes=32 time=0ms TTL=128
Ping statistics for 192.168.1.3:
　　Packets: Sent = 3, Received = 3, Lost = 0 (0% loss), ~显示连接正常
Approximate round trip times in milli-seconds:
　　Minimum = 0ms, Maximum = 6ms, Average = 2ms
PC>

在 SW2 上查看 spanning-tree 状态：
SW2#**show spanning-tree summary**　　　　　~查看生成树的配置信息
Switch is in rapid-pvst mode
Root bridge for: default VLAN0002
...

Name	Blocking	Listening	Learning	Forwarding	STP Active
VLAN0001	1	0	0	2	3~默认 VLAN1
VLAN0002	0	0	0	3	3~新生成 VLAN2
2 vlans	1	0	0	5	

SW2#

实例 1-35：在 SW2 上查看生成树详细信息
SW2#**show spanning-tree**
VLAN0001　　　　　　　　　　　　　　　　　~默认 VLAN1 的生成树配置
　Spanning tree enabled protocol rstp
　Root ID　　Priority　　32769　　　　　　　~优先级
　　　　　　Address　　000B.BE75.0B12　　　~地址

第 1 部分　局域网的构建

```
            This bridge is the root                    ~本网桥为根
            Hello Time   2 sec   Max Age 20 sec   Forward Delay 15 sec
                                                  ~定时器配置
Bridge ID   Priority     32769    (priority 32768 sys-id-ext 1)
            Address      000B.BE75.0B12
            Hello Time   2 sec   Max Age 20 sec   Forward Delay 15 sec
            Aging Time   20

Interface         Role Sts Cost      Prio.Nbr Type
---------------- ---- --- ---------  --------------------------------

Fa0/24            Desg FWD 19        128.24   P2p     ~转发端口
Fa0/23            Desg FWD 19        128.23   P2p     ~转发端口
VLAN0002                                              ~生成树配置类似 VLAN1
    Spanning tree enabled protocol rstp
    Root ID    Priority    32770
               Address     000B.BE75.0B12
               This bridge is the root
               Hello Time  2 sec   Max Age 20 sec   Forward Delay 15 sec
    Bridge ID  Priority 32770   (priority 32768 sys-id-ext 2)
               Address     000B.BE75.0B12
               Hello Time  2 sec   Max Age 20 sec   Forward Delay 15 sec
               Aging Time20

Interface         Role Sts Cost      Prio.Nbr Type
---------------- ---- --- ---------  --------------------------------

Fa0/24            Desg FWD 19        128.24   P2p
Fa0/23            Desg FWD 19        128.23   P2p
Fa0/1             Desg FWD 19        128.1    P2p    ~VLAN2 增加了 1 号端口
SW2#
```

此时 SW1 为非根交换机，使用同样的查看命令，可以发现它的根端口和备份端口。

```
SW1# show spanning-tree
…
VLAN0002
…
Interface         Role Sts Cost      Prio.Nbr Type
---------------- ---- --- ---------  --------------------------------

Fa0/1             Desg FWD 19        128.1    P2p
Fa0/24            Altn BLK 19        128.24   P2p   ~VLAN2 使用 24 号端口为备份
Fa0/23            Root FWD 19        128.23   P2p   ~VLAN2 的 23 号端口为根端口
```

SW1#**conf t**   ~进入到全局配置模式
Enter configuration commands, one per line.   End with CNTL/Z.
SW1(config)#**inter Fa0/23**   ~关闭主链路上的 23 号端口
SW1(config-if)#**shutdown**
SW1(config-if)#**end**
%SYS-5-CONFIG_I: Configured from console by console
SW1#

在 PC0 上重新检测 SW1 和 SW2 的连通性。
PC>**ping 192.168.1.3 -n 3**   ~pingPC1 的 IP 地址

Pinging 192.168.1.3 with 32 bytes of data:
Reply from 192.168.1.3: bytes=32 time=6ms TTL=128
Reply from 192.168.1.3: bytes=32 time=1ms TTL=128
Reply from 192.168.1.3: bytes=32 time=0ms TTL=128
Ping statistics for 192.168.1.3:
    Packets: Sent = 3, Received = 3, Lost = 0 (0% loss),   ~显示连接依然正常
Approximate round trip times in milli-seconds:
    Minimum = 0ms, Maximum = 6ms, Average = 2ms
PC>

在 SW1 上使用同样的查看命令，检查根端口和备份端口的变化。
SW1# **show spanning-tree**
…
VLAN0002
…

Interface	Role Sts Cost	Prio.Nbr Type
Fa0/1	Desg FWD 19	128.1 P2p
Fa0/24	Root FWD 19	128.24 P2p ~ 24 号端口成为了新的根端口

SW1#

3) 配置网络中的根交换机

根交换机在网络中非常重要。如果选择了性能较差的根交换机，或者是接入层的交换机作为根交换机，会严重影响网络的整体性能，所以不能仅依靠系统自动选举根交换机。有两种方法可以进行根交换机的配置，一是直接指定某台交换机为根交换机；另外一种方法是修改交换机的优先级，影响根交换机的选举过程，间接指定根交换机。

首先重新开启 SW1 的 23 号端口：
SW1#**conf t**
Enter configuration commands, one per line.   End with CNTL/Z.
SW1 (config)#**inter Fa0/23**

SW1 (config-if)#**no shutdown**　　　　　　　　　　~启用 23 号端口
SW1 (config-if)#**end**
%SYS-5-CONFIG_I: Configured from console by console
SW1#

实例 1-36：直接指定交换机作为根交换机

SW1#**conf t**
Enter configuration commands, one per line.　End with CNTL/Z.
SW1 (config)#**spanning-tree vlan 2 root primary**　　~指定为根交换机
SW1 (config)#**end**
%SYS-5-CONFIG_I: Configured from console by console
SW1#show spanning-tree
…
VLAN0002
　Spanning tree enabled protocol rstp
　Root ID　　Priority　　24578
　　　　　　Address　　00D0.BA12.7EB6
　　　　　　This bridge is the root　　　　　　~SW1 显示本网桥已为根
　　　　　　Hello Time　2 sec　Max Age 20 sec　Forward Delay 15 sec
…

Interface	Role Sts Cost	Prio.Nbr	Type	
Fa0/1	Desg FWD 19	128.1	P2p	
Fa0/24	Desg FWD 19	128.24	P2p	~24 号端口成为转发端口
Fa0/23	Desg FWD 19	128.23	P2p	~23 号端口成为转发端口

SW1#

SW2#**show spanning-tree**
VLAN0002
…

Interface	Role Sts Cost	Prio.Nbr	Type	
Fa0/24	Altn BLK 19	128.24	P2p	~SW2 的 24 号成为备份端口
Fa0/23	Root FWD 19	128.23	P2p	~SW2 的 23 号成为根端口
Fa0/1	Desg FWD 19	128.1	P2p	

SW2#

通过以上配置，SW2 已经成为非根交换机。下面的实例通过配置 SW2 的优先级使它重新成为根交换机。

实例 1-37：通过指定交换机优先级配置根交换机

SW2#**conf t**

```
Enter configuration commands, one per line.  End with CNTL/Z.
SW2 (config)# spanning-tree vlan 2 priority ?
  <0-61440>   bridge priority in increments of 4096    ~优先级必须是 4096 的倍数
                                                       ~值越小，优先级越高
SW2 (config)#spanning-tree vlan 2 priority 0           ~设置交换机优先级
SW2(config)#end
%SYS-5-CONFIG_I: Configured from console by console
SW2#show spanning-tree
…
VLAN0002
  Spanning tree enabled protocol rstp
  Root ID    Priority    2
             Address     000B.BE75.0B12
             This bridge is the root                   ~SW2 显示本网桥重新成为根
             Hello Time  2 sec  Max Age 20 sec  Forward Delay 15 sec
…
  Interface       Role Sts Cost       Prio.Nbr Type
  --------------- ---- --- ---------  -------- --------------------------------
  Fa0/24          Desg FWD 19         128.24   P2p   ~SW2 的 24 号成为转发端口
  Fa0/23          Desg FWD 19         128.23   P2p   ~SW2 的 23 号成为转发端口
  Fa0/1           Desg FWD 19         128.1    P2p
SW2#
```

注意：

生成树协议通过比较每台交换机的 ID 选举根交换机。交换机 ID 由优先级和 MAC 地址组成，首先比较交换机优先级，优先级数值较小的为根交换机；如果优先级相同，则比较 MAC 地址，MAC 地址数值较小的被选举为根交换机。

4) 理解根端口的选举

生成树在选举出根交换机后，将在每台非根交换机上选举出根端口。在 SW1 上的端口分布为

```
SW1#show spanning-tree
…
VLAN0002
…
  Interface       Role Sts Cost       Prio.Nbr Type
  --------------- ---- --- ---------  -------- --------------------------------
  Fa0/1           Desg FWD 19         128.1    P2p
  Fa0/24          Altn BLK 19         128.24   P2p   ~SW1 的 24 号成为备份端口
  Fa0/23          Root FWD 19         128.23   P2p   ~SW1 的 23 号成为根端口
SW1#
```

下面通过实例说明如何通过修改端口优先级来影响根端口的选举。

实例 1-38：通过修改端口优先级影响根端口的选举

```
SW2#conf t
Enter configuration commands, one per line.    End with CNTL/Z.
SW2 (config)#inter Fa0/24
SW2 (config-if)#spanning-tree vlan 2 port-priority ?
  <0-240>   port priority in increments of 16        ~优先级必须是 16 的倍数
SW2 (config-if)#spanning-tree vlan 2 port-priority 16   ~设置端口优先级
SW2 (config-if)#end
%SYS-5-CONFIG_I: Configured from console by console
SW2#
```

在交换机 SW1 检查生成树状态。

```
SW1#show spanning-tree
...
VLAN0002
...
Interface         Role Sts Cost      Prio.Nbr Type
---------------- ---- --- ---------  --------------------------------
Fa0/1             Desg FWD 19        128.1     P2p
Fa0/24            Root BLK 19        128.24    P2p    ~SW1 的 24 号成为根端口
Fa0/23            Altn FWD 19        128.23    P2p    ~SW1 的 23 号成为备份端口
SW1#
```

注意：

根端口的选举首先要比较该交换机上每个端口到达根交换机的路径开销，路径开销最小的端口将成为根端口；如果根路径开销值相同，则比较每个端口所在链路上的上行交换机 ID；如果该交换机 ID 相等，则比较每个端口所在链路的上行端口 ID。因此，为了影响 SW1 交换机的根端口选举，需要设置 SW1 端口 24 的上行端口，即 SW2 的 24 号端口的优先级，从而改变该端口的 ID。

5．问题思考

(1) 在什么情况下，选举根端口时会比较到端口 ID？为什么要比较端口所在链路的上行端口 ID？

(2) 在本实验中，SW1 的 23 号端口关闭时，24 号端口成为新的根端口。假如 24 号端口也关闭，那么 SW1 上的其他端口会发生状态的改变吗？

第 2 部分　网络的互联

当一个数据报离开一个局域网，确切地说是离开一个子网时，路由器便开始工作了。计算机网络之间的互联大多数情况下是由路由器来完成的。

路由器也是一种数据转发设备。它在 TCP/IP 网络中位于网络层，直接处理 IP 数据报。在数据从源主机向目的主机流动的过程中，路由器负责选路和转发。路由器在数据流动过程中的工作层次如图 2-1 所示。本部分大家将学习到路由器是如何完成子网之间的互联的。

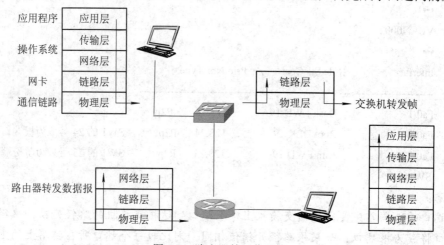

图 2-1　路由器的工作层次

本部分首先介绍路由器的基本结构，然后分析数据报在一个路由器节点经历的处理过程和所形成的延迟，接着结合数据报的结构说明了它流经一个路由器节点前后发生的变化，最后介绍子网和 IP 地址的关系、Internet 的层次路由架构以及内网的概念。

2.1　基 础 知 识

2.1.1　路由器的基本结构

1. 路由器的功能

路由器应该是计算机网络中最重要的设备了，它把互相独立的局域网或者说子网连接起来而构成了整个 Internet。路由器执行三个主要的功能：控制功能、选路或者路由功能以及转发功能。

(1) 控制功能：控制功能通常由软件实现。控制功能包括：与相邻路由器交换选路信息、执行选路协议、维护选路信息或者维护转发表、执行路由器中的网络管理等系统功能。

(2) 路由功能：在 IP 数据报从源主机流向目的主机的过程中，路由器需要确定这些 IP 数据报应该走的路由或路径。这个功能非常类似于在高速公路上驾车经过一个交通枢纽时决定从哪一个出口离开。高速公路枢纽出口的选择其实也就决定了你接下来要走的路径。一个数据报流经一个路由器时在输入端口被确定从哪一个输出端口离开，这也就决定了它接下来要走的路径。

(3) 转发功能：当一个 IP 数据报在输入端口完成路由功能后，路由器将该 IP 数据报转发到相应的输出端口，以及发送到与该端口相连接链路上的功能就是转发功能。有时候也将路由功能和转发功能统称为路由功能，但这里介绍的是路由器结构，因此把这两个功能区别开来。来自上游主机或者路由器的数据报，如果目的地不是当前的路由器或与当前路由器直接相连的子网，都必须由当前的路由器向下游的路由器进行转发。

2．路由器的结构

通用路由器的总体结构可以用图 2-2 来描述。图 2-2 显示了一台路由器的四个组成部分。

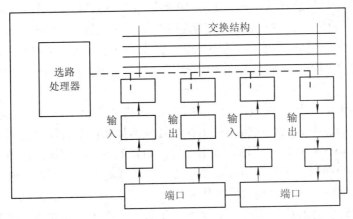

图 2-2　路由器总体结构示意图

(1) 输入端口：输入端口与一条输入的物理链路直接相连。这个物理链路通常是一条双绞线或者一条光纤链路，当然也可能是其他的通信链路。输入端口首先要处理输入的物理信号，例如把双绞线中传输的电信号或者光纤中的光信号转换成数字信号，这是物理层的信号转换功能。接着将获得的数字信号根据某种链路层协议转换为链路层的数据结构。如果这个端口连接的是以太网，那么显然要将这些数字信号还原成以太网帧，这是链路层的转换功能。第三个任务是完成路由查找，也就是说最重要的路由功能其实是在输入端口完成的。最后它要进行转发操作，将 IP 数据报通过路由器交换结构转发到相应的输出端口。这里要注意的是，目的地是本路由器的控制信息(如携带选路信息的 IP 数据报)是不会被转发到外出端口的，而是直接从输入端口转发到选路处理器进行处理。

显然输入端口的查表/转发模块在路由器的转发过程中至关重要。对于一个 IP 数据报来说，输出端口的选择是通过查询转发表进行的。虽然转发表是由路由处理器事先计算获得的，但通常在每个输入端口会存放一份转发表的拷贝，而且会经常被更新。有了转发表的本地拷贝，路由器就可在每个输入端口本地做出路由决策，而无需询问路由处理器。

(2) 交换结构：交换结构将路由器的输入端口连接到它的输出端口。交换结构完全存在于路由器内部，是一个路由器内部的网络。正是通过交换结构，IP 数据报才能真正的从一个输入端口交换(即转发)到一个输出端口中。交换可以通过许多方式完成，主要有以下三种：

① 经内存交换。最早的路由器一般是一台通用的计算机，使用网卡来充当输入和输出端口的。输入端口与输出端口之间的交换是在 CPU(选路处理器)的直接控制下完成的。这里充当输入端口与输出端口的网卡是一种普通的 I/O 设备。一个 IP 数据报到达一个输入端口时，该端口会先通过中断方式向处理器发出请求，然后把 IP 数据报从输入端口拷贝到内存中。处理器则从 IP 数据报首部中取出目的地址，在转发表中找出对应的输出端口，最后将该 IP 数据报发送到输出端口进行转发。

② 经总线交换。在这种方法中，输入端口完成路由查找以后，经一共享总线将 IP 数据报直接传送到输出端口，不需要选路处理器的干预。这个过程有点类似于 DMA(Direct Memory Access)。由于使用共享总线，所以存在总线竞争，也就是说一次只能有一个 IP 分组通过总线传送。当总线繁忙时，其他 IP 数据报会被阻塞而不能发往输出端口，只能暂时在输入端口等待。在这种结构中，因为每个 IP 数据报都必须通过单一总线发送，所以路由器的交换带宽受到总线速率的限制。当前技术条件下总线带宽可能超过 1 Gb/s，所以对于运行在接入网或企业网中的路由器来说，通过总线交换达到的速率通常已经能够满足需求。

③ 经 Crossbar 交换。克服单一、共享式总线带宽限制的一种方法是使用更复杂的 Crossbar 网络。Crossbar 网络过去主要用在多处理器计算体系结构中处理器之间的互相通信。可以把 Crossbar 网络理解成输入输出端口之间有多条总线连接，这种结构提高了系统的处理能力。因为在同一时刻，通过多个交叉点闭合或者开启，可以形成输入端口和输出端口之间的多条通路，在多个端口同时传输 IP 数据报。可以说 Crossbar 是一种无阻塞的结构，因为它允许所有的输入/输出端口同时传输报文。许多高端的路由器采用的就是这种交换结构。

(3) 输出端口：输出端口存储经过交换结构转发给它的 IP 数据报，并将这些数据报发送到输出链路。因此，输出端口执行与输入端口顺序相反的数据链路层和物理层功能。一条双向的链路，与链路相连的输出端口通常与输入端口在同一块线路卡上成对出现。如图 2-2 中端口所示，一个物理端口通常同时包含一对输出端口和输入端口。以 100 Mb/s 的双绞线链路来说，处于工作状态的 1、2、3、6 这四根线，其中两根与对端构成通路用于输入，其余两根用于输出。

这里需要指出的很重要的一点是，当交换结构将 IP 数据报交付给输出端口，如果 IP 数据报到达输出端口的速率超过相连接的链路传输速率，则需要将数据报放入缓存并进行排队管理。

(4) 选路处理器。路由器通常有自己的操作系统，它运行路由器控制软件，实现一些操作包括：与相邻路由器交换选路信息、执行选路协议、维护选路信息与转发表以及路由器相关的网络管理功能的执行等。

3. 路由和转发

路由器中的处理器执行路由协议。这些路由协议包含的选路算法最终决定该路由器的转发表。选路算法可能是集中式的，也可能是分布式的。在任何一种情形下，路由器通过路由协议完成配置其转发表的过程。转发表配置完成后会被分发到每个输入端口。路由器通常每隔几分钟就会更新一次转发表。

在计算机网络中，网络中流动的每个 IP 数据报都携带有目的计算机的 IP 地址。IP 数据报从源向目的地传输的过程中将经过一系列的路由器。它所经过的每一个路由器都使用这个数据报所携带的目的地 IP 地址来进行路由操作。由于每台路由器的输入端口有一个将目的地 IP 地址映射到输出端口的转发表，当 IP 数据报到达路由器时，该路由器使用这个 IP 数据报的目的地地址在转发表中查找适当的输出端口，然后将这个 IP 数据报向查表所得的输出端口转发。

应该注意的是，这个转发表里面保存的是目的地的网络地址，也就是说保存的是地址块，而不是目的地主机的 IP 地址。在第一部分的实验一中已经提到过网络地址和主机地址的区别。因为每个局域网里面的主机一般前面几位 IP 地址是相同的，它们代表这个局域网，所以 IP 数据报从源到目的地的转发过程中，只需要了解目的地网络怎么走就可以了。同样可以用高速公路枢纽的例子来帮大家理解，例如一个人要到上海浦东某个饭店去，这个饭店的详细地址根本不会在途经枢纽的交通指示牌中出现，但是他知道这个地方属于上海，只要某个枢纽指示上海方向的出口，那他按照这个指示驾车肯定是不会错的。因为 IP 地址是有层次结构的，前面的几位 IP 地址决定了它的网络地址，路由器在转发时只要看这个就够了。

由于转发表里保存的是地址块，从图 2-3 中可以观察到，因此一个目的地地址很有可能匹配多个转发表项。例如，地址 10.1.2.0 的前 24 比特与表中的第一项匹配，而前 16 比特与表中的第二项匹配。当有多个匹配时，路由器一般使用最长前缀匹配规则，即在转发表中寻找最长的匹配项，并向与最长前缀匹配项关联的输出端口转发该数据报。

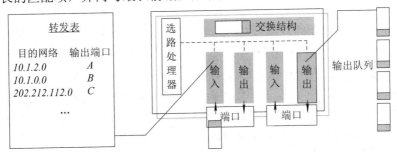

图 2-3　数据报流经路由器过程

显然要使最长匹配更加有效，每个输出链路接口应当负责转发尽可能大块的连续目的地址。由于 IP 地址通常以层次方式来分配，因此这种 IP 地址连续分配的特性在多数路由器的转发表中可以通过路由汇聚的操作加以利用。

数据报流经路由器的基本过程如图 2-3 所示。

4. 交换机和路由器的比较

路由器是使用 IP 地址转发分组的存储转发设备，它转发的是 IP 数据报。尽管交换机也是一个存储转发分组的设备，但它和路由器有本质区别。交换机用 MAC 地址转发分组，它转发的分组称为链路层帧。以太网交换机是链路层帧交换机，而路由器是网络层的数据报交换设备。

由于交换机和路由器在工作本质上有所不同，所以大家在网络互联时要进行正确的选择。

交换机是即插即用的，它处理链路层帧，具有相对较高的分组过滤和转发速率。在构建局域网的时候交换机是最好的选择。

路由器是处理网络层数据报的设备。因此在构建一个大型网络并需要对网络进行分层寻址的时候应该优先考虑选择路由器。而且路由器通常能够安装很多访问控制软件，例如安装并使用防火墙可以实现对网络的不同部分提供不同等级的安全保护，从而增加网络的安全性。

2.1.2 网络延迟的形成

一个 IP 数据报从源主机出发，通过一系列路由器最终到达目的主机，完成它在网络中的流动过程。当 IP 数据报从一个上游节点(主机或路由器)沿着这条路径到某个下游节点时，它在沿途的每个路由器上都会经历时延。这些时延中最主要的是节点处理时延、排队时延、传输时延和传播时延。路由器节点经历的这四种时延的总和就是节点时延。如果从源到目的地总共经过了 n 台路由器，那么源主机和目的主机之间的总时延就是 n 台路由器的节点时延。

在从源到目的地的路径上，从上游节点路由器向相邻的下游路由器发送一个 IP 数据报时，首先要确定这个数据报的输出端口。而在这个上游节点路由器的输出端口一般会有一个缓存临时存放数据报，缓存中维护有一个数据报输出队列。只有在输出端口没有其他数据报在排队时，才能在这个输出端口上传输该数据报；如果输出端口繁忙或有其他数据报已经在这里排队，则新到达的数据报将排到队列的尾部。因此一个数据报流经路由器时会经历以下延迟：

(1) 处理时延。路由器接收 IP 数据报、检查数据报首部和进行数据报的转发表查找所需要的时间是处理时延。处理时延还包括一些其他方面所花费的时间，例如数据报在传输的过程中可能会出现差错(比特位的翻转)，而需要检查数据报首部校验和字段所需的处理时间；数据报首部的某些字段发生变化而需要重新计算校验和的处理时间。高速路由器的处理时延通常在微秒或更低的数量级。在完成这个处理之后，路由器将该数据报通过交换结构发送到输出端口缓冲区的数据报队列。

(2) 排队时延。在端到端的路径上，在没有任何网络拥塞的情况下缓冲区队列的延迟几乎为零，这时路由器的转发性能达到最佳状态。但是用户对带宽的需求一般总是越多越好，传输的内容也越来越多，因此经常发生网络拥塞。网络拥堵逐渐成为一种常态。当网络拥塞时，路由器无法及时转发的数据报将在缓冲区排队等待发送。

数据报在队列中等待传输时会经历排队时延。一个数据报的排队时延取决于队列的长度。实际的排队时延通常在毫秒到微秒级，但它的值是变动的，大小取决于网络的拥堵程度。这就像每天上班途中都要经历的堵车，通过每个路口所需的时间是不确定的，一天中的每一个时刻都在发生变化。数据报在路由器输出端口经历的排队时延在不同时间是动态变化的，了解这一点能使大家更好地把握数据报在网络中流动时经历的总时延。

人们采用很多队列管理算法来改进数据报的传送，例如采用加权公平队列 WFQ(Weighted Fair Queue)、低延迟队列 LLQ (Low Latency Queue)以及默认的先进先出队列 FIFO(First In First Out)等算法来改进传输的公平性或提高网络的总体性能。

(3) 传输时延。假定数据报以先进先出的服务方式传输，那么将数据报传送到与输出端口相连的链路上所需要的时间就是传输时延。显然传输时延与网卡或者输入/输出端口的处理速度有关。例如 1000 Mb/s 网卡的传输时延肯定小于 100 Mb/s 网卡。这个时延由网卡的传输速率和数据报的长度共同决定。实际的传输时延通常在毫秒到微秒级。那接收时有没有时延呢？当然有，但是不要忘了，接收和发送几乎是同时进行的，而且大部分链路两端的输入/输出端口在工作时会自动协商工作的传输速率，因此它们总是工作在同一传输速率。所以一般只需要考虑发送时的传输时延。

(4) 传播时延。传播时延指光、电信号在物理介质上的延迟，或无线电信号在空气介质中的延迟。这种传输时延只和光或电信号的传输速度有关，用户只能通过缩短发送源和目的地之间的距离来缩短这个延迟。对于一条选定的端对端路径，传播时延等于两台路由器之间的物理距离除以传播速率。在广域网中传播时延在毫秒的量级，而在局域网环境中，除非是在工业控制领域，这个时延基本可以忽略不计。

理解传输时延和传播时延之间的差异是非常重要的。传输时延是路由器输出端口将 IP 数据报发送到链路上所需要的时间，它由数据报长度和输出端口的工作速率决定，而与两台路由器之间的物理距离无关。而传播时延是一个比特从一台路由器输出端口向另一台路由器输入端口传播所需要的时间，它跟两台路由器之间物理距离以及它们之间链路的物理介质有关。

路由器节点的总时延由下式给定：

总时延=处理时延+排队时延+传输时延+传播时延

一般认为处理时延取决于路由器输入端口的处理能力。传输时延依赖于链路的类型，例如对于 100 Mb/s 或者更高传输速率的链路而言，传输时延的影响是很小的。然而对于拨号网络来说，通过调制解调器链路发送数据报时，传输时延就不能忽略不计。传播时延对于有线链路连接的两台计算机而言存在的可能性是很小的，因为电信号的传输接近光速。然而，对于由同步卫星链路互联的两台路由器，这个时延最高可达到几百毫秒。

最为复杂的是排队时延。排队时延对不同的数据报是不同的。例如当三个数据报同时到达一个空队列，传输的第一个数据报没有排队时延，而最后一个传输的数据报将经受较大的排队时延。这个时延取决于数据流到达该队列的速率、链路的传输速率和数据流到达的性质，即数据流是周期性到达还是以突发形式到达这个队列的。

Windows 系统提供了一个实用的命令行程序：tracert，它能帮助用户确定两台计算机之间当前数据报流动经历的时延。

用户只需要指定一个目的主机的名字，tracert 程序会给通往该主机路径上的每个路由器依次发送三个特殊的数据报。当路由器接收到这些特殊数据报时，它会向用户返回响应信息，这个响应信息中包含了该路由器的名字和地址。

因为用户主机记录了从它发送一个数据报到它接收到响应信息所经历的时间，同时获得了返回该数据报的路由器(或目的主机)的名字和地址。所以用户主机能够了解数据从源到目的地所经过的所有路由器，从而构造出数据报流动的整条路径信息，并计算前往所有中间路由器的往返时延。大家可以在自己计算机中的命令行窗口中使用 tracert 命令检测自己与感兴趣主机之间的网络时延。

2.1.3 IP 数据报

IP 数据报在 Internet 中起着重要作用，所以学习 TCP/IP 网络时必须掌握它的结构。下面介绍其中重要的字段，并对它们的作用加以简单说明。

IPv4 数据报格式如图 2-4 所示。其中的关键字段如下：

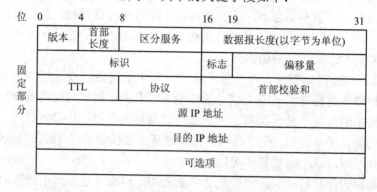

图 2-4 IP 数据报头部格式

(1) 版本号(Version)。大部分数据报的 IP 协议版本是 IPv4。这个字段对于接收这个数据报的路由器和主机非常关键。因为路由器和主机根据版本号才能决定如何解析数据报的剩余部分。

(2) 首部长度(Internet Header Length，IHL)。因为 IPv4 协议允许数据报包含一些可选项，所以需要用这 4 比特来确定 IP 数据报中数据部分的实际起始位置。但大多数 IP 数据报不包含可选项，所以一般的 IP 数据报首部长度都是 20 字节。

(3) 服务类型(Type of Service)。服务类型用来区别不同类型的数据报。例如将有实时需求的数据报与非实时的流量区分开是非常有用的。划分不同的服务类型，理论上可以对数据报提供不同等级的传输服务，所谓的区分服务就是这个意思。但是这种方法在实际操作中是有一定的问题的，因为如果要对一个数据报提供它所要求的服务等级，那么就要求从发送源到目的地路径中的所有路由器都遵循这个约定。当一个数据报流经不同 ISP 或者不同机构管理的网络时，由于技术上和经济利益上存在的问题要达成服务等级的一致性是非常困难的。

(4) 数据报长度(Total Length)。数据报长度指的是 IP 数据报的总长度(首部加上数据部分)，以字节为单位。因为该字段长为 16 比特，所以 IP 数据报的理论最大长度为 65535 字节。然而大部分主机都是与以太网相连接的，而从第一部分的学习中大家已经知道以太网的最大帧长度是 1500 字节，所以 IP 数据报很少有超过 1500 字节的。

(5) 标识、标志、片偏移(Identification、Flags、Fragment Offset)。这三个字段与 IP 分片有关。当一个长度较长的数据报，例如长度为 4000 的数据报流经一个以太网时，它就需要分片。以太网的最大帧长度是 1500 字节，因此这个数据报就需要分成三个分片。

(6) 寿命(Time-To-Live, TTL)。这里的寿命不是时间，而是一个整型数。IP 协议用 TTL 来限制数据报在网络中经过的路由器最大数目。每当数据报经过一台路由器时，TTL 字段的值减 1。若 TTL 字段减为 0 时这个数据报还没到达目的网络，那么路由器会丢弃这个数据报。

(7) 协议(Protocol)。在一个 IP 数据报到达其最终目的地时，这个字段值指明了数据报中承载的数据应交付给哪个传输层协议进行处理。例如值为 6 表明数据报中包含的数据部分要交给 TCP，而值为 17 表明数据要交给 UDP(回想一下帧结构中的类型字段)。

(8) 首部校验和(Header Checksum)。路由器使用首部校验和检测接收到的 IP 数据报，判断其中是否存在比特错误。路由器要对每个接收到的 IP 数据报重新计算首部校验和，并根据数据报首部中携带的校验和与计算得到的校验和是否一致来检查是否出错。路由器一般会丢弃检测出错误的数据报。

这里特别要指出的是当一个数据报从某个路由器离开时，由于 TTL 字段中的数值减少，意味着首部发生了变化，因此路由器需要重新计算首部校验和，也就是说首部校验和字段在数据报流经不同路由器的过程中是不断发生变化的。

(9) 源和目的 IP 地址(Source、Destination Address)。当源主机产生一个数据报时，它在源 IP 字段中插入它自己的 IP 地址，在目的 IP 地址字段中插入其目的主机的 IP 地址。

(10) 选项(Options)。

(11) 数据(Data)。

2.1.4 子网和 IP 地址

1. 子网

子网(subnet)或者叫网段，可以把它理解成一组具有相同网络地址，并且物理上直接相连的计算机所组成的网络，这个网络里的计算机可以直接通信。当然，如果要完全理解这个概念，则需要从 IP 地址说起。

一般可移动的主机通常存在有线局域网的接口，还有一个无线局域网(Wifi)的接口。大家手里的智能手机通常有一个无线局域网(Wifi)接口，还有一个 3G/4G 接口。一台路由器也可能有多个输入输出端口，而且每个端口与一条输入/输出链路相连。因为每台主机与路由器都能发送和接收 IP 数据报，所以网络协议要求主机和路由器的每个端口都拥有自己的 IP 地址。因此，**一个 IP 地址事实上是与一个具体的端口相关联，而不是与拥有该端口的主机或路由器相关联**。

每个 IP 地址长度为 4 字节(等于 32 比特)，因此总共有 2^{32} 个可能的 IP 地址。IP 地址一般按点分十进制的方式书写，即地址中的每个字节用十进制形式书写，各字节间以点号隔开。例如 IP 地址 192.168.1.1，这是一个大家非常熟悉的 IP 地址——家里无线路由通常所使用的网关地址。

在全球互联网中每台主机和路由器上的每个端口都必须有一个全球唯一的 IP 地址。这些地址不能随意的指定，一个端口 IP 地址的指定需要根据其连接的子网来决定。

图 2-5 给出了一个子网的例子。在这个图中一台路由器互联了一个局域网和一个外部网络。

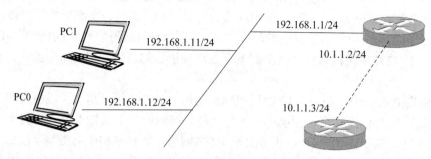

图 2-5　子网的划分 1

可以看到这些主机以及它们连接的路由器端口都有一个形如 a.b.c.d/x 的 IP 地址。在这种 IP 地址的表示方法中最右侧的 x 比特是相同的。用 TCP/IP 术语来说，这两台主机的接口与路由器的一个端口所组成的网络形成了一个子网。

在 a.b.c.d/x 的 IP 地址表示方法中，x 是子网掩码的长度。以 192.168.1.11/24 为例，这个子网的网络地址是 192.168.1.0，也就是说在这个 IP 地址中，表示子网部分的地址长度是前面的 24 位，或者说 32 比特中的最左侧 24 比特定义了子网网络地址。这个地址是由这个子网或者网段里面所有的主机共享的。

换句话说，**一个 IP 地址其实由两部分组成，网络地址和主机地址**。

一个形如 a.b.c.d/x 的 IP 地址中，32 比特中的最右侧(32-x)比特定义了主机地址。这里要注意的是，有两个特殊的主机地址管理员是不能分配给主机使用的，也就是说它们不能用来表示主机，它们有特殊的用途。

在前面的例子中，地址 192.168.1.0 是不能分配给主机使用的。仔细观察不难发现它的主机部分是 0，一般仅用它来表示这个子网。另外一个特殊的地址是 192.168.1.255。这个地址主机部分是 255，把它转换成二进制就是 11111111。这个地址也是不能分配给主机使用的，主机部分全 1 的地址一般用来作为广播地址使用。怎么来理解呢？当一个用户希望向网络 192.168.1.0 里面所有主机发送数据报的时候，就把 192.168.1.255 作为这个数据报的目的地广播地址插入到这个数据报首部的目的地地址字段。因此在一个子网里面主机部分全 0 和全 1 的地址通常保留用来表示子网和广播地址，不分配给主机使用。这个例子中主机部分的地址长度很特殊，只有一个字节 8 个比特，事实上这个地址(32-x)可以是小于 32 的某个整数。

现在可以给子网一个比较准确的描述了。

对于由路由器和主机组成的互连系统，大家可以使用一个简单的标准判定系统中的子网数目。

首先一个子网内部的主机**物理上必须是相连的**。物理上相连可以通过交换机相连，也可以通过点对点链路相连，例如直接的网线或者光纤连接。

第二，它们**共享一个网络地址**。共享一个网络地址意味着两个 IP 地址分别与它们的子网掩码与运算后所得的网络地址是相同的。

根据以上标准大家不难确定图 2-5 中有两个子网，两台主机和路由器的端口构成的 192.168.1.0 子网；两台路由器互连的两个端口构成的 10.1.1.0 子网。因此一个子网的定义并不局限于多台主机和一个路由器端口所组成的网段。一台路由器的一个端口和另外一台路由器的一个端口使用点对点链路相连，也可以成为一个子网。

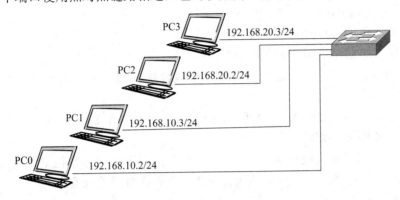

图 2-6 子网的划分 2

在图 2-6 中四台主机都与同一个交换机相连。但是根据子网的划分标准，PC0 和 PC1 构成一个子网，因为它们共享一个子网网络地址 192.168.10.0。相同的道理，PC2 和 PC3 构成一个子网 192.168.20.0。在第一部分的实验中，我们已经知道可以在三层交换机中配置 VLAN 来实现这两个子网之间的互联。

在同一个子网中的主机和路由器，它们之间的数据报是直接交付的。当有一个数据报要发送到子网以外的主机时，子网内的主机就需要把它发送到跟这个子网直接相连的路由器。更确切的说是发送到直接相连路由器在这个子网中的特定端口，或者说发送到网关。这就是在配置计算机 IP 地址时需要指定网关的根本原因。

2．IP 地址分配

IP 地址是由 IANA (Internet Assigned Numbers Authority)进行分配、管理的，在本书第三部分介绍的域名系统也由这个机构协调管理。

最早的时候 IP 地址被分为 A-B-C 类地址。见表 2-1。

表 2-1 A-B-C 类地址

地址	最高位	表示范围	子网掩码
A 类地址	0	0.0.0.0~126.255.255.255	255.0.0.0
B 类地址	10	128.0.0.0~191.255.255.255	255.255.0.0
C 类地址	110	192.0.0.0~223.255.255.255	255.255.255.0

A 类地址用第一个字节表示网络地址，后三个字节作为主机地址。通常分配给规模特别大的网络使用。这类地址主要分布在美国。

B 类地址用前二个字节表示网络地址，最后二个字节作为主机地址。通常应该分配给一般的中型网络。

C 类地址用前三个字节表示子网络地址，最后一个字节作为主机地址。

实际上还存在着 D 类地址和 E 类地址。但这两类地址用途比较特殊，其中的 D 类地址称为广播地址，供多播协议向选定的节点发送信息时使用。它是一个专门保留的地址，第一个字节以"1110"开始。E 类地址保留给将来使用，第一个字节以"11110"开始。

在 IP 地址三种主要类型里还各保留了三个地址块作为私有地址，其地址范围如下：

A 类地址：10.0.0.0～10.255.255.255

B 类地址：172.16.0.0～172.31.255.255

C 类地址：192.168.0.0～192.168.255.255

同时 A 类地址中的 0 和 127 有特殊用途，127.0.0.1 保留给内部回送函数，而 0.0.0.0 则表示本地主机。

因为 A-B-C 类地址的分配中 IP 地址的子网部分长度被限制为 8、16 或 24 比特，所以这种编址方案被称为分类编址。

一个 C 类(/24)子网仅能容纳 256-2 = 254 台主机，这对于许多单位来说太小了。而一个 B 类(/16)子网可支持多达 65 534 台主机，又太大了。在分类编址方法下，容易导致地址空间的快速消耗，同时降低了地址空间的利用率。

现在互联网的地址分配策略被称为无分类域间选路，简称 CIDR(Classless Inter-Domain Routing)。CIDR 采用 8～30 位可变长子网网络地址，而不是 A-B-C 类网络 ID 所用的固定的 8、16 和 24 位网络地址。这是一种为减缓 IP 地址消耗速度而提出的一种措施。但尽管有 CIDR，IPv4 地址还是在 2016 年前后全部耗尽。

下面通过一个例子来说明 CIDR 技术带来的好处。

例如一个大学被分配了 16 个 C 类网络地址，202.205.0.0～202.205.15.0。

现在网络管理员想把其中的一个地址 202.205.1.0 分给 4 个下属单位，每个单位的主机数目大约在 50 台左右。首先来确定 IP 地址主机部分所需的地址长度。因为第一个大于 50 的 2 的整倍数是 64，所以主机地址部分的长度需要 6。只有主机地址长度为 6，它的地址表示范围为 0～63，才能容纳 50 台主机。因此可以把地址 202.205.1.0/24 分成如下 4 个地址给这 4 个单位：

202.205.1.0/26

202.205.1.64/26

202.205.1.128/26

202.205.1.192/26

CIDR 除了可以进行地址划分增加利用率以外，另外一个好处是路由汇聚。

网络管理员把这些 C 类 IP 地址分配给多个用户网络后，假设它已经分配了所有的 16 个 C 类地址给用户。如果没有实施 CIDR 技术，这个学校主干路由器的转发表中会有 16 条下连网段的路由条目，并且会把它通告给互联网上的路由器。通过实施 CIDR 技术，网络管理员可以在为学校提供接入服务的 ISP 路由器上把这 16 个网段 202.205.0.0～202.205.15.0 汇聚成一条路由 202.205.0.0/20。这样 ISP 路由器只需要向互联网通告 202.205.0.0/20 这一条路由，从而减少转发表中的选路条目。这样不但节省了网络中其他路由器转发表的存储空间，同时也加快了路由的查找速度。

2.1.5 Internet 的层次路由

1. 采用层次路由的原因

有两个原因促使 Internet 采用了层次路由的策略。

首先是技术上的原因。Internet 中路由器的数量越来越多,现在已经没有哪个机构能够完全统计它们的个数。随着路由器数目的增长,选路信息的计算、存储及通信的开销逐渐增高。大家如果学习过数据结构这门课程,就会熟悉 Dijkstra 最短路径算法。这是一个集中式的最短路径算法,现在 Internet 中的开放式最短路径优先协议(Open Shortest Path First,OSPF)就是基于这个算法。这个算法在没有采用优化措施情况下的时间复杂度是 $O(n^2)$,其中 n 是网络中顶点的个数,在计算机网络的路由算法里就是路由器的个数。假设有一个 1 万个路由器的网络(实际数量远远不止),它的计算时间是多少呢?一个 3 GHz 频率的 CPU 大约要花 0.1 秒时间,但这仅仅是计算从一个节点出发到其他节点的最短路径。因此必须采用其他措施来降低路由的复杂性。

其次是管理自治的原因。世界很大,不同地区的地理、社会环境很不一样,所以人类把整个地球划分成了很多国家来进行管理。Internet 很大,各个国家地区的网络环境差别也很大。投资了计算机网络的每个单位都希望按自己的需求来管理网络中的路由器或对外部隐藏其内部网络的细节。一个单位想要按自己的愿望管理和运行计算机网络当然是非常合理的。

由于以上两个原因,Internet 采用了基于自治系统(Autonomous System,AS)的层次路由结构进行管理。在互联网中一个自治系统(AS)是一个有权自主决定在本网络系统中采用何种路由协议的组织或者单位。这个网络单位可以是一个简单的网络也可以是由多个网络组成的大型网络,但它得是一个单独的可管理的网络单元。一个自治系统有时也被称为是一个路由选择域(routing domain),因为在自治系统内部一般运行相同的路由协议。一个自治系统都分配有一个全局的唯一的 16 位自治系统号(AS Number,ASN)。截止 2017 年底全球一共分配了 16 万个自治系统号,其中中国大约占 2000 个。

2. 外部网关协议

BGP(Border Gateway Protocol)是自治系统之间的路由协议,也称为外部网关协议。一个自治系统边缘的一台路由器称为自治系统边界路由器,它运行 BGP 协议并负责自治系统之间的路由。BGP4 是现在互联网中自治系统间选路协议事实上的标准。作为一个自治系统间的路由协议,BGP 为每个自治系统提供以下服务:

(1) 首先 BGP 允许自治系统中每个子网向互联网的其余部分通告它的存在。
(2) 其次 BGP 从相邻自治系统那里获得该自治系统传达的子网可达性信息。
(3) 然后 BGP 向本自治系统内部的所有路由器通告这些可达性信息。
(4) 最后 BGP 基于可达性信息和自治系统选路策略,决定到达某个子网的最佳路由。

BGP 在相邻的边界路由器之间建立一个半永久的 TCP 连接(端口号 179)处理它们之间的路由信息。它使用如下四种消息类型:

(1) Open 消息。Open 消息是 TCP 连接建立后发送的第一个消息,用于建立 BGP 对等实体之间的连接关系。

(2) Keep alive 消息。BGP 会周期性地向对等体发出 Keep alive 消息，用来保持连接的有效性。

(3) Update 消息。Update 消息用于在对等体之间交换路由信息。它既可以发布可达路由信息，也可以撤销不可达路由信息。

(4) Notification 消息。当 BGP 检测到错误状态时就向对等体发出 Notification 消息，在这之后 BGP 连接会立即中断。

路由器发送关于目标网络的 BGP 更新消息，更新的信息被称为路径属性。属性可以是公认的或者其他的。其中周知必遵(Well-Known Mandatory)是所有 BGP 实现都必须识别的属性，它包括：

(1) ORIGIN(起源)。这个属性说明了源路由是怎样放到 BGP 转发表中的。

(2) AS_PATH(AS 路径)。它指出包含在 UPDATE 报文中的路由信息所经过的自治系统的序列。

(3) Next_HOP(下一跳)。它声明路由器所获得的 BGP 路由的下一跳，对 EBGP 会话来说，下一跳就是通告该路由的邻居路由器的源地址。

BGP 相当复杂，大家如果需要进一步了解可以查阅有关资料。

3. 内部网关协议

内部选路协议用于一个自治系统内部的路由。内部选路协议又称为内部网关协议。互联网上自治系统内的路由协议主要有：选路信息协议 RIP(Routing Information Protocol)和开放最短路径优先协议 OSPF(Open Shortest Path First Protocol)。

路由信息协议 RIP 是基于距离矢量算法的路由协议，适合于规模较小的网络。目前的主要版本有 RIPv1、RIPv2 和 RIPng，前两者用于 IPv4，RIPng 用于 IPv6。1983 年，支持 TCP/IP 的 BSD UNIX 伯克利发布版本中包含了 RIP，由于 BSD UNIX 得到了广泛传播，所以 RIP 也得到了广泛应用。

路由器运行 RIP 后会首先向相邻的路由器发送路由更新请求，收到请求的路由器会发送自己的 RIP 路由进行响应。网络稳定后，路由器会周期性地发送路由更新信息，例如每 30 秒发送一次。

RIP 使用度量单位跳数。它规定每一条链路的成本为 1，而不考虑链路的实际带宽、时延等因素。RIP 利用总跳数来表示它和所有已知目的地间的距离。由于跳数的限制(15 跳)，所以 RIP 适合于规模较小的网络。

当一个 RIP 更新报文到达时，接收方路由器和自己的 RIP 转发表中的每一项进行比较，按照距离矢量路由算法对自己的 RIP 转发表进行修正。

RIP 初始化以后，主要使用定时器完成以下功能：

(1) 周期更新定时器用来激发 RIP 路由器转发表的更新。每个 RIP 节点只有一个更新定时器，周期一般为 30 s。每隔 30s 路由器会向其邻居广播自己的转发表信息。每个 RIP 路由器的定时器都独立于网络中其他路由器，因此它们同时广播的可能性很小。

(2) 超时定时器用来判定某条链路是否可用。每条链路都有一个超时定时器，时限一般为 180 s。当一条链路激活或更新时该定时器初始化，如果在 180 s 之内没有收到关于那条链路的更新，则将该链路相关的转发表项置为无效。

(3) 清除定时器用来判定是否清除一条路由。每条路由有一个清除定时器，时限一般为 120 s。当路由器认识到某条路由无效时，就初始化一个清除定时器，如果在 120 s 内还没收到这条路由的更新，就从转发表中将该表项删除。

RIP 路由器使用端口 520 相互发送 RIP 请求与响应报文。RIP 报文的传输使用传输层协议 UDP 来实现。

OSPF 是另外一个内部网关协议。它是一个单一自治系统内部的路由协议，是链路状态路由协议的一种实现，并使用 Dijkstra 算法来计算最短路径树。OSPF 分为 OSPFv2 和 OSPFv3 两个版本，其中 OSPFv2 用在 IPv4 网络，OSPFv3 用在 IPv6 网络。

OSPF 路由器向自治系统内所有其他路由器广播选路信息，而不仅限于向其相邻路由器广播。而且 OSPF 广播信息直接封装在 IP 数据报中，没有像 BGP 和 RIP 一样分别采用 TCP、UDP。每当一条链路的状态发生变化时，例如连接/中断状态的变化，路由器就会广播链路状态信息。如果链路状态未发生变化，它也会周期性地广播链路状态。

通过获得网络中其他路由器的 OSPF 广播报文，一个路由器可以建立整个网络的拓扑结构，然后运行 Dijkstra 算法来计算最短路径树，接着构造自己的转发表。

OSPF 的优点包括下列几方面：

(1) 安全。OSPF 路由器之间信息的交换都是经过鉴别的，可阻止恶意入侵者将不正确的信息注入转发表内。

(2) 允许多条相同费用的路径。

(3) 对单播选路与多播选路的综合支持。

(4) OSPF 的最重要优点是支持在单个选路域内的层次结构。它的这种特性让网络管理员能够按某种层次结构构造一个大型网络。

OSPF 在分区域计算路由时，将网络中所有 OSPF 路由器划分成不同的区域，每个区域负责各自区域内 LSA(Link-State Advertise)传递与路由计算，然后再将一个区域的 LSA 简化和汇总之后转发到另外一个区域。这样一来，在区域内部将拥有准确的 LSA，而在不同区域，则传递简化的 LSA。

如果一台 OSPF 路由器属于单个区域，即该路由器所有接口都属于同一个区域，那么这台路由器称为 IR(Internal Router)；如果一台 OSPF 路由器属于多个区域，即该路由器的接口不属于同一个区域，那么这台路由器称为 ABR (Area Border Router)，ABR 可以将一个区域的 LSA 汇总后转发至另一个区域。

2.1.6　内网和 NAT

在 2.1.4 节我们了解到，在 IP 地址的三种主要类型里各保留了三个区域作为私有地址，分别是 10.0.0.0/8、172.16.0.0/16～172.31.0.0/16 和 192.168.1.0/24～192.168.255.0/24。私有地址永远不会被当作公有地址来分配，也就是说这几块地址里面的 IP 地址不会出现在公共的外部网络中。同时外部网络中的路由器也无法处理以这些地址为目的地的数据报。一个简单的例子可以说明这个问题。大家家里的路由器大多都使用一个 192.168.1.0/24 的 C 类地址，也就是说在家里上网的时候，很多人都有可能使用相同的 IP 地址。那么当这个地址出现在外部网络的时候，外部网络中的路由器该如何转发数据报呢？如果都使用 192.168.1.0 这个地址，显然这些来自内网的数据报要找到回家的路是一个不可能完成的任务。

除了家里的路由器使用私有的 IP 地址，细心的读者可能会发现，其实在工作和学习的时候，大部分情况下计算机都是使用私有的 IP 地址。我们的学校使用的可能是 10.0.0.0/8 地址块里的私有地址；公司里可能使用的是 172.16.0.0/16 的私有地址。大部分公司、学校和机构都习惯于构建自己内部的一个计算机网络，当这个网络足够大的时候，管理员会购置和互联网相似的设备(这里的相似指的是它们也采用 Internet 一样的网络协议 TCP/IP)，使用一个比较复杂的拓扑结构把不同部门构成的子网进行互联，然后统一管理。

这种使用和互联网一样的 TCP/IP 协议和设备构建，但是和互联网又是相对独立的网络就称为内网。内网存在的原因主要有两个：公有 IP 地址的稀缺和对内网的保护。把一个单位的内部网络和外部网络隔离显然能够有效地避免来自外部网络的攻击，隐藏并保护网络内部的计算机。

但问题是如果一个单位内部的计算机要跟互联网交互，那该怎么办呢？在 1994 年，技术人员提出了网络地址转换 NAT 协议(Network Address Translation)对这个问题进行了规范。NAT 协议在数据报离开内网时将内部网络中主机使用的私有 IP 转换成公有 IP，从而实现内部网络和外部互联网主机之间的通信。

NAT 的实现方式包括静态转换和端口多路复用动态转换。

静态转换是指直接将指定的内部网络的私有 IP 地址转换为公有 IP 地址。它们之间的对应关系是相对固定的，某个私有 IP 地址只转换为某个公有 IP 地址。借助于静态转换不但可以实现内部主机对外部网络的访问，而且可以非常容易地实现外部网络对内部网络中某些特定主机(如服务器)的访问。

端口多路复用动态转换(Port Address Translation，PAT)是指改变外出数据报的源端口并进行端口转换，即通过端口地址转换来完成内部主机地址和外部主机地址的转换。采用端口多路复用方式，内部网络的所有主机均可共享一个合法外部 IP 地址实现对 Internet 的访问，从而可以最大限度地使用 IP 地址资源。端口多路复用方式是目前网络中应用最多的 NAT 转换技术。

使用端口多路复用技术的路由器会使用一张 NAT 转换表(NAT translation table)来辅助完成这个转换过程。这张表中每个表项包含经过 NAT 转换了的端口号和 IP 地址。

假设一个用户在家里坐在电脑 192.168.1.10 旁，正请求 www.mit.edu Web 服务器(端口 80)上的一个 Web 页面。主机 192.168.1.10 为这次访问指派了任意的一个源端口号 5745 并将该数据报发送到 NAT 路由器。

NAT 路由器收到该数据报，为该数据报指派了一个新的源端口号 8004(NAT 路由器可选择任意一个当前未在 NAT 转换表中使用的源端口号。但是 1000 以下的端口号已经指派给了一些公共的服务，例如 Web 服务 80 端口、FTP 的 20/21 端口等。端口号字段长度为 16 比特，NAT 协议理论上可支持 60000 多个连接同时使用一个路由器广域网一侧 IP 地址)，将源端口 5745 更换为新端口号，并将源 IP 地址改为其广域网一侧接口的 IP 地址 202.205.12.33。

在指派了一个新的源端口号之后，NAT 路由器会在其 NAT 转换表中增加一项记录。

Web 服务器并不知道 NAT 路由器篡改了刚到达的包含 HTTP 请求的数据报，它发回的响应数据报的目的地址是 NAT 路由器广域网一侧的 IP 地址，目的端口是 8004。

当该数据报到达 NAT 路由器时，路由器使用目的 IP 地址与目的端口号从 NAT 转换表中查找出对应原始数据报的 IP 地址 192.168.1.10 和源端口号 5745。于是，NAT 路由器还原该数据报的目的 IP 地址与目的端口号，并向用户转发该数据报。这个过程中 NAT 路由器中生成的表项内容如表 2-2 所示。

表 2-2 NAT 转换表

协议	内网本地	外网本地
tcp	192.168.1.10:5745	202.205.12.33:8004
...		

若是外网用户希望访问内网的服务器该怎么办呢？一种办法是使用前面的静态 NAT 转换，当然还有一些其他的办法，有兴趣的读者可以自行查阅相关资料。

2.2 能力培养目标

当一个数据报的目的地址不属于本地子网，需要通过网关向外转发的时候，路由器首先会检查数据报头部的目的地址字段，在路由器输入端口的转发表中进行最长前缀匹配并查找输出端口，然后将数据报发送到输出端口进行传输。

Internet 是一个层次结构的网络，它采用自治系统的概念将不同网络连接起来。在同一个自治系统内部使用内部网关协议 RIP 或 OSPF 将各个路由器连接起来，而这些路由器又将大大小小的子网连接起来。自治系统之间使用外部网关协议 BGP 将各个系统互联起来。

一个 IP 地址分为网络地址和主机地址两部分。同一子网的主机可以直接进行通信，不同子网的主机需要借助网关进行通信。使用私有地址构建的内部网络当与外部网络进行通信的时候使用 NAT 协议进行地址转换后与外部发生联系。

在 2.3 部分，本书安排了六个实验：
- 静态路由和默认路由的配置和管理；
- RIP 的配置和管理；
- OSPF 协议的配置和管理；
- 访问控制列表的使用；
- NAT 协议的配置和管理；
- DHCP 的配置和管理。

在完成以上实验后，读者将具有以下几方面的能力：
- 熟悉路由器的一般配置管理，掌握静态路由和默认路由的配置及在配置过程中的故障排除方法，掌握简单的网络优化方法；
- 了解 RIP 的应用场景，理解 RIP 的基本工作原理，掌握 RIP 的基本配置和 RIP 路由连通性的检测方法，了解 RIPv2 的基本配置和定时器的设置；
- 了解 OSPF 单区域和多区域的应用场景，理解 OSPF 的基本工作原理，掌握 OSPF 配置的基本方法，了解 OSPF 的区域认证和链路认证设置；
- 理解基本访问控制列表和高级访问控制列表的应用场景及它们的区别，掌握访问控制列表的配置；
- 了解 NAT 的应用场景，掌握动态、静态 NAT 配置的基本方法以及配置结果的检测方法；

• 掌握 DHCP 服务器的配置、DHCP 客户端的配置和检测方法，理解 DHCP 中继的应用场景，掌握 DHCP 中继的配置方法。

2.3 实验内容

2.3.1 静态路由的配置

1. 实验原理

在基础知识部分，大家学习了 Internet 的层次路由架构。路由协议可以分为自治系统之间的路由协议和自治系统内部的路由协议。从路由器配置的角度来说，BGP、RIP、OSPF 这三个常见的路由协议是动态路由协议，因为安装有这三个路由软件的路由器使用特定的路由算法，通过交换路由信息，生成并维护自己的转发表。当网络拓扑结构改变时，动态路由协议可以自动更新转发表，确定数据报的最佳传输路径。那么相对于动态路由协议，也就有静态路由协议。

静态路由是指由用户或网络管理员手工配置的路由信息。当网络的拓扑结构或链路的状态发生变化时，网络管理员需要手工去修改转发表中相关的静态路由信息。静态路由信息在缺省情况下是私有的，不会传递给其他的路由器。

显然静态路由一般适用于比较简单的网络环境，在这样的环境中，网络管理员才能准确地掌握网络的拓扑结构，设置正确的路由信息。而对于大型和复杂的网络环境，因为网络拓扑结构和链路状态容易发生变化，如果管理员采用静态路由，就需要经常地调整，而频繁地重新配置容易导致错误的产生，最终影响网络的正常运行。

静态路由的设置中有一种特殊的路由——默认路由。当路由转发表中没有数据报目的地址的匹配条目时，路由器会进行默认转发的设置，也就是路由器默认情况下做出的选择。如果没有设置默认路由，那么目的地址在转发表中没有匹配项的数据报将被丢弃。在一些网络边缘，路由器的作用可能仅仅是在本地网络和外部网络之间完成数据转发，这时候默认路由就非常有效。使用默认路由会大大简化路由器的配置，减轻管理员的工作负担，同时提高网络性能。

2. 实验目的

(1) 掌握路由器命令行各种操作模式以及模式之间的切换。
(2) 掌握路由器全局配置基本方法。
(3) 掌握路由器端口的常用参数配置方法。
(4) 查看路由器系统和配置信息，掌握当前路由器的工作状态。
(5) 掌握静态路由配置方法以及连通性测试。
(6) 掌握默认路由配置方法以及连通性测试。

3. 实验拓扑

在一个由三台路由器组成的简单网络中，边缘的两台路由器分别与一台主机直接相连。

主机和与之直接相连的路由器端口构成了一个子网,对于这台主机来说,这个子网就是本地网络。现在要求两端的主机实现正常的通信,在这个实验中,路由器之间以及主机所在子网的路由通过静态路由和默认路由来实现。

实验中设备的拓扑结构如图 2-7 所示,实验设备的编址见表 2-3。

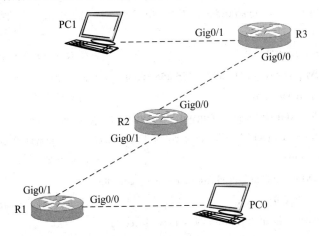

图 2-7 路由器的基本配置实验拓扑结构

表 2-3 VLAN 配置实验编址

名称	IP 地址	子网掩码	默认网关	端口
PC0	192.168.1.2	255.255.255.0	192.168.1.1	Fa0
R1(2901)	192.168.1.1	255.255.255.0	N/A	Gig0/0
	10.0.1.1	255.255.255.0	N/A	Gig0/1
R2(2901)	10.0.1.2	255.255.255.0	N/A	Gig0/1
	10.0.2.3	255.255.255.0	N/A	Gig0/0
R3(2901)	10.0.2.4	255.255.255.0	N/A	Gig0/0
	192.168.2.3	255.255.255.0	N/A	Gig0/1
PC1	192.168.2.4	255.255.255.0	192.168.2.3	Fa0

注:R1 指路由器名称,2901 指路由器型号;

　　Fa0 是 FastEthernet0 的缩写;

　　Gig0 是 GigabitEthernet0 的缩写,/0 指第 0 号端口;

　　其他指定以此类推。

4.实验步骤

1)基本配置

根据实验编址对 PC 主机进行相应配置,使用实例中类似的命令对路由器端口进行配置,然后使用 ping 命令检测各直连链路的连通性。路由器的各种操作模式类似交换机,各个命令模式之间的切换命令也是一样的。

实例 2-1:路由器端口 IP 地址配置(R1 GigabitEthernet0/0 端口)

R1#**conf t**　　　　　　　　　　　　　　　　　　～进入全局配置模式

Enter configuration commands, one per line.　End with CNTL/Z.

```
R1(config)#int ?                                    ~显示可配置端口
    Dot11Radio          Dot11 interface
    Ethernet            IEEE 802.3
    FastEthernet        FastEthernet IEEE 802.3
    GigabitEthernet     GigabitEthernet IEEE 802.3z  ~本路由器具有的物理端口
    ...
R1(config)#int Gig0/0                               ~进入端口配置模式，用命令简写
R1(config-if)#ip address 192.168.1.1 255.255.255.0  ~配置端口 IP 地址，掩码
R1(config-if)#no shutdown                           ~开启该端口
%LINK-5-CHANGED: Interface GigabitEthernet0/0, changed state to up
%LINEPROTO-5-UPDOWN: Line protocol on Interface GigabitEthernet0/0, changed state to up
R1(config-if)#end                                   ~结束配置
%SYS-5-CONFIG_I: Configured from console by console
R1# show int Gig0/0                                 ~查看端口状态，使用命令简写
GigabitEthernet0/0 is up, line protocol is up (connected)  ~显示端口已启用
    Hardware is CN Gigabit Ethernet, address is 000b.be8a.5401 (bia 000b.be8a.5401)
    Internet address is 192.168.1.1/24              ~显示 IP 地址配置正确
    ...
R1#
```

在对 R1 的 GigabitEthernet0/1 端口、R2 和 R3 的两个端口进行类似配置后，在 PC0 上对各直连链路进行检测。

实例 2-2：PC0 本机 IP 地址配置检测

```
PC>ping 192.168.1.2 -n 3                            ~ping 主机 PC0 的 IP 地址

Pinging 192.168.1.2 with 32 bytes of data:
Reply from 192.168.1.2: bytes=32 time=7ms TTL=128
Reply from 192.168.1.2: bytes=32 time=13ms TTL=128
Reply from 192.168.1.2: bytes=32 time=12ms TTL=128
Ping statistics for 192.168.1.2:
    Packets: Sent = 3, Received = 3, Lost = 0 (0% loss),  ~显示本机 IP 协议正常
Approximate round trip times in milli-seconds:
Minimum = 7ms, Maximum = 13ms, Average = 10ms
```

实例 2-3：PC0 与 PC1 直连的连通性检测

```
PC>ping 192.168.2.4 -n 3                            ~ping 主机 PC1 的 IP 地址

Pinging 192.168.2.4 with 32 bytes of data:
Reply from 192.168.1.1: Destination host unreachable.  ~网关反馈目标不可达
Request timed out.                                     ~请求超时
Reply from 192.168.1.1: Destination host unreachable.
```

Ping statistics for 192.168.2.4:
　　Packets: Sent = 3, Received = 0, Lost = 3 (100% loss),　～显示 PC1 不可达

这时需要思考 ping 命令的反馈，为什么 PC1 连接不上呢？

大家知道这个实验里其实配置了 4 个子网，PC0 的 Fa0 端口和 R1 的 Gig0/0 端口组成一个子网，因为它们直接相连且网络地址部分相同。同样 R1 的 Gig0/1 和 R2 的 Gig0/1 端口、R2 的 Gig0/0 和 R3 的 Gig0/0 端口、R3 的 Gig0/1 和 PC1 的 Fa0 端口各自构成一个子网。主机 PC0 发送给 PC1 的数据报由于目的地网络地址 192.168.2.0/24 不同于本地的子网地址 192.168.1.0/24，这个数据报会首先发送给网关，也就是 R1 的 Gig0/0 端口。R1 应该查找其转发表，确定向 R2 转发，R2 查找其转发表后，确定向 R3 转发，R3 最终将数据报交付给 PC1。

从上述 ping 命令反馈来看，PC0 到 R1 的链路好像是连通的，因为在第一和第三个反馈中有 R1 的返回信息。首先大家确定这个分析是正确的，也就是到网关的链路是连通的。

实例 2-4：PC0 与网关的连通性检测

　　PC>**ping 192.168.1.1 -n 3**　　　　　　　　　　　　～ping 网关的 IP 地址

　　Pinging 192.168.1.1 with 32 bytes of data:
　　Reply from 192.168.1.1: bytes=32 time=1ms TTL=255
　　Reply from 192.168.1.1: bytes=32 time=0ms TTL=255
　　Reply from 192.168.1.1: bytes=32 time=0ms TTL=255

　　Ping statistics for 192.168.1.1:
　　　　Packets: Sent = 3, Received = 3, Lost = 0 (0% loss),　～显示连接正常
　　Approximate round trip times in milli-seconds:
　　　　Minimum = 0ms, Maximum = 1ms, Average = 0ms

因为 PC0 与网关 R1 的通信正常，接下来需要检查 R1 的路由转发表是否正常。

实例 2-5：检测 R1 路由转发表是否正常

　　R1>**show ip route**　　　　　　　　　　　　　　　　　～查看 R1 转发表
　　Codes: L - local, C - connected, S - static, R - RIP, M - mobile, B - BGP
　　　　...
　　Gateway of last resort is not set
　　　　　10.0.0.0/8 is variably subnetted, 2 subnets, 2 masks
　　C　　　10.0.1.0/24 is directly connected, GigabitEthernet0/1　～端口 1 信息
　　L　　　10.0.1.1/32 is directly connected, GigabitEthernet0/1
　　　　　192.168.1.0/24 is variably subnetted, 2 subnets, 2 masks
　　C　　　192.168.1.0/24 is directly connected, GigabitEthernet0/0　～端口 0 信息
　　L　　　192.168.1.1/32 is directly connected, GigabitEthernet0/0
　　R1>

显然，R1 转发表中没有 PC1 所在子网的可达性信息。用同样的命令可以查看 R2 和 R3 的转发表。

实例 2-6：查看 R2 和 R3 转发表

```
R2>show ip route                                    ~查看 R2 转发表
Codes: L - local, C - connected, S - static, R - RIP, M - mobile, B - BGP
...
Gateway of last resort is not set
    10.0.0.0/8 is variably subnetted, 4 subnets, 2 masks
C       10.0.1.0/24 is directly connected, GigabitEthernet0/1    ~端口 1 信息
L       10.0.1.2/32 is directly connected, GigabitEthernet0/1
C       10.0.2.0/24 is directly connected, GigabitEthernet0/0    ~端口 0 信息
L       10.0.2.3/32 is directly connected, GigabitEthernet0/0
R2>


R3>show ip route                                    ~查看 R3 转发表
Codes: L - local, C - connected, S - static, R - RIP, M - mobile, B - BGP
...
Gateway of last resort is not set
    10.0.0.0/8 is variably subnetted, 2 subnets, 2 masks
C       10.0.2.0/24 is directly connected, GigabitEthernet0/0    ~端口 0 信息
L       10.0.2.4/32 is directly connected, GigabitEthernet0/0
    192.168.2.0/24 is variably subnetted, 2 subnets, 2 masks
C       192.168.2.0/24 is directly connected, GigabitEthernet0/1  ~端口 1 信息
L       192.168.2.3/32 is directly connected, GigabitEthernet0/1
R3>
```

可以看到 R2 上也没有 PC1 所在子网的信息。这说明在初始情况下，也就是仅配置端口的 IP 地址，转发表中只会包括与其直接相连子网的可达性信息。

要实现 PC0 与 PC1 两个不同的主机所在子网之间的通信，仅通过简单的 IP 地址配置是不够的，必须在 R1、R2 和 R3 路由器中添加必要的路由信息，才能使路由器在转发数据的时候有规则可以遵循。这个过程可以在 R1、R2 和 R3 路由器中通过配置静态路由来实现。

2）使用静态路由实现 PC0 与 PC1 之间的通信

要实现 PC0 与 PC1 之间的通信，需要沿着 PC0-R1-R2-R3-PC1 这条路径，给所有的三个路由添加静态路由的配置。

实例 2-7：在路由器 R1 上配置静态路由

```
R1#conf t                                           ~进入全局配置模式
Enter configuration commands, one per line.  End with CNTL/Z.
R1(config)#ip route ?                               ~显示 ip route 的命令格式
  A.B.C.D   Destination prefix
R1(config)#ip route 192.168.2.0 255.255.255.0 10.0.1.2   ~添加通往 R2 路由条目
R1(config)#end
%SYS-5-CONFIG_I: Configured from console by console
```

R1#**show ip route**　　　　　　　　　　　　　　　　～查看 R1 转发表
Codes: L - local, C - connected, S - static, R - RIP, M - mobile, B - BGP
...
Gateway of last resort is not set
　　　10.0.0.0/8 is variably subnetted, 2 subnets, 2 masks
C　　　10.0.1.0/24 is directly connected, GigabitEthernet0/1
L　　　10.0.1.1/32 is directly connected, GigabitEthernet0/1
　　　192.168.1.0/24 is variably subnetted, 2 subnets, 2 masks
C　　　192.168.1.0/24 is directly connected, GigabitEthernet0/0
L　　　192.168.1.1/32 is directly connected, GigabitEthernet0/0
S　　　192.168.2.0/24 [1/0] via 10.0.1.2　　　～通往子网 192.168.2.0/24 条目
R1#

依次在路由器 R2 和 R3 上配置静态路由。

R2#**conf t**
Enter configuration commands, one per line.　End with CNTL/Z.
R2(config)#**ip route 192.168.2.0 255.255.255.0 10.0.2.4**
　　　　　　　　　　　　　　　　　　　　　　～通往子网 192.168.2.0/24 条目
R2(config)#**ip route 192.168.1.0 255.255.255.0 10.0.1.1**
　　　　　　　　　　　　　　　　　　　　　　～通往子网 192.168.1.0/24 条目
R2(config)#**end**
%SYS-5-CONFIG_I: Configured from console by console
R2#

R3#**conf t**
Enter configuration commands, one per line.　End with CNTL/Z.
R3(config)#**ip route 192.168.1.0 255.255.255.0 10.0.2.3**
　　　　　　　　　　　　　　　　　　　　　　～通往子网 192.168.1.0/24 条目
R3(config)#**end**
%SYS-5-CONFIG_I: Configured from console by console
R3#

进行以上静态路由配置后，确认 R2 和 R3 的转发表添加了以下条目：

R2>**show ip route**　　　　　　　　　　　～查看 R2 转发表
...
S　　　192.168.1.0/24 [1/0] via 10.0.1.1　　　～通往子网 192.168.1.0/24 条目
S　　　192.168.2.0/24 [1/0] via 10.0.2.4　　　～通往子网 192.168.2.0/24 条目
R2>

R3>**show ip route**　　　　　　　　　　　～查看 R3 转发表
...

S 192.168.1.0/24 [1/0] via 10.0.2.3   ~通往子网 192.168.1.0/24 条目
R3>

  可以看到，现在每台路由器上都已经添加了 PC0 和 PC1 子网的路由信息，再在主机 PC0 上 ping 主机 PC1，会发现网络已经连通。

实例 2-8：验证主机 PC0 与 PC1 的连通性

  PC>**ping 192.168.2.4 -n 3**   ~pingPC1 的 IP 地址

  Pinging 192.168.2.4 with 32 bytes of data:
  Reply from 192.168.2.4: bytes=32 time=0ms TTL=125
  Reply from 192.168.2.4: bytes=32 time=0ms TTL=125
  Reply from 192.168.2.4: bytes=32 time=0ms TTL=125
  Ping statistics for 192.168.2.4:
    Packets: Sent = 3, Received = 3, Lost = 0 (0% loss), ~显示 PC1 已经可达
  Approximate round trip times in milli-seconds:
    Minimum = 0ms, Maximum = 1ms, Average = 0ms,

3) 实现全网通增加连接可靠性

  经过以上配置后，主机 PC0 与 PC1 之间已经能够正常通信。但是假设网络突然出现故障，主机 PC0 一侧的用户发现与 PC1 无法通信。网络管理员开始检测通往主机 PC1 路径上的路由器工作状态。

  管理员首先检测的是 R1 路由器的状态，管理员发现主机 PC0 与 R1 路由器的两个接口，也就是主机 PC0 与端口 Gig0/0、以及 R1 的另外一侧端口 Gig0/1 通信正常。

  管理员然后检测 R2 路由器的连通性，发现主机 PC0 与 R2 路由器的端口 Gig0/1 连接正常。

  但是，主机 PC0 与 R2 路由器的端口 Gig0/0(10.0.2.3)连接异常。

实例 2-9：主机 PC0 与 R2 路由器的端口 Gig0/0(10.0.2.3)连通性检测

  PC>**ping 10.0.2.3 –n 3**   ~ping 路由器 R2 的 Gig0/0，通往 R3

  Pinging 10.0.2.3 with 32 bytes of data:
  Reply from 192.168.1.1: Destination host unreachable.
  Reply from 192.168.1.1: Destination host unreachable.
  Reply from 192.168.1.1: Destination host unreachable.
  Ping statistics for 10.0.2.3:
    Packets: Sent = 3, Received = 0, Lost = 3 (100% loss), ~显示连接异常

  由于 R2 路由器通往 R3 路由器端口连接异常，进一步发现 R2 路由器各项配置正常，因而管理员需要登录 R3 路由器进行检查。显然，为了保证全网的连通性，故障检测排除是非常重要的，这样可以提高网络的可维护性和可靠性。

  全网的连通性也就是子网 10.0.1.0/24、10.0.2.0/24 相互的可达性。这种连通性可以通过在路由器 R1 和 R3 中配置相应的静态路由来实现。

  R3#**conf t**

Enter configuration commands, one per line.   End with CNTL/Z.

R3(config)#**ip route 10.0.1.0 255.255.255.0 10.0.2.3**

～通往子网 10.0.1.0/24 条目

R3(config)#**end**

%SYS-5-CONFIG_I: Configured from console by console

R3#

R1#**conf t**

R1(config)#**ip route 10.0.2.0 255.255.255.0 10.0.1.2**

～通往子网 10.0.2.0/24 条目

R1(config)#**end**

%SYS-5-CONFIG_I: Configured from console by console

R1#

添加以上静态路由后，确认 R1 和 R3 的转发表添加了以下条目：

 R1>**show ip route**   ～查看 R1 转发表

 ...

 S 10.0.2.0/24 [1/0] via 10.0.1.2 ～通往子网 10.0.2.0/24 条目

 S 192.168.2.0/24 [1/0] via 10.0.1.2 ～通往子网 192.168.2.0/24 条目

 R1>

 R3>**show ip route**   ～查看 R3 转发表

 ...

 S 10.0.1.0/24 [1/0] via 10.0.2.3 ～通往子网 10.0.1.0/24 条目

 S 192.168.1.0/24 [1/0] via 10.0.2.3 ～通往子网 192.168.1.0/24 条目

 R3>

实例 2-10：主机 PC0 与路由器 R3 Gig0/0(10.0.2.4) 端口的连通性检测

 PC>**ping 10.0.2.4 –n 3**   ～ping 路由器 R3 的 Gig0/0，通往 R3

 Pinging 10.0.2.4 with 32 bytes of data:

 Reply from 10.0.2.4: bytes=32 time=0ms TTL=253

 Reply from 10.0.2.4: bytes=32 time=0ms TTL=253

 Reply from 10.0.2.4: bytes=32 time=0ms TTL=253

 Ping statistics for 10.0.2.4:

  Packets: Sent = 3, Received = 3, Lost = 0 (0% loss), ～显示连接正常

 Approximate round trip times in milli-seconds:

  Minimum = 0ms, Maximum = 1ms, Average = 0ms

连通性检测正常，此时 PC1 应该也能与 R1 连接，检测过程这里省略。

4) 使用默认路由简化路由配置

注意在路由器 R1、R2 和 R3 上各自配置了两条静态路由命令，在 R1 和 R3 的转发表

中,可以看到这两条转发表条目的外出端口其实是相同的。因此,使用一种特殊的静态路由,也就是默认路由可以简化路由器的配置。

配置默认路由可以减轻网络管理员的配置工作量,同时简化配置可以减少路由器配置过程中的出错机会,使得管理员在进行故障定位排除时更加容易。另一方面,转发表本身也得到了缩减,从而加快了查表的速度,减少了设备硬件的负载。

实例 2-11:在 R1 上配置默认路由

R1#**conf t**
Enter configuration commands, one per line.   End with CNTL/Z.
R1(config)#**no ip route 192.168.2.0 255.255.255.0 10.0.1.2**
                                    ~删除子网 192.168.2.0/24 条目
R1(config)#**no ip route 10.0.2.0 255.255.255.0 10.0.1.2**
                                    ~删除子网 10.0.2.0/24 条目
R1(config)#**ip route 0.0.0.0 0.0.0.0 10.0.1.2**   ~添加默认路由
R1(config)#**end**
%SYS-5-CONFIG_I: Configured from console by console
R1#**show ip route**   ~查看 R2 转发表
Codes: L - local, C - connected, S - static, R - RIP, M - mobile, B - BGP
…
Gateway of last resort is 10.0.1.2 to network 0.0.0.0

    10.0.0.0/8 is variably subnetted, 2 subnets, 2 masks
C   10.0.1.0/24 is directly connected, GigabitEthernet0/1
L   10.0.1.1/32 is directly connected, GigabitEthernet0/1
    192.168.1.0/24 is variably subnetted, 2 subnets, 2 masks
C   192.168.1.0/24 is directly connected, GigabitEthernet0/0
L   192.168.1.1/32 is directly connected, GigabitEthernet0/0
S*   0.0.0.0/0 [1/0] via 10.0.1.2   ~新增的默认转发条目

重新检测 PC0 和 PC1 之间的连通性。

PC>**ping 192.168.2.4 -n 3**

Pinging 192.168.2.4 with 32 bytes of data:
Reply from 192.168.2.4: bytes=32 time=0ms TTL=125
Reply from 192.168.2.4: bytes=32 time=0ms TTL=125
Reply from 192.168.2.4: bytes=32 time=0ms TTL=125
Ping statistics for 192.168.2.4:
    Packets: Sent = 3, Received = 3, Lost = 0 (0% loss),
Approximate round trip times in milli-seconds:
    Minimum = 0ms, Maximum = 0ms, Average = 0ms

可以发现主机 PC0 和 PC1 之间的通信正常,证实刚才配置的默认路由已经实现静态路由一样的效果,同时简化了配置。以下命令在路由器 R3 上进行类似的配置,默认路由的有效性检测这里省略。

R3#**conf t**

Enter configuration commands, one per line.　End with CNTL/Z.

R3(config)#**no ip route 192.168.1.0 255.255.255.0 10.0.2.3**

R3(config)#**no ip route 10.0.1.0 255.255.255.0 10.0.2.3**

R3(config)#**ip route 0.0.0.0 0.0.0.0 10.0.2.3**

R3(config)#**end**

%SYS-5-CONFIG_I: Configured from console by console

R3#

注意：

在 IPv4 中用无类别域间路由标记表示的默认路由是 0.0.0.0/0，因为子网掩码是 0.0.0.0，所以它是最短的可能匹配。当路由器查找不到匹配的转发表条目时，默认使用这条路由。

5．问题思考

(1) 在静态路由的配置过程中，路由器 R2 添加了通往子网 192.168.2.0/24 条目，同时也添加了通往子网 192.168.1.0/24 条目，为什么需要设置子网 192.168.1.0/24 的转发条目？

(2) 在默认路由的配置过程中，当使用 no 命令删除原有的静态路由的时候，路由器转发表会发生什么变化？此时用户还能进行正常通信吗？如果用户此时不能正常通信，在工作中应该如何操作以避免这种可能发生的情况？

2.3.2　RIP 路由协议的基本配置

1．实验原理

RIP 协议是一种内部网关协议，是一种动态路由选择协议，用于自治系统内的路由信息的传递。RIP 协议基于距离矢量算法，使用"跳数"(hop count)来衡量到达目标地址的路由距离。距离就是通往目的路由所需经过的链路数，取值为 1~15，一般使用数值 16 表示无穷大。

RIP-1 协议制定的时间较早，但是有许多缺陷。为了弥补 RIP-1 的不足，IETF 在 RFC1388 中提出了改进的 RIP-2，并在 RFC1723 和 RFC2453 中进行了修订。RIP-2 定义了一套有效的改进方案，新的 RIP-2 支持子网路由选择、CIDR、组播，并提供了验证机制。

RIP 非常适合小型网络，因为 RIP 路由协议本身运行所占的带宽开销小，且易于配置、管理和实现。但 RIP 也有明显的不足，因为采用 RIP 协议的网络内部所经过的链路数不能超过 15，这使得 RIP 协议不适于大型网络。而且当有多个网络时会出现环路问题，需要使用分割范围或触发更新等方法来避免。

2．实验目的

(1) 理解 RIP 的应用场景和基本原理。

(2) 掌握 RIPv1 的基本配置。

(3) 掌握 RIPv2 的基本配置。

(4) 掌握采用 RIP 路由协议网络的连通性测试方法。

(5) 了解 RIPv1 和 RIPv2 的基本区别。

(6) 掌握 RIP 路由汇聚的配置。
(7) 掌握 RIP 路由定时器的配置。

3．实验拓扑

在一个小型公司的网络中，由于只有两台路由器，因此管理员可以使用 RIP 路由协议来完成网络的互联。借助这个简单的网络场景，本实验将帮助大家熟悉 RIP 的基本配置和相关命令的使用方法。

RIP 路由协议的基本配置使用的网络拓扑如图 2-8 所示。

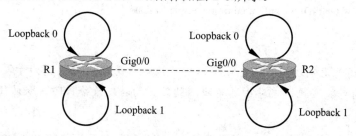

图 2-8 RIP 路由协议的基本配置拓扑

实验编址见表 2-4。

表 2-4 实 验 编 址

名称	IP 地址	子网掩码	默认网关	端口
R1(2901)	192.168.1.1	255.255.255.0	N/A	Gig0/0
	172.16.1.1	255.255.255.0	N/A	Loopback0
	172.16.2.1	255.255.255.0	N/A	Loopback1
R2(2901)	192.168.1.2	255.255.255.0	N/A	Gig0/0
	10.1.1.1	255.255.255.0	N/A	Loopback0
	10.1.2.1	255.255.255.0	N/A	Loopback1

注：R1 指路由器名称，2901 指路由器型号；
　　Gig0 是 GigabitEthernet0 的缩写，/0 指第 0 号端口；
　　Loopback 指 Loopback 端口，0 指第 0 号端口；
　　其他指定以此类推。

4．实验步骤

1) 基本配置

根据实验编址进行相应的配置，其中 Loopback 配置方法和一般的端口配置类似。基本配置完成后，使用 ping 命令检测路由器 R1 和 R2 直连链路的连通性。

实例 2-12：配置 Loopback 端口

```
R1#conf t                                              ~进入全局配置模式
Enter configuration commands, one per line.  End with CNTL/Z.
R1(config)#int Loopback0                               ~进入端口配置模式
R1(config-if)#ip address 172.16.1.1 255.255.255.0      ~配置端口 IP 地址，掩码
R1(config-if)#no shutdown                              ~开启该端口(非常重要！)
```

%LINK-5-CHANGED: Interface Loopback0, changed state to up

R1(config-if)#**end**　　　　　　　　　　　　　～结束配置

%SYS-5-CONFIG_I: Configured from console by console

R1#**show int loopback0**　　　　　　　　　　～查看端口状态

Loopback0 is up, line protocol is up (connected)

　　Hardware is Loopback

　　Internet address is 172.16.1.1/24　　　　～显示 IP 地址配置正确

　…

R1#

　　Loopback 是路由器软件虚拟的端口，是逻辑上的一个端口，它没有物理的存在。环回端口的特点是稳定，不会有存在故障的可能性，并且状态始终 UP。

　　由于环回端口具有这种特点，我们可以把它应用在许多地方。例如：

　　① 作为路由设备的测试子网。在 Loopback 端口配置 IP 地址，可以在不同路由器之间检测路由协议的工作状态，这是非常有效和方便的一种做法，也是本实验中环回端口的用途所在。

　　② 作为路由设备的 ID 标识。在 OSPF 等协议中，协议规定需要路由 ID 作为一个路由器的唯一标识，因为 Loopback 端口始终有效，所以通常可以配置一个 Loopback 端口并指定其 IP 地址作为该路由器的 ID。

　　③ 作为终端访问的地址。由于 Loopback 端口状态始终 UP，因此用它的端口地址作为 Telnet 远程登录的地址也比较常见。管理员在网络管理过程中，可以为每一台路由器配置一个 Loopback 端口，并为端口指定一个 IP 地址作为管理地址，使用该地址远程登录路由器。

　　④ 环回端口还有一些其他有趣的用途，有兴趣的同学可以查阅相关资料。

　　在 R1 上对各直连链路进行检测。

　　R1#**ping 192.168.1.2**

　　Type escape sequence to abort.

　　Sending 5, 100-byte ICMP Echos to 192.168.1.2, timeout is 2 seconds:

　　!!!!!

　　Success rate is 100 percent (5/5), round-trip min/avg/max = 0/0

　　R1#

2) 配置 RIP 协议

首先查看 R1 和 R2 当前路由表配置。

　　R1#**show ip route**

　　Codes: L - local, C - connected, S - static, R - RIP, M - mobile, B - BGP

　　…

　　Gateway of last resort is not set

　　　　172.16.0.0/16 is variably subnetted, 4 subnets, 2 masks

　　C　　　172.16.1.0/24 is directly connected, Loopback0

```
L         172.16.1.1/32 is directly connected, Loopback0
C         172.16.2.0/24 is directly connected, Loopback1
L         172.16.2.1/32 is directly connected, Loopback1
       192.168.1.0/24 is variably subnetted, 2 subnets, 2 masks
C         192.168.1.0/24 is directly connected, GigabitEthernet0/0
L         192.168.1.1/32 is directly connected, GigabitEthernet0/0
R1#


R2#show ip route
Codes: L - local, C - connected, S - static, R - RIP, M - mobile, B - BGP
   ...
Gateway of last resort is not set
       10.0.0.0/8 is variably subnetted, 4 subnets, 2 masks
C         10.1.1.0/24 is directly connected, Loopback0
L         10.1.1.1/32 is directly connected, Loopback0
C         10.1.2.0/24 is directly connected, Loopback1
L         10.1.2.1/32 is directly connected, Loopback1
       192.168.1.0/24 is variably subnetted, 2 subnets, 2 masks
C         192.168.1.0/24 is directly connected, GigabitEthernet0/0
L         192.168.1.2/32 is directly connected, GigabitEthernet0/0
R2#
```

实例 2-13：配置 RIP 路由协议

```
R1#conf t                                          ~进入全局配置模式
Enter configuration commands, one per line.  End with CNTL/Z.
R0(config)#route ?                                 ~显示可配置路由协议
  bgp    Border Gateway Protocol (BGP)
  eigrp  Enhanced Interior Gateway Routing Protocol (EIGRP)
  ospf   Open Shortest Path First (OSPF)
  rip    Routing Information Protocol (RIP)
R1(config)#router rip                              ~进入路由配置模式
R1(config-router)#?                                ~显示当前可用配置命令
  auto-summary        Enter Address Family command mode
  default-information Control distribution of default information
  distance            Define an administrative distance
  exit                Exit from routing protocol configuration mode
  network             Enable routing on an IP network    ~添加路由子网
  no                  Negate a command or set its defaults
  passive-interface   Suppress routing updates on an interface
  redistribute        Redistribute information from another routing protocol
```

```
        timers                  Adjust routing timers
        version                 Set routing protocol version
    R1(config-router)#network ?              ~network 命令格式
        A.B.C.D   Network number
    R1(config-router)#network 192.168.1.0    ~添加路由子网
    R1(config-router)#network 172.16.1.0     ~结束配置
    R1(config-router)#end
    %SYS-5-CONFIG_I: Configured from console by console
    R1#


    R2#conf t
    Enter configuration commands, one per line.  End with CNTL/Z.
    R2(config)#router rip
    R2(config-router)#network 192.168.1.0
    R2(config-router)#network 10.0.0.0
    R2(config-router)#end
    %SYS-5-CONFIG_I: Configured from console by console
    R2#
```

实例 2-14：开启 RIP 调试功能，查看 RIP 定期更新情况

```
    R1#debug ip rip                          ~开启 RIP 调试功能
    RIP protocol debugging is on
    RIP: sending   v1 update to 255.255.255.255 via GigabitEthernet0/0 (192.168.1.1)
                                             ~发送 RIP 更新信息
    RIP: build update entries
          network 172.16.0.0 metric 1
    RIP: received v1 update from 192.168.1.2 on GigabitEthernet0/0
          10.0.0.0 in 1 hops                 ~接收 RIP 更新信息
    RIP: build update entries
          network 10.0.0.0 metric 2          ~更新转发表条目
          network 172.16.2.0 metric 1
          network 192.168.1.0 metric 1
    …
    R1#
```

重新查看 R1 和 R2 当前路由表配置，会发现路由器 R1 和 R2 的路由表已经发生了变化。

```
    R1#show ip route
    Codes: L - local, C - connected, S - static, R - RIP, M - mobile, B - BGP
    …
    Gateway of last resort is not set        ~以下第 1 条是新增转发表条目
```

```
R        10.0.0.0/8 [120/1] via 192.168.1.2, 00:00:12, GigabitEthernet0/0
         172.16.0.0/16 is variably subnetted, 4 subnets, 2 masks
C        172.16.1.0/24 is directly connected, Loopback0
L        172.16.1.1/32 is directly connected, Loopback0
C        172.16.2.0/24 is directly connected, Loopback1
L        172.16.2.1/32 is directly connected, Loopback1
         192.168.1.0/24 is variably subnetted, 2 subnets, 2 masks
C        192.168.1.0/24 is directly connected, GigabitEthernet0/0
L        192.168.1.1/32 is directly connected, GigabitEthernet0/0
R1#


R2#show ip route
Codes: L - local, C - connected, S - static, R - RIP, M - mobile, B - BGP
…
Gateway of last resort is not set                 ~以下第 6 条是新增转发表条目
         10.0.0.0/8 is variably subnetted, 4 subnets, 2 masks
C        10.1.1.0/24 is directly connected, Loopback0
L        10.1.1.1/32 is directly connected, Loopback0
C        10.1.2.0/24 is directly connected, Loopback1
L        10.1.2.1/32 is directly connected, Loopback1
R        172.16.0.0/16 [120/1] via 192.168.1.1, 00:00:14, GigabitEthernet0/0
         192.168.1.0/24 is variably subnetted, 2 subnets, 2 masks
C        192.168.1.0/24 is directly connected, GigabitEthernet0/0
L        192.168.1.2/32 is directly connected, GigabitEthernet0/0
R2#
```

此时检测路由器 R1 和 R2 的连通性，ping 命令结果显示 R1 与 R2 的环回网络连通正常。

```
R1#ping 10.1.1.1
Type escape sequence to abort.
Sending 5, 100-byte ICMP Echos to 10.1.1.1, timeout is 2 seconds:
!!!!!
Success rate is 100 percent (5/5), round-trip min/avg/max = 0/0/0 ms
```

3) 启用 RIPv2

现在已经配置好了 RIP，而且协议工作正常。启用 RIPv2 只需更换路由协议。

实例 2-15：启用 RIPv2

```
R1#conf t                                          ~进入全局配置模式
Enter configuration commands, one per line.   End with CNTL/Z.
R1(config)#route rip
R1(config-router)#version ?                        ~显示 version 命令格式
```

```
          <1-2> version
R1(config-router)#version 2                    ~指定 RIPv2
R1(config-router)#end                          ~结束配置
%SYS-5-CONFIG_I: Configured from console by console
R1#


R2#conf t
Enter configuration commands, one per line.  End with CNTL/Z.
R2(config)#route rip
R2(config-router)#version 2
R2(config-router)#end
%SYS-5-CONFIG_I: Configured from console by console
R2#
```

检测路由器 R1 和 R2 的连通性，ping 命令结果显示 R1 与 R2 的环回网络连通正常。

```
R1#ping 10.1.2.1
Type escape sequence to abort.
Sending 5, 100-byte ICMP Echos to 10.1.2.1, timeout is 2 seconds:
!!!!!
Success rate is 100 percent (5/5), round-trip min/avg/max = 0/0/1 ms
```

实例 2-16：使用 debug 命令查看 RIPv2 的更新信息

```
R1#debug ip rip                                ~开启 RIP 调试功能
RIP protocol debugging is on
RIP: sending   v2 update to 224.0.0.9 via GigabitEthernet0/0 (192.168.1.1)
                                               ~发送 RIP 更新信息
RIP: build update entries
        172.16.0.0/16 via 0.0.0.0, metric 1, tag 0
RIP: received v2 update from 192.168.1.2 on GigabitEthernet0/0
        10.0.0.0/8 via 0.0.0.0 in 1 hops       ~接收 RIP 更新信息
RIP: build update entries
        10.0.0.0/8 via 0.0.0.0, metric 2, tag 0  ~更新转发表条目
        172.16.2.0/24 via 0.0.0.0, metric 1, tag 0
        192.168.1.0/24 via 0.0.0.0, metric 1, tag 0
……
```

与 RIPv1 的更新信息比较，可以观察到它们之间的区别有：
① RIPv2 路由更新信息携带了子网掩码，例如 10.0.0.0/8。
② RIPv2 路由更新信息携带了下一跳地址，例如 10.0.0.0/8 via 0.0.0.0。
③ RIPv2 采用了组播方式发送报文，例如"sending v2 update to 224.0.0.9"。

4) RIP 路由协议的汇聚

实例 2-17：关闭 RIPv2 协议的路由汇聚功能

    R1#**conf t**　　　　　　　　　　　　　　～进入全局配置模式
    Enter configuration commands, one per line.　End with CNTL/Z.
    R1(config)#**route rip**
    R1(config-router)#**no auto-summary**　　　　～关闭路由汇聚功能
    R1(config-router)#**end**　　　　　　　　　～结束配置
    %SYS-5-CONFIG_I: Configured from console by console
    R1#

    R2 #**show ip route**
    Codes: L - local, C - connected, S - static, R - RIP, M - mobile, B - BGP
    ...
    Gateway of last resort is not set　　　　　　～第 6 条开始分别显示各子网路由
        10.0.0.0/8 is variably subnetted, 4 subnets, 2 masks
    C   10.1.1.0/24 is directly connected, Loopback0
    L   10.1.1.1/32 is directly connected, Loopback0
    C   10.1.2.0/24 is directly connected, Loopback1
    L   10.1.2.1/32 is directly connected, Loopback1
        172.16.0.0/16 is variably subnetted, 3 subnets, 2 masks
    R   172.16.0.0/16 [120/1] via 192.168.1.1, 00:00:03, GigabitEthernet0/0
    R   172.16.1.0/24 [120/1] via 192.168.1.1, 00:01:55, GigabitEthernet0/0
    R   172.16.2.0/24 [120/1] via 192.168.1.1, 00:01:55, GigabitEthernet0/0
        192.168.1.0/24 is variably subnetted, 2 subnets, 2 masks
    C   192.168.1.0/24 is directly connected, GigabitEthernet0/0
    L   192.168.1.2/32 is directly connected, GigabitEthernet0/0

注意：

    当路由器中转发表条目非常多时，可以通过路由汇聚来减少转发表条目，从而加快路由收敛时间以及增强网络的稳定性。路由汇聚的一般原则是同一自然网段内的不同子网路由在向外发送时汇聚成一个网段的路由发送，转发表的条目也减少为一个。由于汇聚后路由器将视这些子网为同一个网段，转发表对于各子网内部或之间的路由变化不再更新，因此这样就提高了路由器转发表条目的稳定性。

    RIPv1 是有类别路由协议，只能识别 A、B、C 类 IP 地址子网的路由，因此 RIPv1 无法支持路由汇聚，所有路由都直接按有类路由处理。

    RIPv2 是无类别路由协议，由于更新报文中携带掩码信息，所以支持路由汇聚。

5) 配置 RIP 的定时器

实例 2-18：查看当前协议运行状态

    R1#**show ip protocols**

Routing Protocol is "rip"

Sending updates every 30 seconds, next due in 17 seconds

Invalid after 180 seconds, hold down 180, flushed after 240　～定时器设置

Outgoing update filter list for all interfaces is not set

Incoming update filter list for all interfaces is not set

Redistributing: rip

Default version control: send version 2, receive 2

Interface	Send	Recv	Triggered RIP	Key-chain
GigabitEthernet0/0	2	2		
Loopback0	2	2		
Loopback1	2	2		

Automatic network summarization is in effect

Maximum path: 4

Routing for Networks:
 172.16.0.0
 192.168.1.0

Passive Interface(s):

Routing Information Sources:

Gateway	Distance	Last Update
192.168.1.2	120	00:00:01

Distance: (default is 120)　　　　　　　～AD 值设置

R1#

实例 2-19：修改 RIP 协议 AD 值(Administrate Distance)和定时器设置

 R1#**conf t**　　　　　　　　　　　～进入全局配置模式

 Enter configuration commands, one per line.　End with CNTL/Z.

 R1 (config)#**route rip**

 R1 (config-router)#**timers basic ?**　　～显示定时器设置命令格式

  <0-4294967295>　Interval between updates

 R1 (config-router)#**timers basic 15 120 15 30**　～修改定时器设置

 R1 (config-router)#**distance ?**　　　　～显示 AD 值设置命令格式

  <1-255>　Administrative distance

 R1 (config-router)# **distance 99**　　　～修改 RIP 协议 AD 值

 R1 (config-router)# **end**　　　　　　～结束配置

 %SYS-5-CONFIG_I: Configured from console by console

 R1#

重新查看当前协议运行状态。

 R1#**show ip protocols**

 Routing Protocol is "rip"

 Sending updates every 15 seconds, next due in 11 seconds

Invalid after 120 seconds, hold down 15, flushed after 30
…
Routing Information Sources:
    Gateway   Distance   Last Update
    192.168.1.2   99   00:00:09
Distance: 99 (default is 120)
R1#

注意：

协议 AD 值，就是协议的管理距离，它可以用来判断路由的可信度，在路由选择中会优先选择分值低的路由。

常见路由协议的 AD 值：OSPF 是 110，RIP 是 120，直接连接是 0，静态路由是 1。AD 取值最大为 255。

5. 问题思考

(1) 如果在 R1 上配置一条去往 10.1.1.0 子网的静态路由，那么 R1 的转发表中该子网的有效路由来自 RIP 配置还是静态路由配置？为什么？

(2) 距离矢量类的算法容易产生路由循环，RIP 是距离矢量算法的一种，所以它也容易产生路由循环。

为了避免这个问题，RIP 等距离矢量算法使用四种机制来预防路由循环现象。

① 水平分割(split horizon)：水平分割保证路由器记住每一条路由更新信息的来源，并且不在收到这条更新信息的端口上再次转发。这是预防路由循环的最基本措施。

② 毒性逆转(poison reverse)：当一条路由信息变为无效之后，路由器并不立即将它从转发表中删除，而是用 16，即不可达的度量值将它广播出去。这样虽然增加了转发表的大小，但有利于消除路由循环，它可以立即消除相邻路由器之间的任何环路。

③ 触发更新(trigger update)：当路由表发生变化时，更新报文立即广播给相邻的所有路由器，而不是等待 30 秒的更新周期。同样，当一个路由器刚启动 RIP 时，它广播请求报文。收到此广播的相邻路由器立即应答一个更新报文，而不必等到下一个更新周期。这样，网络拓扑的变化会以最快的速度在网络上传播，从而减少了路由循环产生的可能性。

④ 抑制计时(hold down timer)：一条路由信息无效之后，一段时间内这条路由都处于抑制状态，即在一定时间内不再接收关于同一目的地址的路由更新。如果路由器从一个网段上获知一条路径失效，然后在另一个网段上获知这个路由有效。这种信息往往是不准确的，抑制计时避免了这个问题。而且，在一条链路频繁启停的情况下，抑制计时可以减少路由的更新，增加网络的稳定性。

RIPv1、RIPv2 都支持水平分割、毒性逆转和触发更新，Cisco 的 RIP 协议实现支持抑制计时，请大家思考并设计验证以上四种机制的实验。其中有关水平分割的命令如下：

Router#**conf t**
Enter configuration commands, one per line.   End with CNTL/Z.
Router(config)#int **Gig0/0**
Router(config-if)# **ip split-horizon**   ～启用禁止水平分割功能

Router(config-if)#**no ip split-horizon**　　　～禁止水平分割功能

Router(config-router)# **end**

%SYS-5-CONFIG_I: Configured from console by console

Router#

2.3.3 OSPF 路由协议的基本配置

1．实验原理

由于距离矢量算法存在不足，IETF 开发了一种基于链路状态的内部网关协议 OSPF。第 1 版的 OSPF 很快进行了重大改进，称为 OSPFv2，在 RFC2328 中对其进行了规范。OSPFv2 在稳定性和功能性方面做出了很大改进，并在 IPv4 网络中得到了应用。

OSPF 这种基于链路状态的协议，具有收敛快、能基本消除路由循环、可扩展性好等优点，因此很快被接受和广泛应用。不同于 RIP 路由器通告的路由信息，在这种路由协议中，路由器之间通告的是链路信息。链路信息指的是链路状态信息，这个信息包含端口的 IP 地址、子网掩码、网络类型和链路的开销等。不同于 RIP 路由器的通告信息只是发给相邻的路由器，OSPF 路由协议的链路信息在网络中通过泛洪，通俗地说就是广播，发送给网络中的其他所有路由器。网络中的每台路由器收集到本网络内所有的链路信息后，就拥有了整个网络的拓扑情况，然后根据这个拓扑情况运行最短路径算法，例如 Dijskstra 最短路径算法，获得当前路由器到所有其他路由器的最短路径，最终构造自己的转发表。

OSPF 将路由器从逻辑上划分为不同的组，称为区域。每个区域用区域号(AreaID)来标识。一个网段(链路)只能属于一个区域，或者说每个运行 OSPF 的端口必须指明属于哪一个区域。一般区域 0 为骨干区域，骨干区域负责在非骨干区域之间发布区域间的路由信息。OSPF 的这种特点，使它具有了支持单个选路域内层次结构路由的能力。

2．实验目的

(1) 理解 OSPF 的应用场景和基本原理。

(2) 掌握 OSPF 单区域的配置方法。

(3) 熟悉 OSPF 邻居状态的查看方法。

(4) 掌握 OSPF 多区域的配置方法。

(5) 理解 OSPF 区域边界路由器的工作特点。

(6) 理解和掌握 OSPF 区域认证和链路认证的区别。

(7) 理解 OSPF 协议 Router-ID 的选举规则。

3．实验拓扑

本实验模拟一个中等规模的企业网络。该网络有三个办公区，每个办公区放置一个路由器，分别是 R0、R1 和 R2。在实验中，每个区域都有一台主机和路由器相连，模拟这个区域的办公网络。三台路由器两两互相连接，为了使整个网络能够互相通信，要求在路由器上部署 OSPF 路由协议，并使它们属于同一个区域。

OSPF 单区域配置的拓扑结构如图 2-9 所示。

这个拓扑结构有点复杂，请大家注意端口互相连接的特点：PCx 总是和路由器 Rx 的 Gig0/x 端口相连；路由器 R0 以端口 Gig0/1 和 R1 互连，以端口 Gig0/2 和 R2 互连，路由器

R1 和路由器 R2 端口的连接规律和 R0 类似。

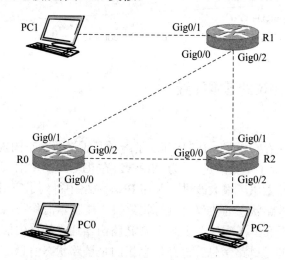

图 2-9 OSPF 单区域配置拓扑

实验编址见表 2-5。

表 2-5 实 验 编 址

名称	IP 地址	子网掩码	默认网关	端口
PC0	172.16.0.2	255.255.255.0	172.16.0.1	Fa0
PC1	172.16.1.3	255.255.255.0	172.16.1.2	Fa0
PC2	172.16.2.4	255.255.255.0	172.16.2.3	Fa0
R0(2911)	172.16.0.1	255.255.255.0	N/A	Gig0/0
	172.16.10.1	255.255.255.0	N/A	Gig0/1
	172.16.20.1	255.255.255.0	N/A	Gig0/2
R1(2911)	172.16.10.2	255.255.255.0	N/A	Gig0/0
	172.16.1.2	255.255.255.0	N/A	Gig0/1
	172.16.30.2	255.255.255.0	N/A	Gig0/2
R2(2911)	172.16.20.3	255.255.255.0	N/A	Gig0/0
	172.16.30.3	255.255.255.0	N/A	Gig0/1
	172.16.2.3	255.255.255.0	N/A	Gig0/2

注：R0 指路由器名称，2911 指路由器型号；
Fa0 是 FastEthernet0 的缩写；
Gig0 是 GigabitEthernet0 的缩写，/0 指第 0 号端口；
其他指定以此类推，同时请大家仔细观察各个端口 IP 地址的分配规律。

4. 实验步骤

1) 基本配置

使用实验编址进行相应的设备命名和 IP 地址配置，使用 ping 命令检测各直连链路的连通性。

注意:
要像使用真实路由器一样对逐个端口进行配置,在配置好路由器端口的 IP 地址后,必须使用 no shutdown 命令开启端口。

在各个直连链路连通性检测通过以后才能进入实验步骤 2)。

实例 2-20:路由器 R0 和 R1、R2 之间的连通性检测

```
R0#ping 172.16.10.2                        ~检测路由器 R1 连通性
Type escape sequence to abort.
Sending 5, 100-byte ICMP Echos to 172.16.10.2, timeout is 2 seconds:
!!!!!                                      ~路由器 R1 连接正常
Success rate is 100 percent (5/5), round-trip min/avg/max = 0/0/1 ms


R0#ping 172.16.20.3                        ~检测路由器 R2 连通性
Type escape sequence to abort.
Sending 5, 100-byte ICMP Echos to 172.16.20.3, timeout is 2 seconds:
!!!!!                                      ~路由器 R2 连接正常
Success rate is 100 percent (5/5), round-trip min/avg/max = 0/0/0 ms
```

依次检测各个 PC 和其网关路由以及 R1 和 R2 路由器之间的连通性,过程这里省略。

2) OSPF 单区域配置

由于本实验是单区域配置,所以使用区域 0。

实例 2-21:路由器 R0 的单区域 OSPF 配置

```
R0#conf t                                  ~进入全局配置模式
Enter configuration commands, one per line.  End with CNTL/Z.
R0(config)#route ?                         ~显示可配置路由协议
  bgp     Border Gateway Protocol (BGP)
  eigrp   Enhanced Interior Gateway Routing Protocol (EIGRP)
  ospf    Open Shortest Path First (OSPF)
  rip     Routing Information Protocol (RIP)
R0(config)#route ospf ?                    ~显示 OSPF 协议命令格式
  <1-65535>  Process ID
R0(config)#route ospf 10
R0(config-router)#?                        ~显示可使用配置命令
  area                 OSPF area parameters
  default-information  Control distribution of default information
  distance             Define an administrative distance
  exit                 Exit from routing protocol configuration mode
  log-adjacency-changes  Log changes in adjacency state
  network              Enable routing on an IP network~添加路由网络
  no                   Negate a command or set its defaults
  passive-interface    Suppress routing updates on an interface
```

```
                redistribute           Redistribute information from another routing protocol
                router-id              router-id for this OSPF process
        R0(config-router)#network 172.16.0.1 255.255.255.0 area 0      ～添加路由网络
        R0(config-router)#network 172.16.10.1 255.255.255.0 area 0
        R0(config-router)#network 172.16.20.1 255.255.255.0 area 0
        R0(config-router)#end                                           ～结束配置
        %SYS-5-CONFIG_I: Configured from console by console
        R0#
```

注意:

OSPF 路由协议的添加路由网络的 network 命令与 RIP 协议相比稍微有些不同。network 命令参数说明见表 2-6。

用法:

network a.b.c.d A.B.C.D area ID

表 2-6 network 命令参数说明

选项	参数含义
a.b.c.d	网络地址
A.B.C.D	子网掩码
area	表示开始设置 OSPF 区域号
ID	<0-4294967295>　十进制格式 OSPF 区域号
	a.b.c.d　　　　　IP 地址格式 OSPF 区域号

然后用同样的方法配置路由器 R1 和 R2,命令如下:

```
        R1#conf t
        Enter configuration commands, one per line.   End with CNTL/Z.
        R1(config)#route ospf 11
        R1(config-router)#network 172.16.10.2 255.255.255.0 area 0
        R1(config-router)#network 172.16.1.2 255.255.255.0 area 0
        R1(config-router)#network 172.16.30.2 255.255.255.0 area 0
        R1(config-router)#end
        %SYS-5-CONFIG_I: Configured from console by console
        R1#


        R2#conf t
        Enter configuration commands, one per line.   End with CNTL/Z.
        R2(config)#route ospf 12
        R2(config-router)#network 172.16.20.3 255.255.255.0 area 0
        R2(config-router)#network 172.16.30.3 255.255.255.0 area 0
        R2(config-router)#network 172.16.2.3 255.255.255.0 area 0
        R2(config-router)#end
```

%SYS-5-CONFIG_I: Configured from console by console
R2#

实例 2-22：检查 OSPF 配置后各个端口的工作状态

  R0#**show ip ospf interface**　　　　　　　～检查 OSPF 配置端口状态
  GigabitEthernet0/0 is up, line protocol is up　　～端口 Gig0/0 已启用
   Internet address is 172.16.0.1/24, Area 0
   Process ID 10, Router ID 172.16.20.1, Network Type BROADCAST, Cost: 1
   Transmit Delay is 1 sec, State DR, Priority 1
   Designated Router (ID) 172.16.20.1, Interface address 172.16.0.1
   No backup designated router on this network
   Timer intervals configured, Hello 10, Dead 40, Wait 40, Retransmit 5
    Hello due in 00:00:01
   Index 1/1, flood queue length 0
   Next 0x0(0)/0x0(0)
   Last flood scan length is 1, maximum is 1
   Last flood scan time is 0 msec, maximum is 0 msec
   Neighbor Count is 0, Adjacent neighbor count is 0
   Suppress hello for 0 neighbor(s)
  GigabitEthernet0/1 is up, line protocol is up　　～端口 Gig0/1 已启用
   …
  GigabitEthernet0/2 is up, line protocol is up　　～端口 Gig0/2 已启用
   …
  R0#

实例 2-23：检查 OSPF 配置后协议的邻居状态

  R0#**show ip ospf neighbor**　　　　　　　～检查邻居状态

Neighbor ID	Pri	State	Dead Time	Address	Interface
172.16.30.2	1	FULL/BDR	00:00:32	172.16.10.2	GigabitEthernet0/1
172.16.30.3	1	FULL/BDR	00:00:30	172.16.20.3	GigabitEthernet0/2

  R0#

实例 2-24：检查 OSPF 配置后转发表的工作状态

  R0#**show ip route**　　　　　　　～检查转发表的工作状态
  Codes: L - local, C - connected, S - static, R - RIP, M - mobile, B - BGP
  …
  Gateway of last resort is not set

    172.16.0.0/16 is variably subnetted, 9 subnets, 2 masks
  C 172.16.0.0/24 is directly connected, GigabitEthernet0/0
  L 172.16.0.1/32 is directly connected, GigabitEthernet0/0
  O 172.16.1.0/24 [110/2] via 172.16.10.2, 00:11:35, GigabitEthernet0/1
  O 172.16.2.0/24 [110/2] via 172.16.20.3, 00:09:34, GigabitEthernet0/2

```
C        172.16.10.0/24 is directly connected, GigabitEthernet0/1
L        172.16.10.1/32 is directly connected, GigabitEthernet0/1
C        172.16.20.0/24 is directly connected, GigabitEthernet0/2
L        172.16.20.1/32 is directly connected, GigabitEthernet0/2
O        172.16.30.0/24 [110/2] via 172.16.10.2, 00:09:44, GigabitEthernet0/1
                       [110/2] via 172.16.20.3, 00:09:44, GigabitEthernet0/2
R0#
```

然后用同样的方法检查路由器 R1 和 R2，命令如下：

R1#**show ip ospf interface**
R1#**show ip ospf neighbor**
R1#**show ip route**

R2#**show ip ospf interface**
R2#**show ip ospf neighbor**
R2#**show ip route**

实例 2-25：检测主机 PC0 和 PC1、PC2 之间的连通性

```
PC>ping 172.16.1.3 –n 3                  ～检测主机 PC1 连通性


Pinging 172.16.1.3 with 32 bytes of data:
Reply from 172.16.1.3: bytes=32 time=0ms TTL=126
Reply from 172.16.1.3: bytes=32 time=0ms TTL=126
Reply from 172.16.1.3: bytes=32 time=0ms TTL=126
Ping statistics for 172.16.1.3:           ～主机 PC1 连接正常
    Packets: Sent = 3, Received = 3, Lost = 0 (0% loss),
Approximate round trip times in milli-seconds:
    Minimum = 0ms, Maximum = 0ms, Average = 0ms


PC>ping 172.16.2.4 –n 3                  ～检测主机 PC2 连通性


Pinging 172.16.2.4 with 32 bytes of data:
Reply from 172.16.2.4: bytes=32 time=0ms TTL=126
Reply from 172.16.2.4: bytes=32 time=0ms TTL=126
Reply from 172.16.2.4: bytes=32 time=0ms TTL=126
Ping statistics for 172.16.2.4:           ～主机 PC2 连接正常
    Packets: Sent = 3, Received = 3, Lost = 0 (0% loss),
Approximate round trip times in milli-seconds:
    Minimum = 0ms, Maximum = 1ms, Average = 0ms
```

3) OSPF 多区域配置

在 OSPF 单区域网络中，每台路由器都向外广播链路状态信息。随着网络规模的扩大，

链路状态信息的广播会不断增多,这将消耗网络带宽,同时使得单台路由器上的状态信息库变得十分庞大,导致路由器负担加重。为了解决这个问题,OSPF 协议可以将网络划分成不同区域(area)分别进行管理。

在多区域的 OSPF 网络中,链路状态信息仅在区域内进行泛洪广播,区域之间传递的是路由条目而非链路状态信息,从而减小了路由器负担。不同区域之间的路由信息需要经过骨干区域,也就是说在 OSPF 的层次结构网络中,骨干区域起到了网络枢纽的作用。

在本部分实验中需要新增两个路由器 R3 和 R4,取代主机 PC2 与 R2 连接。实验的拓扑如图 2-10 所示。路由器 R2、R3 和 R4 构成一个新的 OSPF 区域 1。路由器 R2 横跨区域 0 和区域 1。

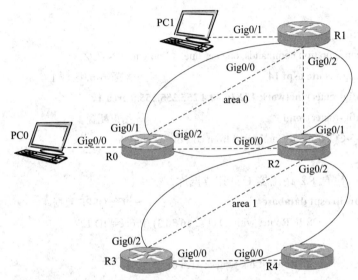

图 2-10　OSPF 多区域配置拓扑

新增设备的实验编址见表 2-7。

表 2-7　新增设备的实验编址

名称	IP 地址	子网掩码	默认网关	端口
R3(2911)	172.16.2.4	255.255.255.0	N/A	Gig0/2
	172.16.40.3	255.255.255.0	N/A	Gig0/0
R4(2911)	172.16.40.4	255.255.255.0	N/A	Gig0/0

实例 2-26:路由器 R2、R3 和 R4 的 OSPF 区域 1 配置

```
R2#conf t                                      ~进入全局配置模式
Enter configuration commands, one per line.   End with CNTL/Z.
R2(config)#route ospf 12                       ~配置 ospf 区域 1
R2(config-router)#no network 172.16.2.3 255.255.255.0 area 0
R2(config-router)#network 172.16.2.3 255.255.255.0 area 1
R2(config-router)#end                          ~结束配置
%SYS-5-CONFIG_I: Configured from console by console
R2#
```

```
R3#conf t                                          ~进入全局配置模式
Enter configuration commands, one per line.  End with CNTL/Z.
R3(config)#route ospf 13                           ~配置 ospf 区域 1
R3(config-router)#network 172.16.2.4 255.255.255.0 area 1
R3(config-router)#network 172.16.40.3 255.255.255.0 area 1
R3(config-router)#end                              ~结束配置
%SYS-5-CONFIG_I: Configured from console by console
R3#


R4#conf t
Enter configuration commands, one per line.  End with CNTL/Z.
R4(config)#route ospf 14                           ~配置 ospf 区域 1
R4(config-router)#network 172.16.40.4 255.255.255.0 area 1
R4(config-router)#end                              ~结束配置
%SYS-5-CONFIG_I: Configured from console by console
R4#
```

实例 2-27：检查 R2 路由器 OSPF 数据库

```
R2#show ip ospf database                           ~检查 OSPF 数据库
    OSPF Router with ID (172.16.30.3) (Process ID 12)

              Router Link States (Area 0)

Link ID         ADV Router      Age     Seq#          Checksum Link count
172.16.20.1     172.16.20.1     1639    0x80000006    0x004556 3
172.16.30.2     172.16.30.2     1617    0x80000006    0x00d498 3
172.16.30.3     172.16.30.3    455      0x8000000a    0x0037e7 2


              Net Link States (Area 0)

Link ID         ADV Router      Age     Seq#          Checksum
172.16.10.1     172.16.20.1     1744    0x80000003    0x0059b8
172.16.20.1     172.16.20.1     1639    0x80000004    0x001e46
172.16.30.2     172.16.30.2     1617    0x80000002    0x00af84


              Summary Net Link States (Area 0)

Link ID         ADV Router      Age     Seq#          Checksum
172.16.2.0      172.16.30.3     450     0x80000001    0x008041
172.16.40.0     172.16.30.3     266     0x80000002    0x00e4b4


              Router Link States (Area 1)
```

Link ID	ADV Router	Age	Seq#	Checksum	Link count
172.16.30.3	172.16.30.3	271	0x80000002	0x0060b3	1
172.16.40.3	172.16.40.3	171	0x80000004	0x00041a	2
172.16.40.4	172.16.40.4	171	0x80000002	0x00edc3	1

Net Link States (Area 1)

Link ID	ADV Router	Age	Seq#	Checksum
172.16.2.3	172.16.30.3	271	0x80000001	0x003975
172.16.40.3	172.16.40.3	171	0x80000001	0x009b7e

Summary Net Link States (Area 1)

Link ID	ADV Router	Age	Seq#	Checksum
172.16.20.0	172.16.30.3	449	0x80000001	0x00b9f5
172.16.30.0	172.16.30.3	449	0x80000002	0x00495b
172.16.10.0	172.16.30.3	449	0x80000003	0x002e88
172.16.0.0	172.16.30.3	449	0x80000004	0x009a25
172.16.1.0	172.16.30.3	449	0x80000005	0x008d30

R2#

实例 2-28：检查 R2 转发表状态

R2#**show ip route ospf**　　　　　　　　～检查 R2 转发表

　　172.16.0.0/16 is variably subnetted, 10 subnets, 2 masks
O　　172.16.0.0 [110/2] via 172.16.20.1, 01:01:47, GigabitEthernet0/0
O　　172.16.1.0 [110/2] via 172.16.30.2, 01:01:23, GigabitEthernet0/1
O　　172.16.10.0 [110/2] via 172.16.20.1, 01:01:23, GigabitEthernet0/0
　　　　　　[110/2] via 172.16.30.2, 01:01:23, GigabitEthernet0/1
O　　172.16.40.0 [110/2] via 172.16.2.4, 00:08:47, GigabitEthernet0/2
R2#

然后检查路由器 R3 和 R4 的状态，命令如下：

R3#**show ip ospf interface**

R3#**show ip ospf neighbor**

R3#**show ip route**

R4#**show ip ospf interface**

R4#**show ip ospf neighbor**

R4#**show ip route**

实例 2-29：从主机 PC0 出发检查 OSPF 多区域配置有效性

　　PC>**ping 172.16.40.4 -n 3**　　　　　　　～检测路由器 R4 连通性

　　Pinging 172.16.40.4 with 32 bytes of data:

Reply from 172.16.40.4: bytes=32 time=0ms TTL=252
Reply from 172.16.40.4: bytes=32 time=0ms TTL=252
Reply from 172.16.40.4: bytes=32 time=0ms TTL=252
Ping statistics for 172.16.40.4:　　　～路由器 R4 连接正常
　　Packets: Sent = 3, Received = 3, Lost = 0 (0% loss),
Approximate round trip times in milli-seconds:
　　Minimum = 0ms, Maximum = 0ms, Average = 0ms

注意：

许多因素会影响 OSPF 协议的工作过程。如果在等待一段时间以后，OSPF 还不能正常工作，则需要检查是否有报错信息，根据报错信息提示查找故障原因，然后检查邻居关系是否正常，最后检查 OSPF 路由表是否正确，在重新检查各项配置，而且确认完全正确后，也可以尝试在特权模式下使用命令重启 OSPF 进程。

　　Router#**clear ip ospf process**

路由器相邻的事实并不足以保证它们之间链路状态更新的交换，它们必须形成邻接关系才能交换链路状态更新。在 OSPF 协议中，邻接是路由器间形成的一种高级形式的邻居关系，在邻接相关参数谈判结束后，邻接路由器才开始互相交换路由信息。

为了了解邻接的形成，可以使用以下命令检查路由是否开始交换路由信息。

　　Router#**debug ip ospf adj**

如果需要检查邻接关系，可以使用以下命令确定 OSPF 邻居的状态。

　　Router#**show ip ospf neighbor**

此命令的输出很可能会显示以下信息之一：

　　什么也没有

　　state = down

　　state = init

　　state = exstart (exchange)

　　state = 2-way

　　state = loading

可以从以下几个方面检查出现以上信息的原因：

① 本地路由器和邻居路由器上的接口状态是否为 up 并且线路协议也为 up？可以输入以下命令检查：

　　Router#**show interface**

② 检查邻居路由器之间的 IP 连接，例如邻居是否响应 ping 命令？

③ 接口(当前接口和相邻路由器的接口)上是否启动了 OSPF？可以输入以下命令检查：

　　Router#**show ip ospf interface**

④ 本地路由器或相邻路由器接口上的 OSPF 是否被配置为被动？输入命令：

　　Router#**show ip ospf interface**

主动 OSPF 接口会显示一行类似于以下内容的信息：

　　Hello due in 00:00:07

⑤ 验证邻居路由器是否有不同的路由器 ID。

⑥ 在实际工作中，还需要检查是否存在因其他设备配置了 ACL 列表而有可能阻止一个邻居向另一个邻居发送 IP 数据报的情况。

4) OSPF 区域 0 使用明文认证

OSPF 支持报文验证功能，只有通过验证的报文才会被接收处理，建立正常的邻居关系。OSPF 支持两种认证方式——区域认证和链路认证。在使用区域认证时，区域中路由器所使用的认证模式和认证口令必须统一。链路认证可以针对某一对邻居设置单独的认证模式和认证口令。在区域认证和链路认证同时存在的情况下，端口优先使用链路认证。

每种认证模式又支持明文认证(简单验证)模式和 MD5 验证模式。显然，MD5 验证模式密钥的传输是加密的，相比明文传输的简单验证安全性更好。

在本步骤进行的是明文认证的配置，下一步骤将进行 MD5 密文验证模式的配置。

实例 2-30：路由器 R0 配置区域明文认证

```
R0#conf t                                      ~进入全局配置模式
Enter configuration commands, one per line.  End with CNTL/Z.
R0(config)#int Gig0/1                          ~进入端口配置模式
R0(config-if)#ip ospf ?                        ~显示 ospf 端口配置命令
    authentication       Enable authentication
    authentication-key   Authentication password (key)   ~明文认证配置命令
    cost                 Interface cost
    dead-interval        Interval after which a neighbor is declared dead
    hello-interval       Time between HELLO packets
    message-digest-key   Message digest authentication password (key)
    priority             Router priority
R0(config-if)#ip ospf authentication-key test  ~配置明文认证，口令 test
R0(config-if)#int Gig0/2
R0(config-if)#ip ospf authentication-key test
R0(config-if)#exit
R0(config)#

R0(config)#route ospf 10                       ~开始配置区域 0 明文认证
R0(config-router)#area 0 ?
    authentication    Enable authentication
    default-cost      Set the summary default-cost of a NSSA/stub area
    nssa              Specify a NSSA area
    stub              Specify a stub area
    virtual-link      Define a virtual link and its parameters
R0(config-router)#area 0 authentication
R0(config-router)# end                         ~结束配置
%SYS-5-CONFIG_I: Configured from console by console
R0#
```

使用同样的方法配置路由器 R1 和 R2,命令如下:

R1#**conf t**
Enter configuration commands, one per line. End with CNTL/Z.
R1(config)#**int Gig0/0**
R1(config-if)#**ip ospf authentication-key test**
R1(config-if)#**int Gig0/2**
R1(config-if)#**ip ospf authentication-key test**
R1(config-if)#**exit**
R1(config)#**route ospf 11**
R1(config-router)#**area 0 authentication**
R1(config-router)# end
%SYS-5-CONFIG_I: Configured from console by console
R1#

R2#**conf t**
Enter configuration commands, one per line. End with CNTL/Z.
R2(config)#**int Gig0/0**
R2(config-if)#**ip ospf authentication-key test**
R2(config-if)#**int Gig0/1**
R2(config-if)#**ip ospf authentication-key test**
R2(config-if)#**exit**
R2(config)#**route ospf 12**
R2(config-router)#**area 0 authentication**
R2(config-router)# end
%SYS-5-CONFIG_I: Configured from console by console
R2#

实例 2-31:检查路由器 R0 认证状态
R0#**show ip ospf**   ~检查路由器认证状态
 Routing Process "ospf 10" with ID 172.16.20.1
 Supports only single TOS(TOS0) routes
 ...
  Area BACKBONE(0)
    Number of interfaces in this area is 3
    Area has simple password authentication   ~显示区域 0 已启动明文认证
    SPF algorithm executed 22 times
    ...
  Area 1
    Number of interfaces in this area is 1
    Area has no authentication

SPF algorithm executed 10 times

...

R0#

实例 2-32：检查路由器 R0 的邻居关系是否正常

R0#**show ip ospf neighbor**　　　　　　　　～检查路由器 R0 的邻居关系

Neighbor ID	Pri	State	Dead Time	Address	Interface
172.16.30.2	1	FULL/DR	00:00:39	172.16.10.2	GigabitEthernet0/1
172.16.30.3	1	FULL/DR	00:00:37	172.16.20.3	GigabitEthernet0/2

R0#

使用同样的方法检查路由器 R1 和 R2，命令如下：

　　R1#**show ip ospf**

　　R1#**show ip ospf neighbor**

　　R2#**show ip ospf**

　　R2#**show ip ospf neighbor**

实例 2-33：从主机 PC0 出发检查 OSPF 区域明文认证配置有效性

　　PC>**ping 172.16.40.4 -n 3**

　　Pinging 172.16.40.4 with 32 bytes of data:

　　Reply from 172.16.40.4: bytes=32 time=0ms TTL=252

　　Reply from 172.16.40.4: bytes=32 time=0ms TTL=252

　　Reply from 172.16.40.4: bytes=32 time=0ms TTL=252

　　Ping statistics for 172.16.40.4:

　　　　Packets: Sent = 3, Received = 3, Lost = 0 (0% loss),

　　Approximate round trip times in milli-seconds:

　　Minimum = 0ms, Maximum = 0ms, Average = 0ms

5) OSPF 区域 1 使用密文认证

实例 2-34：路由器 R2 区域 1 配置密文认证

　　R2#**conf t**　　　　　　　　　　　　　　　　～进入全局配置模式

　　Enter configuration commands, one per line. End with CNTL/Z.

　　R2(config)#**int Gig0/2**　　　　　　　　　　～进入端口配置模式

　　R2(config-if)#**ip ospf message-digest-key ?**　～显示 KeyID 取值范围

　　　<1-255>　Key ID

　　R2(config-if)#**ip ospf message-digest-key 1 ?**　～显示可选加密算法

　　　md5　Use MD5 algorithm

　　R2(config-if)#**ip ospf message-digest-key 1 md5 test**

　　R2(config-if)#**exit**

　　R2(config)#**route ospf 12**　　　　　　　　～开始配置区域 1 密文认证

　　R2(config-router)#**area 1 authentication message-digest**

R2(config-router)#**end**　　　　　　　　　～结束配置
%SYS-5-CONFIG_I: Configured from console by console
R2#

使用同样的方法配置路由器 R3 和 R4，命令如下：

R3#**conf t**
Enter configuration commands, one per line.　End with CNTL/Z.
R3(config)#**int Gig0/2**
R3(config-if)#**ip ospf message-digest-key 1 md5 test**
R3(config-if)#**int Gig0/0**
R3(config-if)#**ip ospf message-digest-key 1 md5 test**
R3(config-if)#**exit**
R3(config)#**route ospf 13**
R3(config-router)#**area 1 authentication message-digest**
R3(config-router)# **end**
%SYS-5-CONFIG_I: Configured from console by console
R3#

R4#**conf t**
Enter configuration commands, one per line.　End with CNTL/Z.
R4(config)#**int Gig0/0**
R4(config-if)#**ip ospf message-digest-key 1 md5 test**
R4(config-if)#**exit**
R4(config)#**route ospf 14**
R4(config-router)#**area 1 authentication message-digest**
R4(config-router)# **end**
%SYS-5-CONFIG_I: Configured from console by console
R4#

实例 2-35：检查路由器 R2 认证状态

R2#**show ip ospf**　　　　　　　　　～检查路由器认证状态
 Routing Process "ospf 13" with ID 172.16.30.3
 Supports only single TOS(TOS0) routes
　　...
　　Area BACKBONE(0)
　　　Number of interfaces in this area is 2
　　　Area has simple password authentication
　　　SPF algorithm executed 22 times
　　　...
　　Area 1
　　　Number of interfaces in this area is 1

    Area has message digest authentication ～显示区域 1 已启动密文认证
    SPF algorithm executed 15 times
    …
  R2#

实例 2-36：从路由器 R4 出发检查 OSPF 区域密文认证配置有效性
  R4#**ping 172.16.0.2** ～检测主机 PC0 连通性

Type escape sequence to abort.
Sending 5, 100-byte ICMP Echos to 172.16.0.2, timeout is 2 seconds:
!!!!! ～主机 PC0 连接正常
Success rate is 100 percent (5/5), round-trip min/avg/max = 0/0/1 ms
  R4#

6) 配置 OSPF 链路认证

实例 2-37：配置路由器 R2 和 R3 之间进行密文认证
  R2#**conf t** ～进入全局配置模式
  Enter configuration commands, one per line. End with CNTL/Z.
  R2(config)#**int Gig0/2** ～进入端口配置模式
  R2(config-if)#**ip ospf message-digest-key 1 md5 test**
  OSPF: Key 1 already exists
  R2(config-if)#**ip ospf authentication ?** ～显示认证选项
   message-digest Use message-digest authentication
   null   Use no authentication
   \<cr>
  R2(config-if)#**ip ospf authentication message-digest** ～密文认证
  R2(config-if)#**end** ～结束配置
  %SYS-5-CONFIG_I: Configured from console by console
  R2#

  R3#**conf t** ～进入全局配置模式
  Enter configuration commands, one per line. End with CNTL/Z.
  R3(config)#**int Gig0/2** ～进入端口配置模式
  R3(config-if)#**ip ospf message-digest-key 1 md5 test**
  OSPF: Key 1 already exists
  R3(config-if)#**ip ospf authentication message-digest** ～密文认证
  R3(config-if)#**end** ～结束配置
  %SYS-5-CONFIG_I: Configured from console by console
  R3#

最后从路由器 R4 出发检查 OSPF 链路认证配置有效性：

R4#**ping 172.16.0.2**

Type escape sequence to abort.
Sending 5, 100-byte ICMP Echos to 172.16.0.2, timeout is 2 seconds:
!!!!!
Success rate is 100 percent (5/5), round-trip min/avg/max = 0/0/1 ms
R4#**conf**

7) 理解 OSPF 的 Router-ID

OSPF 动态路由协议使用 Router-ID 作为路由器的身份标识。Router-ID 实验编址见表 2-8。Router-ID 的选举规则为：

首先是配置的 Router-ID；
其次是 Loopback 端口地址中最大的 IP 地址；
最后是其他端口地址中最大的 IP 地址。

当且仅当 Router-ID 端口 IP 地址被删除或修改时，才会触发重新选择过程。Router-ID 改变之后，协议需要执行重置命令才会使新的 Router-ID 生效。

表 2-8　Router-ID 实验编址

名称	IP 地址	子网掩码	默认网关	端口
R3	3.3.3.3	255.255.255.0	N/A	Loopback0
R4	4.4.4.4	255.255.255.0	N/A	Loopback0

实例 2-38：为 R3 路由器配置 Loopback 端口

R3#**conf t**　　　　　　　　　　　　　　　　～进入全局配置模式
Enter configuration commands, one per line. End with CNTL/Z.
R3(config)#**int Loopback0**　　　　　　　　　～进入端口配置模式
R3(config-if)# **ip address 3.3.3.3 255.255.255.0**　　～配置端口 IP 地址，掩码
R3(config-if)#**no shutdown**　　　　　　　　　～开启该端口
%LINK-5-CHANGED: Interface Loopback0, changed state to up
R3(config-if)#**end**　　　　　　　　　　　　　～结束配置
%SYS-5-CONFIG_I: Configured from console by console
R3#

类似地为路由器 R4 配置 Loopback0 端口。

实例 2-39：更改路由器 R3 的 Router-ID

R3#**conf t**　　　　　　　　　　　　　　　　～进入全局配置模式
Enter configuration commands, one per line. End with CNTL/Z.
R3(config)#**route ospf 13**　　　　　　　　　 ～进入路由配置模式
R3(config-router)#**router-id ?**　　　　　　　 ～显示 Router-ID 格式
　　A.B.C.D　　OSPF router-id in IP address format
R3(config-router)#**router-id 3.3.3.3**　　　　　 ～配置 Router-ID

R3(config-router)#
Reload or use "clear ip ospf process" command, for this to take effect
R3(config-router)#**end**　　　　　　　　　～结束配置
%SYS-5-CONFIG_I: Configured from console by console
R3#
R3#**clear ip ospf process**　　　　　　～重启 OSPF 进程
Reset ALL OSPF processes? [no]: y
R3#

类似地为路由器 R4 重新配置 Router-ID，使用环回端口地址 4.4.4.4。待协议收敛后，查看路由器 R3 的邻居信息：

R3#**show ip ospf neighbor**

Neighbor ID	Pri	State	Dead Time	Address	Interface
4.4.4.4	1	FULL/DROTHER	00:00:34	172.16.40.4	GigabitEthernet0/0
172.16.30.3	1	FULL/DROTHER	00:00:34	172.16.2.3	GigabitEthernet0/2

R3#

实例 2-40：Router-ID 冲突

首先修改路由器 R4 的 Router-ID 与 R3 一致：

R4#**conf t**　　　　　　　　　　　　～进入全局配置模式
Enter configuration commands, one per line.　End with CNTL/Z.
R4(config)#**route ospf 14**　　　　　　～进入路由配置模式
R4(config-router)#**router-id 3.3.3.3**　　～配置 Router-ID
Reload or use "clear ip ospf process" command, for this to take effect
R4(config-router)#**end**　　　　　　　　～结束配置
%SYS-5-CONFIG_I: Configured from console by console
R4#**clear ip ospf process**　　　　　　～重启 OSPF 进程
Reset ALL OSPF processes? [no]: y
R4#

查看路由器 R3 的邻居信息：

R3#**show ip ospf neighbor**　　　　　　～邻居信息状态处于"EXSTART"

Neighbor ID	Pri	State	Dead Time	Address	Interface
3.3.3.3	1	EXSTART/DR	00:00:30	172.16.40.4	GigabitEthernet0/0
172.16.30.3	1	FULL/DROTHER	00:00:31	172.16.2.3	GigabitEthernet0/2

R3#

显然，由于路由 ID 冲突，R3 和 R4 路由器之间不能进入"FULL"完全邻接状态。

5. 问题思考

(1) 请比较链路状态路由协议 OSPF 和距离矢量路由协议 RIP 的异同点。
(2) 你能说出 OSPF 区域边界路由的工作特点吗？
(3) 在 MD5 验证模式下，有没有可能获得密钥的内容？

2.3.4 NAT 的基本配置

1. 实验原理

NAT 是将 IP 数据报中内网的 IP 地址转换为外网 IP 地址的一个网络协议，主要用于实现内部网络(使用私有 IP 地址)访问外部网络(使用公有 IP 地址)功能。

具有 NAT 功能的常见设备有路由器和防火墙。NAT 转换设备通常维护一个地址转换表，所有经过这个设备并且需要地址转换的数据报都通过这个表进行转换。因为这种设备的功能是实现内部网络对外网的访问，所以它部署的位置一般在两个网络的连接处。

2. 实验目的

(1) 了解 NAT 的应用场景。
(2) 掌握静态 NAT 的配置。
(3) 掌握动态 NAT 的配置。
(4) 熟悉 NAT 转换表的管理。

3. 实验拓扑

本实验模拟的是一个企业网络的应用场景。其中 R0 是路由器，公司内部主机都通过一个交换机 SW1 连接到 R0 路由器，R0 与外部网络的一台服务器 Server0 连接。由于企业内部网络使用私有地址，为了实现内部主机与外网的通信，要求在路由器 R0 上配置 NAT，使内网用户可以访问外网。使用的网络拓扑如图 2-11 所示。

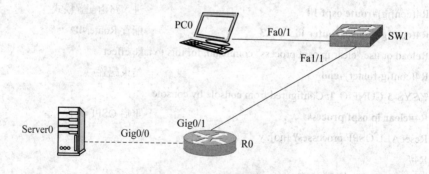

图 2-11 NAT 配置拓扑

实验编址见表 2-9。

表 2-9 实 验 编 址

名称	IP 地址	子网掩码	默认网关	端口
PC0	172.16.1.3	255.255.255.0	172.16.1.1	Fa0
Server0	200.1.1.2	255.255.255.0	200.1.1.1	Fa0
R0(2901)	200.1.1.1	255.255.255.0	N/A	Gig0/0
	172.16.1.1	255.255.255.0	N/A	Gig0/1

注：图 2-11 中的交换机 SW1 不需要编址，这里选择的是 Switch-PT，可以是其他型号交换机；

R0 指路由器名称，2901 指路由器型号；

Fa0 是 FastEthernet0 的缩写；

Gig0 是 GigabitEthernet0 的缩写，/0 指第 0 号端口；

其他指定以此类推。

4．实验步骤

1) 基本配置

使用实验编址进行相应的设备命名和 IP 地址配置，使用 ping 命令检测各直连链路的连通性以及主机 PC0 和服务器 Server0 之间的连通性。

实例 2-41：主机 PC0 和 Server0 之间的连通性检测

```
PC>ping 200.1.1.2 –n 3                    ~检测服务器的连通性

Pinging 200.1.1.2 with 32 bytes of data:
Request timed out.
Request timed out.
Request timed out.
Ping statistics for 200.1.1.2:             ~服务器连接异常
    Packets: Sent = 3, Received = 0, Lost = 3 (100% loss)，
```

2) 静态 NAT 配置

静态 NAT 配置命令是"ip nat inside source static"，命令参数说明见表 2-10，使用 no 选项可删除该静态 NAT 转换。

用法：

ip nat inside source static local-address global-address

ip nat inside source static protocol local-address local-port global-address global-port

表 2-10   ip nat inside source static 命令参数说明

选项	参数含义
local-address	内部本地地址，主机在网络内部的 IP 地址，一般是私有地址
global-address	内部全局地址，主机在外部网络使用的地址，一般是公有地址
protocol	协议，可以是 TCP 或 UDP
local-port	本地地址的服务端口号
global-port	全局地址的服务端口号

第一种格式实现的是一对一的 NAT 映射。一些内部主机不仅需要访问外网，还需要外网用户也能够直接访问到它。使用这种一对一的映射将外网地址映射给内部主机，就可以达到直接访问的目的，如下面的例子。

实例 2-42：静态 NAT 配置实例

```
R0#conf t                                  ~进入全局配置模式。
Enter configuration commands, one per line.   End with CNTL/Z.
R0(config)#int Gig0/0                      ~进入端口配置模式
R0(config-if)#ip address 200.1.1.1 255.255.255.0
R0(config-if)#no shutdown
R0(config-if)#int Gig0/1
```

R0(config-if)#**ip address 172.16.1.1 255.255.255.0**

R0(config-if)#**no shutdown**

R0(config-if)#**exit**

R0(config)#**ip route 0.0.0.0 0.0.0.0 Gig0/0**　　　～配置默认路由

R0(config)#**ip nat ?**　　　　　　　　　　　　　　～显示可使用配置命令

　　inside 　 Inside address translation

　　outside 　Outside address translation

　　pool 　　 Define pool of addresses

R0(config)#**ip nat inside source static 172.16.1.3 200.1.1.80**

R0(config)#**int Gig0/0**

R0(config-if)#**ip nat outside**　　　　　　　　　～表示该接口连接外部网络

R0(config-if)#**int Gig0/1**

R0(config-if)#**ip nat inside**　　　　　　　　　　～表示该接口连接内部网络

R0(config-if)#**end**　　　　　　　　　　　　　　～结束配置

%SYS-5-CONFIG_I: Configured from console by console

R0#

重新检测主机 PC0 和 Server0 之间的连通性：

　　PC>**ping 200.1.1.2 　–n 3**　　　　　　　　～检测 Server0 连通性

Pinging 200.1.1.2 with 32 bytes of data:

Reply from 200.1.1.2: bytes=32 time=0ms TTL=127

Reply from 200.1.1.2: bytes=32 time=0ms TTL=127

Reply from 200.1.1.2: bytes=32 time=0ms TTL=127

Ping statistics for 200.1.1.2:　　　　　　～Server0 连接正常

　　Packets: Sent = 3, Received = 3, Lost = 0 (0% loss),

Approximate round trip times in milli-seconds:

Minimum = 0ms, Maximum = 0ms, Average = 0ms

　　Server0>**ping 200.1.1.80 -n 3**　　　　　　　～检测主机 PC0 连通性

Pinging 200.1.1.80 with 32 bytes of data:

Reply from 200.1.1.80: bytes=32 time=0ms TTL=127

Reply from 200.1.1.80: bytes=32 time=0ms TTL=127

Reply from 200.1.1.80: bytes=32 time=0ms TTL=127

Ping statistics for 200.1.1.80:　　　　　　～主机 PC0 连接正常

　　Packets: Sent = 3, Received = 3, Lost = 0 (0% loss),

Approximate round trip times in milli-seconds:

Minimum = 0ms, Maximum = 0ms, Average = 0ms

实例 2-43：检查路由器 R0 的静态 NAT 协议工作状态和 NAT 映射

R0#**show ip nat ?**　　　　　　　　　　　　　　～显示可使用配置命令

　　statistics　　Translation statistics

　　translations　Translation entries

R0#**show ip nat statistics**　　　　　　　　　　～检查转换统计

Total translations: 1 (1 static, 0 dynamic, 0 extended)

Outside Interfaces: GigabitEthernet0/0

Inside Interfaces: GigabitEthernet0/1

Hits: 7　Misses: 30

Expired translations: 23

Dynamic mappings:

R0#

R0#**show ip nat translations**　　　　　　　　　～检查转换表

Pro	Inside global	Inside local	Outside local	Outside global
---	200.1.1.80	172.16.1.3	---	---

第二种格式可实现一对多的映射，即一个全局地址映射多个内部地址，用端口号区分各个映射。例如

R0(config)#**ip nat inside source static tcp 172.16.1.3 80 200.1.1.2 80**

这个命令定义了一个内部源地址静态 NAT，端口号为 80 的 Web 服务，内网用户可以用 http://172.16.1.3 访问这个网站，外网用户需要用 http://200.1.1.2 访问这个网站。

3) 动态 NAT 配置

动态 NAT 指内网主机在访问外网时不固定使用某个外网 IP 地址，而是从一个地址池中动态地取得一个地址来使用。

实例 2-44：动态 NAT 配置

R0#**conf t**　　　　　　　　　　　　　　　　　　～进入全局配置模式

Enter configuration commands, one per line.　End with CNTL/Z.

R0(config)#**no ip nat inside source static 172.16.1.3 200.1.1.80**

R0(config)#**access-list 10 permit 172.16.1.0 0.0.0.255**　～定义访问列表

R0(config)#**ip nat pool test 200.1.1.200 200.1.1.210** netmask 255.255.255.0

R0(config)#**ip nat inside source list 10 pool test**　～指定地址池的访问列表

R0(config)#**int Gig0/0**

R0(config-if)#**ip nat outside**　　　　　　　　　～表示该接口连接外部网络

R0(config-if)#**int Gig0/1**

R0(config-if)#**ip nat inside**　　　　　　　　　　～表示该接口连接内部网络

R0(config-if)#**end**　　　　　　　　　　　　　　～结束配置

%SYS-5-CONFIG_I: Configured from console by console

R0#

服务器Server0默认安装并启动了FTP服务,而且预先生成了一个用户cisco,其口令也是cisco。下面的实验使用Windows的FTP客户机访问FTP服务器Server0,进而观察路由器中内外网地址的转换情况。

实例2-45:使用FTP客户机检测主机PC0和Server0之间的连通性

```
PC>ftp 200.1.1.2                          ~检测Server0的FTP服务连通性
Trying to connect...200.1.1.2
Connected to 200.1.1.2
220- Welcome to PT Ftp server
Username:cisco                            ~默认用户cisco正常登录
331- Username ok, need password
Password:cisco
230- Logged in
(passive mode On)
ftp>
```

实例2-46:检查路由器R0的动态NAT协议工作状态和NAT映射

```
R0#show ip nat statistics                 ~检查转换统计
Total translations: 13 (0 static, 13 dynamic, 13 extended)
Outside Interfaces: GigabitEthernet0/0
Inside Interfaces: GigabitEthernet0/1
Hits: 292   Misses: 57
Expired translations: 34
Dynamic mappings:
-- Inside Source
access-list 10 pool test refCount 13
 pool test: netmask 255.255.255.0
        start 200.1.1.200 end 200.1.1.210
        type generic, total addresses 11 , allocated 1 (9%), misses 0
R0#
```

```
R0#show ip nat translations               ~检查转换表
Pro   Inside global      Inside local      Outside local     Outside global
tcp 200.1.1.200:1033    172.16.1.3:1033   200.1.1.2:21      200.1.1.2:21
tcp 200.1.1.200:1034    172.16.1.3:1034   200.1.1.2:21      200.1.1.2:21
tcp 200.1.1.200:1035    172.16.1.3:1035   200.1.1.2:21      200.1.1.2:21
```

IP地址池配置命令"ip nat pool"定义了一个IP地址池,使用no选项可删除地址池。ip nat pool命令参数说明见表2-11。

用法:

  ip nat pool pool-name start-address end-address netmask subnet-mask

表 2-11　ip nat pool 命令参数说明

选项	参数含义
pool-name	地址池名字，在动态 NAT 配置命令中用这个名字引用地址池
start-address	地址块起始 IP 地址
end-address	地址块结束 IP 地址
netmask	表示开始设置掩码
subnet-mask	地址块的子网掩码

5．问题思考

(1) 在本实验中，没有涉及命令"ip nat outside"，请大家自行查阅技术资料，了解该命令的使用场景以及用法。

(2) 步骤 2)静态 NAT 配置实验中，在 Server0 向主机 PC0 发送数据报检测连通性的过程中使用的是主机 PC0 外网地址，请问这个返回的原始数据报是由主机 PC0 构造的，还是由路由器构造的？

2.3.5　ACL 的基本配置

1．实验原理

访问控制列表简称为 ACL(Access Control List)。访问控制列表使用数据包过滤技术，在路由器上读取网络层数据报及传输层报文段中的头部信息如源地址、目的地址、源端口和目的端口等，根据预先定义好的规则对数据包进行过滤，从而达到访问控制的目的。最初仅有路由器支持该技术，近些年来已经扩展到交换机，甚至二层交换机也开始提供 ACL 的支持了。

由于 ACL 涉及的配置命令很灵活，功能也很强大，因此在进行本实验之前，需要了解访问控制列表的一些基本使用原则。

(1) 最小特权原则：只给受控对象完成任务所必须的最小权限。

(2) 最靠近受控对象原则：访问权限控制一般在离受控对象最近的路由器或交换机上实施。

(3) 默认丢弃原则：在检查 ACL 规则时是自上而下逐条进行匹配的，只要发现符合条件就立刻转发，而不继续检查后续的 ACL 规则。在一些路由器或交换设备中默认的最后一条 ACL 规则为 DENY ANY，也就是丢弃所有不符合条件的数据包。

由于 ACL 是使用数据过滤技术来实现的，依据的仅仅是数据包头部的部分信息，因此这种技术具有一些固有的局限性。要达到细粒度的端到端权限控制目的，就需要和系统及应用级的访问权限控制结合使用。

2．实验目的

(1) 理解标准和扩展访问控制列表应用场景。

(2) 掌握标准访问控制列表的配置方法。

(3) 掌握扩展访问控制列表的配置方法。

(4) 掌握基于名称的访问控制列表的配置方法。

3. 实验拓扑

本实验模拟一个企业的应用场景。路由器 R0 是企业的分支机构网关，与两个子网相连，其中的一个子网使用交换机和 R0 连接，另一个子网只有一台主机与 R0 直接相连。路由器 R1 代表企业总部的网络，与一个服务器直接相连。整个网络使用 OSPF 协议进行路由。网络的拓扑结构如图 2-12 所示。

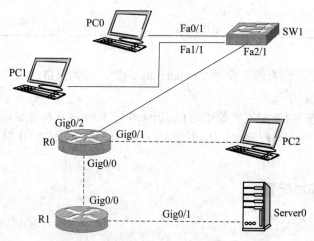

图 2-12 ACL 的基本配置拓扑

实验编址见表 2-12。

表 2-12 实 验 编 址

名称	IP 地址	子网掩码	默认网关	端口
R0(2911)	172.16.0.1	255.255.255.0	N/A	Gig0/0
	172.16.1.1	255.255.255.0	N/A	Gig0/1
	172.16.2.1	255.255.255.0	N/A	Gig0/2
R1(2911)	172.16.0.2	255.255.255.0	N/A	Gig0/0
	172.16.3.1	255.255.255.0	N/A	Gig0/1
PC0	172.16.2.2	255.255.255.0	172.16.2.1	Fa0
PC1	172.16.2.3	255.255.255.0	172.16.2.1	Fa0
PC2	172.16.1.2	255.255.255.0	172.16.1.1	Fa0
Server0	172.16.3.2	255.255.255.0	172.16.3.1	Fa0

注：图 2-12 中的交换机 SW1 不需要编址，这里选择的是 Switch-PT，可以是其他型号交换机；

R0 指路由器名称，2911 指路由器型号；

Fa0 是 FastEthernet0 的缩写；

Gig0 是 GigabitEthernet0 的缩写，/0 指第 0 号端口；

其他指定以此类推。

4. 实验步骤

1) 基本配置

根据实验编址进行相应的配置，使用 ping 命令检测各个直连链路的连通性。

实例 2-47：检测主机 PC0 和路由器 R0 之间的连通性

　　PC>**ping 172.16.1.1 –n 3**　　　　　　～检测路由器 R0 的连通性

　　Pinging 172.16.1.1 with 32 bytes of data:
　　Reply from 172.16.1.1: bytes=32 time=0ms TTL=255
　　Reply from 172.16.1.1: bytes=32 time=0ms TTL=255
　　Reply from 172.16.1.1: bytes=32 time=0ms TTL=255
　　Ping statistics for 172.16.1.1:　　　　～路由器连接正常
　　　　Packets: Sent = 3, Received = 3, Lost = 0 (0% loss)，
　　Approximate round trip times in milli-seconds:
　　Minimum = 0ms, Maximum = 0ms, Average = 0ms

实例 2-48：检测路由器 R0 和 R1 之间的连通性

　　R0#**ping 172.16.0.2**　　　　　　～检测路由器 R1 的连通性

　　Type escape sequence to abort.
　　Sending 5, 100-byte ICMP Echos to 172.16.0.2, timeout is 2 seconds:
　　!!!!!　　　　　　　　　～路由器连接正常
　　Success rate is 100 percent (5/5), round-trip min/avg/max = 0/0/1 ms

其他直连链路的连通性检测这里省略。
在各个直连链路的连通性得到确认后，配置路由器 R0 和 R1 的 OSPF 协议。

　　R0#**conf t**
　　Enter configuration commands, one per line.　End with CNTL/Z.
　　R0(config)#**route ospf 10**
　　R0(config-router)#**network 172.16.0.0 255.255.255.0 area 0**
　　R0(config-router)#**network 172.16.1.0 255.255.255.0 area 0**
　　R0(config-router)#**network 172.16.2.0 255.255.255.0 area 0**
　　R0(config-router)# **end**
　　%SYS-5-CONFIG_I: Configured from console by console
　　R0#

　　R1#**conf t**
　　Enter configuration commands, one per line.　End with CNTL/Z.
　　R1(config)#**route ospf 11**
　　R1(config-router)#**network 172.16.0.0 255.255.255.0 area 0**
　　R1(config-router)#**network 172.16.3.0 255.255.255.0 area 0**
　　R1(config-router)#**end**
　　%SYS-5-CONFIG_I: Configured from console by console
　　R1#

实例 2-49：检测主机 PC0 和服务器 Server0 之间的连通性

　　PC>**ping 172.16.3.2 -n 3**　　　　　　～检测服务器的连通性

Pinging 172.16.3.2 with 32 bytes of data:
Reply from 172.16.3.2: bytes=32 time=0ms TTL=126
Reply from 172.16.3.2: bytes=32 time=0ms TTL=126
Reply from 172.16.3.2: bytes=32 time=0ms TTL=126
Ping statistics for 172.16.3.2:　　　　　　～服务器连接正常
　　Packets: Sent = 3, Received = 3, Lost = 0 (0% loss),
Approximate round trip times in milli-seconds:
　　Minimum = 0ms, Maximum = 0ms, Average = 0ms

2) 基本 ACL 配置

访问控制列表 ACL 分很多种，不同场合应该使用不同的 ACL，其中最简单的就是标准访问控制列表。标准访问控制列表使用 IP 数据报中的源 IP 地址进行过滤，在 Packet Tracer 模拟器中，使用 ACL 号 1 到 99 来创建相应的访问控制列表规则。

用法：

　　access-list ACL 号　permit|deny [源主机范围]

源主机范围可以是任何主机、某一台主机或者一个网段。

当源主机是任何主机时使用"any"表示；如是某一台主机则以"host"开始，然后跟随该主机的 IP 地址。

如果源主机范围是一个网段，那么使用网络地址，然后跟随该网段掩码。

注意：

在 Packet Tracer 模拟器的实验环境中，ACL 访问规则用反向掩码表示子网掩码，例如反向掩码为 0.0.0.255 代表子网掩码为 255.255.255.0。

实例 2-50：路由器 R1 配置 ACL 允许 172.16.2.0/24 网段，禁止 172.16.1.0/24 网段主机访问 172.16.3.0/24 子网

```
R1#conf t                                       ～进入全局配置模式
Enter configuration commands, one per line.  End with CNTL/Z.
R1(config)#access-list ?                        ～显示 ACL 号取值范围
  <1-99>      IP standard access list
  <100-199>   IP extended access list
R1(config)#access-list 2 deny 172.16.1.0 0.0.0.255 ～定义 ACL 规则
R1(config)#access-list 2 permit 172.16.2.0 0.0.0.255
R1(config)#access-list 2 permit 172.16.0.0 0.0.0.255
R1(config)#int Gig0/0                           ～进入端口配置模式
R1(config-if)#ip access-group ?                 ～显示 access-group 命令参数 1
  <1-199>     IP access list (standard or extended)
  WORD        Access-list name
R1(config-if)#ip access-group 2 ?               ～显示 access-group 命令参数 2
  in          inbound packets
  out         outbound packets
```

R1(config-if)#**ip access-group 2 in**　　　～配置端口访问权限
R1(config-if)#**end**　　　　　　　　　　　～结束配置
%SYS-5-CONFIG_I: Configured from console by console
R1#

实例 2-51：检查路由器 R1 的 ACL 配置

  R1#**show access ?**　　　　　　　　　　～显示 show access 命令参数
   <1-199>　　ACL number
   WORD　　　ACL name
   <cr>
  R1#**show access**　　　　　　　　　　　～检查路由器的 ACL 配置
  Standard IP access list 2
   deny 172.16.1.0 0.0.0.255 (19 match(es))
   permit 172.16.2.0 0.0.0.255 (47 match(es))
   permit 172.16.0.0 0.0.0.255 (22 match(es))
  R1#

检测路由器 R1 的 ACL 配置效果，在主机 PC2 上测试与服务器的连通性。

  PC>**ping 172.16.3.2 -n 3**　　　　　～检测服务器的连通性

  Pinging 172.16.3.2 with 32 bytes of data:
  Reply from 172.16.0.2: Destination host unreachable.
  Reply from 172.16.0.2: Destination host unreachable.
  Reply from 172.16.0.2: Destination host unreachable.
  Ping statistics for 172.16.3.2:　　　　～服务器连接正常
  Packets: Sent = 3, Received = 0, Lost = 3 (100% loss)，

实例 2-52：基于主机的 ACL 配置，在路由器 R1 配置 ACL 允许访问 172.16.2.0/24 子网，但是主机 PC0(172.16.2.2)除外，并禁止 172.16.1.0/24 子网主机访问 172.16.3.0/24 子网。

  R1#**conf t**　　　　　　　　　　　　～进入全局配置模式
  Enter configuration commands, one per line. End with CNTL/Z.
  R1(config)#**access-list 2 deny 172.16.2.2**　～定义 ACL 规则
  R1(config)#**int Gig0/0**　　　　　　　　　～进入端口配置模式
  R1(config-if)#**ip access-group 2 in**　　　～配置端口访问权限
  R1(config-if)#**end**　　　　　　　　　　　～结束配置
  %SYS-5-CONFIG_I: Configured from console by console
  R1#

但是经过以上配置，主机 PC0 依然可以访问 172.16.3.0/24 子网。

  PC>**ping 172.16.3.2 -n 3**　　　　　～检测服务器的连通性

  Pinging 172.16.3.2 with 32 bytes of data:
  Reply from 172.16.3.2: bytes=32 time=0ms TTL=126

Reply from 172.16.3.2: bytes=32 time=1ms TTL=126

Reply from 172.16.3.2: bytes=32 time=0ms TTL=126

Ping statistics for 172.16.3.2:   ～服务器连接正常

　　Packets: Sent = 3, Received = 3, Lost = 0 (0% loss),

Approximate round trip times in milli-seconds:

Minimum = 0ms, Maximum = 1ms, Average = 0ms

这时我们需要分析为什么会有这种现象，首先应该检查路由器的 ACL 配置。

R1#**show access**

Standard IP access list 2

　　deny 172.16.1.0 0.0.0.255 (22 match(es))

　　permit 172.16.2.0 0.0.0.255 (63 match(es))

　　permit 172.16.0.0 0.0.0.255 (117 match(es))

　　deny host 172.16.2.2

R1#

原来，刚才配置的 ACL 规则被添加到最后面了，根据 ACL 规则的匹配次序，这条新增的规则没有机会被使用。我们需要重新配置路由器 R1 的 ACL，调整 ACL 的访问顺序。使用以下命令：

R1#**conf t**

Enter configuration commands, one per line.　End with CNTL/Z.

R1(config)#**access-list 2 deny 172.16.2.2**

R1(config)#**access-list 2 permit 172.16.2.0 0.0.0.255**

R1(config)#**access-list 2 deny 172.16.1.0 0.0.0.255**

R1(config)#**access-list 2 permit 172.16.0.0 0.0.0.255**

R1(config)#**int Gig0/0**

R1(config-if)#**ip access-group 2 in**

R1(config-if)# **end**

%SYS-5-CONFIG_I: Configured from console by console

R1#

重新检查 R1 的 ACL 配置，可以发现这一次达到配置要求了。

R1#**show access**

Standard IP access list 2

　　deny host 172.16.2.2 (3 match(es))

　　permit 172.16.2.0 0.0.0.255 (4 match(es))

deny 172.16.1.0 0.0.0.255

　　permit 172.16.0.0 0.0.0.255 (14 match(es))

R1#

3）扩展 ACL 配置

扩展访问控制列表是一种高级的 ACL，可以对数据包的端口字段进行过滤。使用扩展访问列表可以有效地控制用户访问某个网段但是同时又禁止使用某个特定服务(例如 WWW，FTP 等)。扩展访问控制列表使用的 ACL 号为 100 到 199。

用法：

  access-list ACL 号　permit|deny　　[协议] [源主机范围] [源端口] [目的主机范围] [目的端口]

实例 2-53：扩展访问控制列表命令格式

  R1#**conf t**　　　　　　　　　　　　　　　　　　　～进入全局配置模式

  Enter configuration commands, one per line.　End with CNTL/Z.

  R1(config)#**access-list 101 deny tcp any host 192.168.1.1 eq www**

  R1(config)#**end**　　　　　　　　　　　　　　　　～结束配置

  %SYS-5-CONFIG_I: Configured from console by console

  R1#

这个命令将限制所有主机访问 192.168.1.1 这个地址 WWW 服务 TCP 连接的数据报。

实例 2-54：扩展 ACL 配置，禁止主机 PC0(172.16.2.2)访问服务器 Server0(172.16.3.2)

  R1#**conf t**　　　　　　　　　　　　　　　　　　　～进入全局配置模式

  Enter configuration commands, one per line.　End with CNTL/Z.

  R1(config)#**no access-list 2**

  R1(config)#**access-list 101 deny ip host 172.16.2.2 172.16.3.2 0.0.0.255**

  R1(config)#**access-list 101 permit ip any any**　　　～配置扩展访问控制列表

  R1(config)#**int Gig0/0**　　　　　　　　　　　　　～进入端口配置模式

  R1(config-if)#**ip access-group 101 in**　　　　　　　～配置端口访问权限

  R1(config-if)#**end**　　　　　　　　　　　　　　　～结束配置

  %SYS-5-CONFIG_I: Configured from console by console

  R1#

重新检查 R1 的 ACL 配置，显示访问控制列表 101 已配置完毕。

  R1#**show access 101**

  Extended IP access list 101

    deny ip host 172.16.2.2 172.16.3.0 0.0.0.255 (3 match(es))

    permit ip any any (79 match(es))

  R1#

  4) 基于名称的访问控制列表的使用方法

  前面使用的标准访问控制列表和扩展访问控制列表有一个弊端，那就是当设置好 ACL 的规则后发现其中的某条有问题，如果希望进行修改或删除的话只能将全部 ACL 信息都删除。也就是说修改一条或删除一条都会影响到整个 ACL 列表。这个问题给实际的工作带来了很多麻烦，我们可以用基于名称的访问控制列表来解决。使用基于名称的访问控制列表进行管理，可以减少很多后期维护工作，方便随时进行 ACL 规则的调整。

实例 2-55：基于名称的访问控制列表

  R1#**conf t**　　　　　　　　　　　　　　　　　　　～进入全局配置模式

  Enter configuration commands, one per line.　End with CNTL/Z.

  R1(config)#**no access-list 101**

```
R1(config)#ip access-list ?              ~基于名称的 ACL 定义以 ip 开始
   extended    Extended Access List
   standard    Standard Access List
R1(config)#ip access-list standard ?     ~名称取值范围
   <1-99>    Standard IP access-list number
   WORD      Access-list name
R1(config)#ip access-list standard test  ~定义基于名称的 ACL
R1(config-std-nacl)#deny 172.16.2.2
R1(config-std-nacl)#permit 172.16.2.0 0.0.0.255
R1(config-std-nacl)#deny 172.16.1.0 0.0.0.255
R1(config-std-nacl)#permit 172.16.0.0 0.0.0.255
R1(config-std-nacl)#exit                 ~结束定义
R1(config)#int Gig0/0
R1(config-if)#ip access-group test in
R1(config-if)#end                        ~结束配置
%SYS-5-CONFIG_I: Configured from console by console
R1#
```

重新检查 R1 的 ACL 配置，显示访问控制列表 test 已配置完毕。

```
R1#show access test
Standard IP access list test
    deny host 172.16.2.2
    permit 172.16.2.0 0.0.0.255
    deny 172.16.1.0 0.0.0.255
    permit 172.16.0.0 0.0.0.255 (35 match(es))
R1#
```

实例 2-56：删除 ACL 规则 "deny 172.16.1.0 0.0.0.255"

```
R1#conf t                                ~进入全局配置模式
Enter configuration commands, one per line.  End with CNTL/Z.
R1(config)#ip access-list standard test  ~修改基于名称的 ACL
R1(config-std-nacl)#no deny 172.16.1.0 0.0.0.255
R1(config-std-nacl)# end                 ~结束配置
%SYS-5-CONFIG_I: Configured from console by console
R1#
```

重新检查 R1 的 ACL 配置，显示访问控制列表中该规则已删除。

```
R1#show access test
Standard IP access list test
    deny host 172.16.2.2
    permit 172.16.2.0 0.0.0.255
    permit 172.16.0.0 0.0.0.255 (41 match(es))
```

R1#

5．问题思考

（1）本实验的配置如果发生在路由器 R0 的 Gig0/2 端口，其效果会发生变化吗？请大家验证自己的分析结果。

（2）路由器能否使用本地的 ACL 规则过滤本地的数据包？

（3）请大家在基于名称的访问控制列表中添加一条 ACL 规则，观察它是如何处理规则之间的前后顺序的。

2.3.6 DHCP 的基本配置

1．实验原理

主机如果要与网络中的其他计算机进行通信，就需要配置一个 IP 地址。在第 1 部分大家用手工指定的方式为自己的主机配置了一个静态的 IP 地址，但是很多时候好像在没有为主机配置 IP 地址的情况下，计算机也能与网络中其他主机进行通信。其实这时候主机使用了另外一种 IP 地址的配置方式：动态主机 IP 地址配置。

DHCP(Dynamic Host Configuration Protocol)的发明解决了两个问题，首先满足了主机的移动性，方便了计算机 IP 地址的配置，其次解决了 IP 地址的复用问题。

DHCP 协议采用服务器和客户机的工作方式。当一台主机希望获得一个 IP 地址以满足联网需求的时候，主机作为客户端向 DHCP 服务器发起 IP 地址的请求，DHCP 服务器根据管理员的 IP 地址分配策略和预先的配置向客户机返回相应的 IP 地址、子网掩码、网关和域名服务器。

DHCP 客户端和服务器之间的交互分为四个阶段：发现服务器、服务器 IP 地址提供、客户机选择 IP 地址、服务器确认。在本书的第 4 部分将对这个过程进行详细的分析。

DHCP 服务器经常被部署在路由器上。例如家用的无线路由器就有 DHCP 功能，能为笔记本电脑、智能手机等智能设备提供动态主机配置服务。因此本书将 DHCP 协议基本配置的实验内容安排在了网络的互联这一部分。

2．实验目的

（1）了解 DHCP 协议和 DHCP 中继的应用场景。

（2）掌握 DHCP 服务器和 DHCP 中继的基本配置方法。

（3）掌握配置和检测 DHCP 客户端的方法。

3．实验拓扑

在动态主机配置协议的工作过程中，客户机采用广播的方式发送请求消息发现服务器。由于使用了局域网广播，这个消息是不能在其他的子网中传播的。在实际使用中，一个企业的网络为了方便管理，通常会划分成多个子网。当多个子网的主机都需要进行动态主机配置并获取 IP 地址的时候，在每一个子网都设置一个 DHCP 服务器对本地子网提供服务是一种解决方案，但这显然会增加管理员的工作负担。另外一种解决方案是通过 DHCP 中继，将不同子网的 DHCP 请求转发到一个负责整个网络 IP 地址分配的 DHCP 服务器，统一进行 IP 地址分配和管理。这种策略的好处是即减轻了管理员的工作负担，同时也简化了 IP

地址的分配和管理。

本实验通过在一个二层交换机上划分 VLAN，模拟不同工作部门中的 IP 地址配置请求。同时使用一个三层交换机，中继所有的 DHCP 请求到一个 DHCP 服务器，由这个 DHCP 服务器负责 IP 地址的分配。虽然在本实验中使用了三层交换机作为 DHCP 中继，但大家需要了解路由器本身也可以作为 DHCP 中继。本实验的拓扑结构如图 2-13 所示，大家特别要注意二层交换机 SW2 的 VLAN 划分，以及主机与对应端口的连接关系。

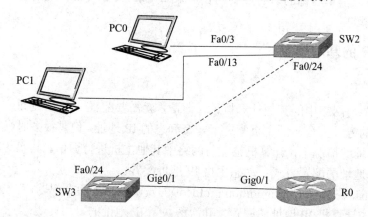

图 2-13 DHCP 基本配置的拓扑结构

实验编址见表 2-13。

表 2-13 实 验 编 址

名称	IP 地址	子网掩码	默认网关	端口
R0 (2901)	200.1.1.1	255.255.255.0	N/A	Gig0/1
SW3(3560)	200.1.1.2	255.255.255.0	N/A	Gig0/1
	192.168.1.1	255.255.255.0	N/A	VLAN10
	192.168.2.1	255.255.255.0	N/A	VLAN20
PC0	DHCP		N/A	Fa0
PC1	DHCP		N/A	Fa0

注：图 2-13 中的交换机 SW2 不需要编址，仅需指定 VLAN 端口；这里选择的交换机型号是 2960，也可以是其他支持 VLAN 的交换机型号；

R0 指路由器名称，2901 指路由器型号；

Fa0 是 FastEthernet0 的缩写；

Gig0 是 GigabitEthernet0 的缩写，/0 指第 0 号端口；

其他指定以此类推。

4. 实验步骤

1) 主机 PC0 和 PC1 配置

根据实验编址进行相应的配置。在本实验中，由于主机 PC0 和 PC1 的 IP 地址是动态获得的，因此端口在配置时选择"DHCP"，如图 2-14 所示。

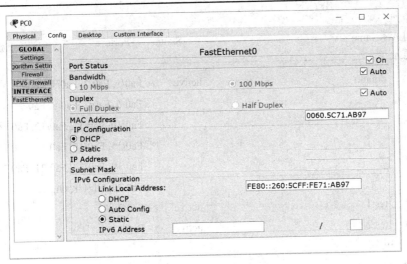

图 2-14 主机 PC0 和 PC1 的 IP 地址配置

2) SW2 配置

首先在二层交换机 SW2 上配置 VLAN 10 和 VLAN 20。

实例 2-57：二层交换机 VLAN 10 配置、Access 端口指定(Fa0/3)，VLAN 20 配置、Access 端口指定(Fa0/13)，Trunk 端口配置 (Fa0/24)

```
SW2# conf t                                    ~进入全局配置模式
Enter configuration commands, one per line.  End with CNTL/Z.
SW2 (config)#vlan 10                           ~进入 VLAN 配置模式
SW2 (config-vlan)#name test1                   ~配置 VLAN 名称
SW2 (config-vlan)#exit
SW2 (config)#int Fa0/3
SW2 (config-if)#switchport access vlan 10      ~配置 Access 端口
SW2 (config-if)#exit
SW2 (config)#vlan 20                           ~开始 VLAN 20 的配置
SW2 (config-vlan)#name test2
SW2 (config-vlan)#exit
SW2 (config)#int Fa0/13
SW2 (config-if)#switchport access vlan 20
SW2 (config-if)#exit
SW2 (config)#int Fa0/24
SW2 (config-if)#switchport mode trunk          ~配置 Trunk 端口
SW2 (config-if)#end                            ~结束配置
%SYS-5-CONFIG_I: Configured from console by console
SW2#
```

实例 2-58：检查二层交换机 VLAN 设置

```
SW2#show vlan                                  ~确认 VLAN 配置
```

VLAN	Name	Status	Ports
1	default	active	Fa0/1, Fa0/2, Fa0/4, Fa0/5
			Fa0/6, Fa0/7, Fa0/8, Fa0/9
			Fa0/10, Fa0/11, Fa0/12, Fa0/14
			Fa0/15, Fa0/16, Fa0/17, Fa0/18
			Fa0/19, Fa0/20, Fa0/21, Fa0/22
			Fa0/23, Gig1/1, Gig1/2
10	test1	active	Fa0/3
20	test2	active	Fa0/13

…

SW2 #

实例 2-59：检查二层交换机 trunk 端口设置

SW2 #**show interface trunk**　　　　　　～确认 trunk 端口配置

Port	Mode	Encapsulation	Status	Native vlan
Fa0/24	on	802.1q	trunking	1

Port	Vlans allowed on trunk
Fa0/24	1-1005

Port	Vlans allowed and active in management domain
Fa0/24	1, 10, 20

Port	Vlans in spanning tree forwarding state and not pruned
Fa0/24	1, 10, 20

SW2 #

3) SW3 配置

在完成 SW2 的配置后，开始在 SW3 进行关于 DHCP 中继的配置。

实例 2-60：三层交换机路由端口(Gig0/1)配置、VLAN 端口配置和 DHCP 中继配置

SW3# **conf t**　　　　　　　　　　　　　　～进入全局配置模式

Enter configuration commands, one per line.　End with CNTL/Z.

SW3(config)#**int Gig0/1**

SW3(config-if)#**no switchport**　　　　　　　～关闭端口交换模式

SW3(config-if)#**ip ?**　　　　　　　　　　　～显示端口 IP 配置命令格式

　access-group　　Specify access control for packets

　address　　　　Set the IP address of an interface

　hello-interval　　Configures IP-EIGRP hello interval

　…

SW3(config-if)#**ip address 200.1.1.2 255.255.255.0**

SW3(config-if)#**no shutdown**　　　　　　　～启用端口

SW3(config-if)#**exit**

```
SW3(config)#vlan 10                              ~开始 VLAN 10 的配置
SW3(config-vlan)#name test1
SW3(config-vlan)#exit
SW3(config)#int vlan 10                          ~设置 VLAN 端口地址
SW3(config-if)#ip address 192.168.1.1 255.255.255.0
SW3(config-if)#ip helper-address 200.1.1.1       ~设置 DHCP 服务器地址
SW3(config-if)#exit
SW3(config-if)#vlan 20                           ~开始 VLAN 20 的配置
SW3(config-vlan)#name test2
SW3(config-vlan)#exit
SW3(config-if)#int vlan 20
SW3(config-if)#ip address 192.168.2.1 255.255.255.0
SW3(config-if)#ip helper-address 200.1.1.1       ~设置 DHCP 服务器地址
SW3(config-if)#exit
SW3(config)#
SW3(config)#ip routing                           ~启用路由
SW3(config)#end                                  ~结束配置
%SYS-5-CONFIG_I: Configured from console by console
SW3#
```

实例 2-61：检查 VLAN 端口及路由端口配置

```
SW3#show run                                     ~检查 SW3 运行状态
Building configuration...

Current configuration : 1422 bytes
  ...
ip routing
  ...
interface GigabitEthernet0/1                     ~路由器连接端口
  no switchport
  ip address 200.1.1.2 255.255.255.0
  duplex auto
  speed auto
  ...
interface Vlan10                                 ~VLAN 10 端口
  ip address 192.168.1.1 255.255.255.0
  ip helper-address 200.1.1.1
!
interface Vlan20                                 ~VLAN 20 端口
  ip address 192.168.2.1 255.255.255.0
```

```
        ip helper-address 200.1.1.1
        ...
        SW3#
```

检查三层交换机 SW3 的路由表。

```
        SW3#show ip route
        Codes: C - connected, S - static, I - IGRP, R - RIP, M - mobile, B - BGP
        ...
        Gateway of last resort is not set
        C    192.168.1.0/24 is directly connected, Vlan10
        C    192.168.2.0/24 is directly connected, Vlan20
        C    200.1.1.0/24 is directly connected, GigabitEthernet0/1
```

4) 路由器 R0 的 DHCP 配置

实例 2-62：DHCP 路由器地址池、网关、域名服务器配置

```
        R0#conf t                                           ~进入全局配置模式
        Enter configuration commands, one per line.  End with CNTL/Z.
        R0(config)#int Gig0/1                               ~连接三层交换的接口
        R0(config-if)#ip add 200.1.1.1 255.255.255.0
        R0(config-if)#no shutdown
        R0(config-if)#exit
        R0(config)#
        R0(config)#ip dhcp pool test1
        R0(dhcp-config)#network 192.168.1.0 255.255.255.0   ~VLAN 10 的地址池
        R0(dhcp-config)#default-router 192.168.1.1          ~默认网关
        R0(dhcp-config)#dns-server 1.1.1.1                  ~域名服务器
        R0(dhcp-config)#exit
        R0(config)#
        R0(config)#ip dhcp pool test2
        R0(dhcp-config)#network 192.168.2.0 255.255.255.0   ~VALN 20 的地址池
        R0(dhcp-config)#default-router 192.168.2.1          ~默认网关
        R0(dhcp-config)#dns-server 1.1.1.1                  ~域名服务器
        R0(dhcp-config)#exit
        R0(config)#
        R0(config)#ip dhcp excluded-address 192.168.1.1     ~排除网关 IP
        R0(config)#ip dhcp excluded-address 192.168.2.1
        R0(config)#
        R0(config)#ip route 192.168.1.0 255.255.255.0 200.1.1.2   ~去往 VLAN 10 的路由
        R0(config)#ip route 192.168.2.0 255.255.255.0 200.1.1.2   ~去往 VLAN 20 的路由
        R0(config)#end                                      ~结束配置
        %SYS-5-CONFIG_I: Configured from console by console
```

R0#

实例 2-63：检查 DHCP 工作状态

R0>**show ip dhcp binding**　　　　　　　　　　～检查 DHCP 当前绑定

IP address	Client-ID/ Hardware address	Lease expiration	Type
192.168.1.2	0001.424D.2D61	--	Automatic
192.168.2.2	0001.4319.D5CC	--	Automatic

R0>

实例 2-64：检查路由器 R0 转发表

R0>**show ip route**　　　　　　　　　　　　　～检查路由器转发表

Codes: L - local, C - connected, S - static, R - RIP, M - mobile, B - BGP

　…

Gateway of last resort is not set

S　　192.168.1.0/24 [1/0] via 200.1.1.2

S　　192.168.2.0/24 [1/0] via 200.1.1.2

　　　200.1.1.0/24 is variably subnetted, 2 subnets, 2 masks

C　　200.1.1.0/24 is directly connected, GigabitEthernet0/1

L　　200.1.1.1/32 is directly connected, GigabitEthernet0/1

R0>

实例 2-65：检查 PC0 的 IP 配置

PC>**ipconfig**　　　　　　　　　　　　　　～验证主机 PC0 的 IP 配置

FastEthernet0 Connection:(default port)

Link-local IPv6 Address.........: FE80::201:42FF:FE4D:2D61

IP Address.......................: 192.168.1.2　　～分配的 IP 地址

Subnet Mask......................: 255.255.255.0　～子网掩码

Default Gateway..................: 192.168.1.1　　～默认网关

同时检查 PC0 到路由器 R0 的连通性，结果显示连接正常。

PC>**ping 200.1.1.1 -n 3**

Pinging 200.1.1.1 with 32 bytes of data:

Reply from 200.1.1.1: bytes=32 time=0ms TTL=254

Reply from 200.1.1.1: bytes=32 time=0ms TTL=254

Reply from 200.1.1.1: bytes=32 time=0ms TTL=254

Ping statistics for 200.1.1.1:

　　Packets: Sent = 3, Received = 3, Lost = 0 (0% loss)，

Approximate round trip times in milli-seconds:

Minimum = 0ms, Maximum = 0ms, Average = 0ms

5. 问题思考

(1) 你能设计实验分析 DHCP 服务器从地址池分配 IP 地址的顺序吗？你觉得服务器应该从最大的 IP 地址还是最小的 IP 地址开始分配呢？

(2) 在本实验中，当三层交换机 SW3 充当中继代理时，客户机的 DHCP 请求经过三层交换机中继到达路由器的 DHCP 服务器。这里定义了两个子网，那么路由器 R0 是如何区分来自不同网络的 DHCP 请求的？

第 3 部分　网络的应用

通过前面两部分的学习大家已经知道如何构建一个局域网，以及如何把这些局域网和其他网络互联起来。这一部分将介绍网络的应用，也就是人们建设计算机网络的最终目的。网络应用是计算机网络存在的理由。在过去的 50 多年里，人们发明了很多网络应用，正是这些应用推动了计算机网络的发展，使它成为我们生活和工作的重要组成部分。

本部分首先简单介绍有关网络应用的原理和实现。首先介绍概念，包括应用程序所需要的网络传输服务、客户机和服务器模式、网络编程的 Socket 接口；然后讨论几种最重要的网络应用，包括 DNS、Web 服务等；最后介绍一个简单的 TCP 网络编程实例。

3.1　基 础 知 识

3.1.1　网络应用程序的体系结构

现在人们使用的大部分应用程序都是网络应用程序。即使是一个单机版的应用，开发人员为了保护他们的版权或者给用户提供更好的服务，也会在用户使用期间让程序自动联系公司的服务器确认版权或者升级软件版本。这个单机版的应用表现出来的特性就是一个典型的网络应用特性。那么这些网络应用程序都采用了什么样的体系结构呢？从网络通信的角度来说，这些网络应用程序的体系结构或者计算模式大致可以分为三类：客户机/服务器(Client/Server，C/S)结构、端到端(Peer-to-Peer，P2P)结构和混合结构。

1. 客户机/服务器结构

在一个传统的客户机/服务器结构中，网络应用程序被分为了两类：客户机和服务器。本部分内容中所指的服务器不是物理意义上的一台设备，而是一个软件。客户机也一样，不是特指 PC、笔记本电脑或手机，而是一个软件的概念。更确切地说客户机/服务器结构是人们在 20 世纪提出的一种计算模式。采用这种计算模式的软件系统把复杂的计算和管理任务交给网络上性能较好的机器——服务器，而把一些简单的与用户交互的任务交给前端较便宜的计算机——客户机。通过这种方式，将任务合理配置到客户端和服务器端，在合理分配硬件配置的前提下，实现网络上信息资源的共享。

一般认为客户机是主动发起通信的一方，而服务器是被动接受服务请求的一方。作为服务器，一般要求其 IP 地址相对固定，而且服务时间也是相对固定的，例如 24×7 对外提供服务。

大家熟悉的 Web 应用是一种典型的客户机/服务器结构。Web 服务器在特定的上下文中可能指一台物理意义上安装配置有 Web 服务软件并且性能较好的机器。但在这里，它仅表示一种服务。例如在实验部分要学习的 Apache Web 服务器软件就提供这样一种服务，一种向客户提供所请求网页的服务。在这种结构中充当客户机的是浏览器(Browser)，例如 Internet Explorer、Chrome 等。Browser/Server 这种客户机/服务器结构在今天的互联网中是如此的重要和普及，以至于人们更倾向于使用 B/S 结构来描述使用 Web 应用为客户提供服务的模式，从而忽略了客户机/服务器结构。

2．端到端结构

在客户机/服务器结构中，有相对固定的请求、响应两种角色，而在端到端结构中请求、响应这两种角色就相对模糊了。首先这里没有专门对外提供服务的服务器，其次是通信的双方具有平等的地位。地位的平等意味着在某一时刻应用程序 A 可能请求应用程序 B 提供服务，在下一个时刻应用程序 B 可能反过来请求 A 的服务。

曾经非常流行的 P2P 文件分发协议 BitTorrent 可以认为是端到端结构的典型代表。这个应用曾经在网络带宽匮乏的年代给人们带来了很大的方便，因为那时候人们都用它来下载最新发布的软件或者电影等。

BitTorrent 是一个由 Bram Cohen 自主开发的内容分发协议。它采用高效的软件分发系统和端到端技术共享大体积文件(如一部电影)，并使每个用户在获得文件的部分内容后就提供上传服务。因为文件分片进行传输处理，不同的用户可能从原始服务器上获得不同的分片，这就导致用户手中有不同的分片拷贝。用户之间可以相互转发自己所拥有的文件分片，直到每个用户的下载全部完成。这种方法可以使下载服务器同时处理多个大体积文件的下载请求，而无需占用大量带宽。在使用 BitTorrent 的时候，一个用户从别人那里下载时它是客户机，当给别人提供下载服务的时候，它就是服务器。客户机和服务器的身份是在变化的，甚至在某一时段同时具有这两种身份。例如它在下载的同时也在提供上传服务，这时候这台主机既是客户机又是服务器。

P2P 技术是互联网发展的核心创新之一，一度被认为是一种代表宽带互联网未来的关键技术。但是随着计算机网络技术的进步，用户可以专享使用的带宽越来越丰裕，P2P 技术的重要性似乎有下降的趋势。

3．混合结构

使用混合结构的网络应用程序很多，采用这种结构的应用程序同时具有客户机/服务器和 P2P 结构的特征。

许多即时消息应用，例如 QQ，它的服务器被用于跟踪用户当前的 IP 地址。但用户到用户的消息传递是在客户端之间直接进行的，而不经过中间服务器或者其他用户。回顾登录一个即时消息应用的过程，当你输入用户名和密码时，客户端会向即时消息系统服务器发送一个认证请求，服务器接收这个认证请求并在处理后返回认证结果。如果通过认证，服务器会返回当前在线好友的列表。这个认证过程是典型的客户机/服务器的交互过程。而当大家使用即时消息软件客户端与好友聊天的时候，如果是你首先发起聊天，那你就是客户机，你朋友就是服务器。如果你接受朋友的聊天请求，那么你和你朋友之间的角色就刚好互换了。

3.1.2 网络提供的传输服务

大部分应用程序都运行在操作系统提供的系统环境中。从操作系统的角度来看，应用程序之间进行的网络通信，实际上是进程与进程之间的通信。进程是程序在主机系统中的一次执行。两个进程运行在同一台计算机上的时候，它们可以使用操作系统提供的进程间通信机制相互通信，例如信号量、共享内存、管道等。当两个进程运行在不同的主机系统上的时候，进程间通信就需要使用操作系统提供的另外一种通信服务了，那就是网络通信。当然运行在同一台计算机上的两个进程间进行网络通信也是可行的。

更确切地说，进程通过网络通信交换消息是一个发送进程创建并向接收进程发送数据包，接收进程接收这些数据包并负责返回可能的响应消息的过程。对应用程序来说，最基本的传输协议有三种：TCP、UDP 和 IP 协议。

操作系统提供编程接口，就像用 C 语言在屏幕上输出一个字符串要调用 printf()函数，或者从键盘接收一个字符串要调用 scanf()函数一样，应用程序调用这种网络通信服务实现进程间的网络通信。这个编程接口有个专门的名字叫套接字(Socket)。3.1.4 节将介绍这个编程接口。

1. TCP 传输服务

通过上一部分的学习，大家已经知道 IP 数据报在网络内部的流动过程中，可能会经历延迟，极端的情况下会出现数据报丢失的现象。应用程序开发人员在软件开发过程中会遇到很多麻烦，他们在满足客户的各种需求之外如果还要考虑网络通信的可靠性问题的话，将为开发人员增加不少的负担。为了解决这个问题，操作系统为应用程序提供了一种可靠的传输服务，这就是 TCP 传输服务。

对于应用程序开发人员来讲，其实不需要关心操作系统是如何做到可靠通信这一点的。这个问题是微软、谷歌这些操作系统厂家要考虑的问题。开发人员仅需要了解网络层不可靠的 IP 数据报传输封装成可靠传输的基本过程。这个过程中的一个重要原则是**确认和重传**。确认是指发送进程发送一段数据(这时候操作系统传输层模块处理的数据结构叫报文段)进入网络以后，接收方应该给出正确接收的确认。如果发送进程没有收到接收进程正确接收的确认信息，那么它就要进行重传，直到对方正确地接收。

由于数据在发送进程到接收进程的一路上都有可能出错，所以需要对报文段进行校验和计算。校验和计算的结果可以使接收方确认数据的正确性。这里需要注意的是 TCP 报文段校验和的计算覆盖 TCP 首部和数据字段，而 IP 首部中的校验和只覆盖 IP 数据报的首部，不覆盖数据报中的任何数据。由于数据可能在传输的路上被某个路由器丢弃，例如在输出端口队列排队时因缓存不够而被丢弃，因此发送方需要一个超时定时器来估计报文段是否丢失。当接收方接收到错误的数据就会返回否定的确认，此时发送方就需要重传。因此在肯定的确认信息回来之前发送方就需要暂时的发送缓存放置这些等待发送/确认的数据。也正是由于要重传，接收方就有可能接收到前后混淆的报文段。因此接收方需要对每个报文段进行序号编码。由于接收方可能会接收到到达顺序混淆的报文段，因此它也需要一个接收缓存。所以 TCP 协议使用了可靠数据传输机制，如确认和重传、校验和、超时定时器、报文段序号编码、发送缓存和接收缓存等，来保证发送进程和接收进程之间的可靠通信。

因为可靠传输机制太复杂，在一个发送进程开始向接收进程发送数据之前两个进程必须先相互"握手"协商，即它们之间必须交换某些预备信息以建立连接。TCP协议"握手"的过程实质是双方进行初始化准备数据发送和接收的缓冲区，以及许多连接控制状态变量的过程。

首先要了解这个"连接"不是一条如电话网络中的端到端电路。因为连接的状态保留在发送主机和接收主机两个端系统中。一路上的中间网络设备(路由器和交换机)，对这个TCP连接完全不知情。因为它们只处理封装有这个TCP连接所属报文段的IP数据报，而不会关心IP数据报里面具体的内容。其次需要知道这个"连接"是双向的，发送和接收双方都各自有自己的发送和接收缓存，它们能够同时接收和发送数据。

大家可以通过观察报文段中相关的字段来了解这个连接的管理过程。

TCP的首部格式如图3-1所示。

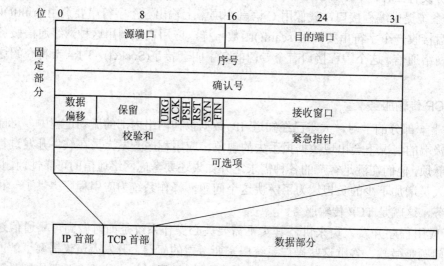

图3-1　TCP报文段首部格式

(1) 源端口(Source Port)和目的端口(Destination Port)。

TCP的首部包含源端口号和目的端口号。这两个端口号被操作系统用于区分来自或交付给应用层程序的数据。例如目的端口号为80的报文段，通常会交付给Web应用程序；而53号端口的报文段通常会交付给DNS域名服务器程序。操作系统实际上会使用Source IP、Destination IP、Source Port、Destination Port，这四个字段联合来区分一个报文段需要交付的TCP连接。在一个操作系统上一般会运行许多网络应用程序。假设有10个网络应用程序同时对外进行网络通信，那么操作系统就会为这10个应用程序开辟发送/接收缓冲区。当有一个报文段进入这台主机时，操作系统就需要将这个报文段放置到一个正确的接收缓冲区。这时操作系统就用上述四个字段来决定具体放置到哪一个应用程序的缓冲区。那么为什么仅仅考虑目的端口号是不够的呢？感兴趣的读者可以结合Web服务器和浏览器交互的具体情况来分析这个问题。

(2) 序号(Sequence Number)。序号是发送报文段中第一个字节在本次连接发送的字节流序列中的编号。

(3) 确认号(Acknowledgment Number)。发送方和接收方使用序号和确认号来实现可靠数据传输服务。

TCP 把一次连接过程中发送的数据看成一个有序的字节流。序号是相对于传送的字节流而言的，它与传送的报文段序列顺序无关。

怎么理解一个报文段的序号是该报文段首字节在本次连接发送的字节流序列中的编号呢？

假设发送主机上的一个进程通过一个 TCP 连接向接收主机发送一个数据流。发送主机操作系统中的 TCP 协议模块会将数据流中的每一个字节进行编号。假定数据流包含 3000 字节，一次传送的报文段大小为 1000 字节，那么 TCP 会将该数据流封装成 3 个报文段。如果随机选择起始编号(大家需要思考一下为什么需要随机选择起始编号)，例如选择数据流的首字节编号为 7，这时第一个报文段的序号被赋为 7；第二个报文段的序号被赋为 1007；第三个报文段的序号被赋为 2007。

至于确认，接收主机一般会采用捎带确认的方法来实现这个功能。一般数据的流动是双向的，接收主机在接收数据时也会发送数据，接收主机就可以在它发送的报文段中进行捎带确认。接收主机返还给发送主机报文段中的确认号是接收主机期望从发送主机收到的下一个报文段的序号。

(4) 数据偏移(Data Offset)。数据偏移长度为 4 位，该字段的值是 TCP 首部(包括选项)长度除以 4 的所得值。

(5) 标志位。标志位包括以下几种：

URG：表示 Urgent Pointer 字段有意义；

ACK：表示 Acknowledgment Number 字段有意义，即该报文段中包含有确认信息；

PSH：表示 Push 功能；

RST：表示复位 TCP 连接；

SYN：表示 SYN 报文(在建立 TCP 连接的时候使用)；

FIN：表示没有数据需要发送了(在关闭 TCP 连接的时候使用)。

(6) 接收窗口(Window)。接收窗口表示接收缓冲区的空闲空间，长度为 16 位，接收方用它来告诉 TCP 连接发送方当前接收缓冲区的空闲空间，即它能够接收的最大数据长度。

(7) 校验和(Checksum)。

(8) 紧急指针(Urgent Pointers)。紧急指针只有 URG 标志位被设置时才有意义，表示紧急数据相对序号(Sequence Number 字段的值)的偏移。

介绍完 TCP 报文段首部字段后，就可以描述 TCP 连接的建立和关闭了。

TCP 使用三次握手协议建立连接。当 TCP 客户端发出 SYN 置位连接请求后，等待 TCP 服务器端响应 SYN+ACK 置位报文段，并最终对服务器方的响应报文段执行 ACK 确认。

TCP 三次握手的具体过程如下：

SYN：客户端发送 SYN(SEQ=x，x 为随机选择的初始序号)报文段给服务器端，进入 SYN_SEND 状态。

SYN+ACK：服务器端收到 SYN 报文，回应一个 SYN (SEQ=y，y 也是随机选择的初始序号) + ACK(ACK=x+1)报文，进入 SYN_RECV 状态。

ACK：客户端收到服务器端的 SYN+ACK 报文，回应一个 ACK(ACK=y+1)报文，进入 Established 状态。

三次握手完成，TCP 客户端和服务器端成功地建立连接，也就代表发送/接收缓冲区以及相应的控制变量信息各自初始化完成，它们已经可以开始传输数据了。

TCP 协议建立一个连接需要三次握手，而终止一个连接要经过双方确认，这个确认过程的完成需要交互四个报文段。具体过程如下：

① 通信双方某一端的 TCP 进程发送一个标志位 FIN 置位的报文段，进入"主动关闭"(active close)的过程。

② 接收到这个 FIN 的对端执行"被动关闭"(passive close)过程，它返回给对方一个 ACK 置位的确认。

由于 FIN 报文段的接收会将一个文件结束符传递给接收端应用进程，它的到来意味着接收端应用进程在此连接上再无数据可接收。

③ 一段时间后，接收到这个文件结束符的应用进程也进入一个 close 过程。它也向主动发起关闭过程的对方发送一个 FIN 报文段。

④ 接收这个最终 FIN 的最初发起方进程(即执行主动关闭的那一端)确认这个 FIN 报文段。

TCP 连接终止时发送/接收缓冲区被回收，通信双方最终结束这次 TCP 连接。

2．UDP 传输服务

相对于 TCP，UDP 传输服务就简单多了。

先问一个问题：有了 TCP，为什么还要 UDP？原因大致有以下三个：

(1) UDP 不需要建立连接。TCP 在开始数据传输之前要经过三次握手，来完成后续通信的准备工作，而 UDP 却不需要任何准备即可进行数据传输。这就节省了握手过程需要的时间，同时不需要维护发送/接收缓冲区、序号/确认号、拥塞控制、流量控制一系列复杂的参数，从而简化了实现和管理。

(2) UDP 分组首部开销小。每个 UDP 报文段首部的长度仅为 8 字节，比 TCP 节约了 12 字节的首部开销。

(3) UDP 能够令开发人员更好地控制传输。TCP 会根据网络的拥塞程度和接收方的实际情况动态调整发送速率。TCP 会不断尝试发送报文段直到目的主机正确地接收到数据。但有时候开发人员并不希望使用这些服务，他们希望能更好地控制要发送的数据和发送时间。至于报文段丢失的问题，他们有另外的解决方案。

域名服务 DNS 系统就是一个使用 UDP 传输协议的例子。在将域名转换为 IP 地址的过程中，用户更在意这件事情的完成时间。万一 DNS 查询消息丢失，只要再来一次查询就可以了。所以 DNS 系统采用 UDP 来传输数据。DNS 客户端构造了一个 DNS 查询消息并将其交付给 UDP 传输服务模块，这期间没有繁琐的握手过程，直接将查询消息交付给 DNS 服务器。在上一章学习过的 RIP 协议中，RIP 选路表的更新消息因为是周期性地发送，更新报文的丢失不是很大的问题，因此它也使用 UDP 协议来封装自己的更新消息。

UDP 报文段首部由 4 个字段组成，即源端口(Source Port)、目的端口(Destination Port)、报文段长度(Length)和校验和(Checksum)。其中每个字段各占用 2 个字节，具体如图 3-2 所示。

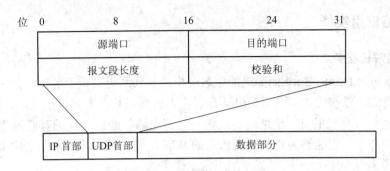

图 3-2 UDP 报文段首部格式

UDP 的首部包含源端口号和目的端口号，操作系统用它来区分来自或交付给应用层程序的数据。操作系统接收到目的 IP 地址为本主机的 IP 地址的数据报之后，从 IP 数据报中提取 UDP 报文段，根据 UDP 的目的端口号将报文发送到相应的应用程序。

3．IP 传输服务

除了 TCP 和 UDP 协议，用户的数据也可以直接使用 IP 协议进行传输。

在一些特殊的情况下，例如传输层协议工作不正常或者需要在某个网络里进行广播时，可以直接使用 IP 协议进行数据传输。

在第一部分的实验中，大家经常利用"ping"命令检查网络是否连通来帮助分析和判定网络故障。而它就是 ICMP(Internet Control Message Protocol)协议的一个应用。ICMP 协议用于主机和路由器之间传递控制消息。这些控制消息包括网络、主机的可达性、路由的可用性等网络系统自身的信息。ICMP 协议是直接封装在 IP 数据报里进行传输的。

另外一个例子是 OSPF 路由协议。运行 OSPF 协议的路由器需要了解网络中所有路由器节点的拓扑结构，因此路由器会向外广播自己相邻节点的拓扑信息。这种类型的消息是直接封装在 IP 数据报中进行传输的。

因此，操作系统也将原始的 IP 数据报传输服务封装为一个接口提供给应用程序调用。这三种主要的传输服务如图 3-3 所示。

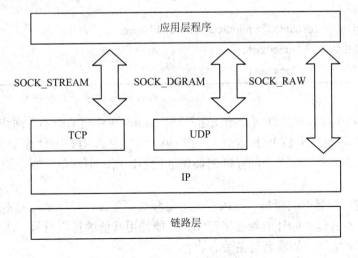

图 3-3 三种主要的传输服务

3.1.3 网络应用实例

1. 域名解析服务

DNS(Domain Name Server)提供的域名解析是互联网上最重要的服务之一。它是一种目录服务，类似于以前的电话黄页。电话黄页帮人们查找某个人的电话号码，而 DNS 帮人们查找的是某台计算机的 IP 地址。每天你一打开电脑，开始一天的互联网生活时，DNS 就开始为你工作了。它能够为你解析所访问的 WWW 网站域名，帮人们定位电子邮件服务器……可以说离开 DNS，互联网就无法正常工作了。

使用名字命名网络中的主机，可以让用户使用易于记忆的计算机名而不是枯燥的 IP 地址来进行网络通信。DNS 的域名解析功能就是把计算机名翻译成 IP 地址。

早期互联网的规模非常小，在 20 世纪 70 年代整个互联网上大概也就只有几百台主机。对于名字解析的问题人们使用了一个非常简单的办法：每台主机利用一个 hosts 文本文件对互联网上所有的主机进行索引，然后在需要访问某台主机的时候去查这个索引。这个 hosts 文件现在还在使用，在 Linux 系统中它的访问路径在/etc/hosts；在 Windows 系统中，其访问路径就在\Windows\System32\Drivers\etc 目录下。主机在进行域名查询的时候，第一步会先查询 hosts 文件，然后才是 DNS 查询。如图 3-4 所示是 Windows 主机上一个 hosts 文件的文本内容。

```
# Copyright (c) 1993-2009 Microsoft Corp.
#
# This is a sample HOSTS file used by Microsoft TCP/IP for Windows.
# This file contains the mappings of IP addresses to host names..
# ...
# For example:
#      102.54.94.97     rhino.acme.com          # source server
#      38.25.63.10      x.acme.com              # x client host

# localhost name resolution is handled within DNS itself.
#      127.0.0.1        localhost
#      ::1              localhost
```

图 3-4 Windows 主机的 hosts 文件

20 世纪 80 年代以后互联网开始飞速发展，hosts 文件逐渐跟不上网络的发展水平。技术人员在 1983 年制定了 DNS 技术规范，在 1987 年发布的 RFC1034 和 1035 中又修正了这个规范。尽管这个规范在当今的互联网环境下已不适用，但规范中制定的基本架构一直沿用到现在。

DNS 规定，域名中的标号一般由英文字母和数字组成，每一个标号不超过 63 个字符，也不区分大小写字母。标号中除连字符(-)外不能使用其他的标点符号。级别最低的域名写在最左边，而级别最高的域名写在最右边。

域名系统是分层的，因此允许定义子域。子域和上级域名之间必须用点分开。在一个域名中最右边的标签称为顶级域名(Top Level Domain，TLD)，它必须从规定的列表中选择。

常见的顶级域名包括表示国家代码的顶级域名如 cn、uk、de 和 jp。其中 cn 是中国专用的顶级域名，其下属域名的注册归中国互联网络信息中心(China Internet Network Information Center，CNNIC)管理。在国家代码顶级域名以外，还有国际顶级域名。常见的顶级域名有 com、edu、org 等。由于历史的原因，美国国内的大部分机构和单位都是直接使用此类顶级域名的下属域名。例如 mil，就是一个军事相关的顶级域名，其下属的网站通常是美国国内国防军事相关的机构和单位的网站。

与 IP 地址类似，域名这种重要的网络资源也是由 ICANN 进行协调和管理的，它一般会认证一些域名注册服务商对外提供域名注册服务。

在一个域名的解析过程中，有三种重要的域名服务器起到了至关重要的作用，它们是根域名服务器、顶级域名服务器和权威域名服务器。

因为不可能像最早的 hosts 文件一样，把所有的 IP 地址和名字的对应关系放在一个数据库中供人查询(大家可以想象一下这样的集中式域名查询服务会产生什么问题)，域名系统采用了具有层次结构的分布式数据库系统，如图 3.5 所示。

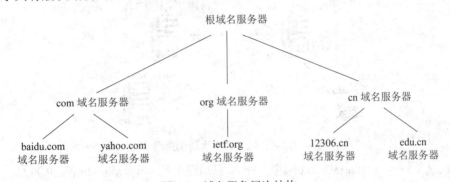

图 3-5　域名服务层次结构

根域名服务器：全世界有 13 个(名字分别为"A"至"M")根域名服务器，其中 1 个为主根服务器在美国，其余 12 个均为辅根服务器，这其中 9 个在美国，2 个在欧洲，位于英国和瑞典，1 个在亚洲，位于日本。根域名服务器负责顶级域名的解析服务，任何一个其他域名服务器，包括顶级域名服务器和权威域名服务器，都必须指定其中两个以上根域名服务器。由于域名解析任务如此繁重，通常一个根域名服务器并不是单台服务器在对外提供服务，而是一个服务器集群统一对外提供解析服务。

顶级域名服务器：负责国家顶级域名(如 cn、uk、de 等)和所有国际顶级域名(com、edu、org 等)下属二级域名的解析服务。

权威域名服务器：不同于根域名服务器和顶级域名服务器，权威域名服务器在域名解析的层次结构中并没有明确的位置。这里的权威，是指某台域名服务器能够将一台主机的名字映射为 IP 地址，而且这个解析结果是权威的、可信的。多数机构和学校会安装和维护它们自己的主和辅权威域名服务器来实现本单位的主机名字和 IP 地址的对应关系。另一种可行办法是支付一定的费用将这些记录存放在一个 ISP 的权威服务器中。由于只要能够提供权威域名解析服务的服务器就可以称为权威域名服务器，所以在域名解析的层次结构中，它可能是顶级域名服务器、二级域名服务器等。

本地域名服务器是必须提到的另外一种服务器。本地域名服务器严格讲不属于域名系统的层次结构，但它在域名解析过程中起到至关重要的作用。本地域名服务器是大家在配置自己的主机时指定的那两台域名服务器。很多时候本地域名服务器就是本单位的权威域名服务器，也就是说本单位的域名服务器在对外提供解析服务、充当权威域名服务器的同时，也在代理本单位内部的查询并充当本地域名服务器。

在 Windows 系统中，应用程序发起的所有域名查询，一般通过系统函数调用的方式，经由本地的一个 DNS Client 系统服务(在控制面板—服务管理里面可见)，向本地域名服务器发起查询。本地域名服务器完成查询后，将结果返回给 DNS Client，再由操作系统以函数调用的方式返回给相应应用程序。

下面以图 3-6 中 www.mit.edu 的域名查询为例来说明本地域名服务器的一个查询过程。

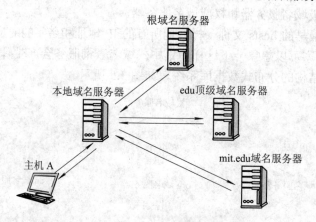

图 3-6 域名的一次迭代查询

假设某学校 someschool.edu.cn 的主机 A 想知道主机 www.mit.edu 的 IP 地址。又假设 someschool 的本地域名服务器为 dns.someschool.edu.cn。如图 3-6 所示，主机 A 首先向它的本地域名服务器 dns.someschool.edu.cn 发送一个查询消息，这个查询消息包含被查询主机名字 www.mit.edu。

本地域名服务器将该消息转发到根域名服务器(域名服务器配置时要求指定至少两个以上根域名服务器，以及自己的上级域名服务器)。该根域名服务器发现其 edu 后缀后向本地域名服务器返回负责 edu 域的 TLD 服务器 IP 地址列表。

本地域名服务器接着向 edu 域的 TLD 服务器发送查询消息。TLD 服务器发现 mit.edu 后缀，返回 mit.edu 域的权威域名服务器 IP 地址，也就是主机 dns.mit.edu 的地址。

本地域名服务器直接向 dns.mit.edu 发起关于 www.mit.edu 的查询，dns.mit.edu 返回 www.mit.edu 的 IP 地址。

本地域名服务器返回结果给查询主机。一般情况下，本地域名服务器还会缓存这个查询记录，以加速后续可能的类似查询。

所有域名服务器都存储着资源记录(Resource Record，RR)，资源记录提供了主机名到 IP 地址的映射；资源记录还维护域名层次结构中不同服务器之间的关系，或者说是整个域名系统的树状结构；资源记录也指定了每个域中负责邮件收发的主机的名字。在完成以上三种功能的过程中，最重要的四种资源记录是 NS、MX、CNAME 和 A 类型。

资源记录是一个包含了下列字段的四元组：

(Name，Value，Type，TTL)

Type = NS：类型为 NS 的记录中 Name 是域(如 mit.edu)，而 Value 是存储该域中主机名和 IP 地址的权威域名服务器所在的主机。例如，

(mit.edu，dns.mit.edu，NS，TTL)就是一条类型为 NS 的记录，其中 TTL 是指定的有效生存时间。

Type = MX：类型为 MX 的记录中 Name 是域(如 mit.edu)，而 Value 是邮件服务器的规范主机名，如果说 mit.edu 域负责发送接收邮件的主机是 mail.mit.edu，那么资源记录就是：

(mit.edu，mail.mit.edu，MX，TTL)。

Type = CNAME：可以为同一台主机设定许多别名，例如 www.mit.edu 可能是 backup1.mit.edu 的别名。这种资源记录增加了主机名字使用的灵活性，特别是一些需要对外发布的主机名字，例如 WWW 和邮件主机。这种资源记录中 Name 是别名，Value 是别名为 Name 的主机对应的规范主机名。例如：

(www.mit.edu，backup1.mit.edu，CNAME，TTL)。

Type=A：在这种资源记录中，Name 是主机名，Value 是该主机名的 IP 地址。类型为 A 的资源记录提供了规范的主机名到 IP 地址的映射。例如：

(backup1.mit.edu，104.77.35.174，A，TTL)

就是一条类型 A 的资源记录。

在资源记录数目不多的情况下，这些记录通常使用文本文件进行保存，在域名服务器软件启动的时候放入内存。但是很多域名服务器软件也提供标准的数据库接口以处理大量资源记录的情况。例如域名解析服务提供商需要处理大量的域名解析资源记录，这时把它们放在数据库里进行管理是非常合适的。

DNS 的查询和响应消息具有相同的格式。在本书的第 4 部分将详细介绍 DNS 报文的格式。

2. HTTP 协议

1989 年 Tim Berners-Lee 发明的万维网(World Wide Web，WWW)使互联网进入了爆炸性发展的时代。他的贡献是在互联网上实现了超文本(HyperText Mark-up Language, HTML)的概念，设计并实现了 HTTP(Hyper Text Tansfer Protocol)客户端与服务器的第一次通信。Tim Berners-Lee 在 2004 年被女皇伊丽莎白二世授予爵士爵位。2017 年，他因"发明了万维网、第一个浏览器和使万维网得以扩展的基本协议和算法"而获得 2016 年度的图灵奖(计算机领域的最高奖项，图灵是英国的一位数学家)。

Web 的应用层协议是 HTTP。HTTP 和其传输的 HTML 文本是 Web 的两个核心。HTML 是一种语言，它所定义的页面内可以包含图片、链接，甚至音乐、程序等非文字元素。它定义的是网页的表现形式。HTTP 是一种计算机网络的应用层传输协议。在 RFC2616 中定义了当前广泛使用的 HTTP 版本 1.1。HTTP 协议由两部分程序实现：一个客户机程序和一个服务器程序，它们一般运行在不同的主机系统中，通过 HTTP 协议进行会话。HTTP 定义了客户机和服务器之间交换消息类型、语法(其中的字段)、语义(字段不同取值的含义)

以及它们进行消息交换的规则。

一个 HTML 描述的 Web 页面通常是由对象组成的,对象可以是文字、图片、程序(服务)等。假设一个 Web 页面包含基本 HTML 文本和六个 JFEG 图形文件,那么这个 Web 页面有七个对象:一个基本 HTML 文件加六个 JFEG 文件。

一个 Web 对象通常由 URL 进行定位,它们不一定和基本 HTML 文本文件位于同一台主机,可以位于互联网的任意一个角落。例如:

http://www.someschool.edu.cn/image/logo.jpg

这是图片 logo.jpg 的 URL,它表示这张图片位于主机 www.someschool.edu.cn,相对于主机 Web 根目录的路径为/image/logo.jpg。

HTTP 使用 TCP 传输协议进行 Web 页面的传输。由于 Web 页面可能由很多对象组成,客户端浏览器与 Web 服务器建立 TCP 连接以后,浏览器在传输页面对象的时候就有两种选择,可以一次把页面所含的全部 Web 对象都从服务器上取回来,也可以每次连接时从服务器上取一个 Web 对象。在 HTTP1.0 中,每次 TCP 连接只取一个 Web 对象,这种操作称为 HTTP 的非持久连接;而在 HTTP1.1 中,每次 TCP 连接会取多个 Web 对象,这种操作称为 HTTP 的持久连接。显然,HTTP1.1 中的持久连接不需要每次请求对象都重新建立连接,从而节约了 TCP 连接建立的时间,提升了使用效率。所以现在的浏览器一般都默认支持 HTTP1.1 的持久连接。

上述的 Web 页面中包含了七个对象,事实上现在很多网站的页面更加复杂,一个几百 KB 的网页是非常普遍的。这些网页中往往包含数量庞大的 Web 对象,因此除了使用持久连接一次串行操作取多个对象以外,还可以使用并行的 TCP 连接来完成整个网页包含对象的请求工作。有很多浏览器甚至直接提供用户设置控制并行度的功能。默认方式下,大部分浏览器会打开 5~10 个并行的 TCP 连接,而每个连接各自处理一个请求—响应事务。

1) HTTP 请求消息

HTTP 请求消息主要由请求行、请求头部、请求正文 3 部分组成,如图 3-7 所示。

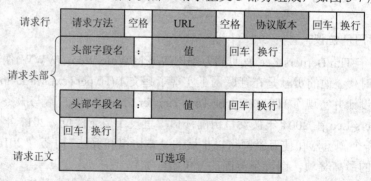

图 3-7 HTTP 请求消息头部

(1) 请求行(Request Line)。请求行由三部分组成,分别为请求方法、请求对象 URL 以及协议版本,字段之间使用空格分隔。

请求方法包括 GET、POST、PUT、DELETE、HEAD 等。

GET:从指定的服务器请求数据。当浏览器请求一个对象时,使用 GET 方法,在 URL 字段填写该对象的 URL 地址。例如请求对象 http://www.someschool.edu.cn/image/logo.jpg

时，字符串"/image/logo.jpg"会出现在这个字段。

POST：向指定的服务器提交需要处理的数据。用户提交一个表单(form)时可以使用POST方法，例如登录邮箱时，用户向邮件服务提供用户名和密码。当方法字段的值为POST时，请求正文(Entity)部分中包含的就是用户在表单字段中输入的值。在使用POST方法的消息中，返回给用户的Web页面包含的内容常常依赖于用户在表单字段中输入的内容。就像你输入了错误的用户名密码，邮件系统会引导你到出错页面，而正确的用户名密码会引导你到登录成功页面。

要注意的是GET方法也可以提交表单，只不过表单里输入的字段会包含在请求行请求对象URL中同时传输。大家可以观察一次Web页面请求提交的过程，判断Web页面提交所使用的方法。一般来说，在请求URL里面出现"？"这个特殊符号时，表示你正在使用GET方法向Web服务器提交数据。

PUT方法常被应用程序用来向Web服务器上传文件对象。而利用DELETE方法，用户或者应用程序可以删除Web服务器上的某个对象。HEAD主要用于程序调试等特殊用途，服务器此时只返回响应消息头部，而不包含实体部分。

协议版本的格式为：HTTP/主版本号.次版本号，常用的有HTTP/1.0和HTTP/1.1。

(2) 请求头部(Request Headers)。请求头部为请求报文添加了一些附加信息，由"名/值"对组成，每一行包含一个"名/值"对，名和值之间使用冒号进行分隔。

常见请求头部见表3-1。

表3-1 常见请求头部字段

请求头部	说明
Host	接受请求的服务器地址，可以是IP地址:端口号，也可以是主机名
User-Agent	发送请求的浏览器类型
Connection	指定与持久连接相关的属性，如Connection:Keep-Alive
Accept-Charset	客户端接受的字符集标准
Accept-Encoding	客户端接受的数据编码格式
Accept-Language	客户端接受的语言，一般默认为系统语言

(3) 请求正文(Entity Body)。请求正文为可选部分，例如GET请求就没有请求正文，而POST方法会包含表单中字段的输入。

2) HTTP响应消息

HTTP响应消息主要由状态行、响应头部、响应正文三部分组成。

(1) 状态行(Status Line)。状态行由三个字段组成，分别为协议版本、状态码和状态码描述，字段之间由空格分隔。

状态码为3位数字。200~299的状态码表示成功；300~399的状态码表示资源重定向；400~499的状态码指客户端请求出错；500~599的状态码指服务器端出错。

常见的状态码见表3-2。

(2) 响应头部(Header Lines)。与请求头部类似，响应头部为响应消息添加了一些附加信息。

响应头部常见字段见表3-3。

表 3-2 常见的状态码

状态码	说明
200	响应成功
302	跳转,跳转地址通过响应头部中的 Location 属性指定
400	客户端请求有语法错误,不能被服务器识别
403	服务器接收到请求,但是拒绝提供服务(例如认证失败)
404	请求资源不存在
500	服务器内部错误

表 3-3 常见的响应头部字段

状态码	说明
Server	服务器软件的名称和版本
Content-Type	响应正文的类型(例如是图片还是字符串)
Content-Length	响应正文长度
Content-Charset	响应正文使用的字符集
Content-Encoding	响应正文使用的数据压缩格式
Content-Language	响应正文使用的语言

(3) 响应正文(Data)。

HTTP 是无状态的,Web 服务器不会记得一个用户刚才请求过什么 Web 对象。HTTP 的这种设计简化了 Web 服务器的实现,提高了服务器的工作效率。但是这种设计带来了一个严重的问题,那就是如何跟踪用户的使用状态。在一些事务性的 Web 应用中,例如电子商务网站服务器就需要跟踪用户的状态,记录用户选择商品的品名和数量;在 Web 电子邮件系统中,需要了解当前用户打开的文件夹、邮件等。在 Web 应用服务器没有出现之前,技术人员开发了 Cookie 技术实现了以上功能。

Cookie 技术的核心是允许 Web 服务器在客户端维护一个 Cookie 文件,每次访问 Web 服务器时,客户端浏览器把 Cookie 文件里与这个 Web 服务器相关的 Cookie 信息重新发送回这个服务器,这样服务器就能了解它所服务的客户机对象了。这个 Cookie 文件里可以放置用户先前搜索的关键字,可以放置用户在某个电子商务网站选择的商品,也可以放置某个电子邮件系统登录的用户名和密码等。

因此 Cookie 技术基本上由四个部分组成:用户端的 Cookie 文件、Web 服务器 HTTP 响应消息中的 Cookie 首部行 Set-Cookie、用户浏览器请求消息中的 Cookie 首部行 Cookie 以及服务器端有关 Cookie 的一个数据库。本质上 Cookie 是 HTTP 协议在 Web 服务器和客户机之间进行交互状态维护的一种机制。

由于 Cookie 允许 Web 服务器在客户机上读写信息,因此有些时候这种操作是对用户隐私的一种侵害。例如人们在一个搜索网站上搜索某个关键字,没过多久就会发现接下来在访问很多商业 Web 站点时,访问的网站出现了刚才所搜索关键字相关的商品广告,这是因为这个搜索关键字被搜索引擎网站共享给了其合作伙伴。

因此,出于隐私保护的考虑,很多浏览器都提供了 Cookie 访问的隐私设置选项。例如 Internet Explorer 就将用户的 Cookie 隐私划分成了高、中、低几个等级供用户选择使用。

其中默认级别中有如下定义：

① 阻止没有精简隐私政策的第三方 Cookie；
② 阻止没有经用户明确同意而保存可用来联系用户的信息的第三方 Cookie；
③ 限制没有经用户默许而保存可用来联系用户的信息的第一方 Cookie。

3.1.4 套接字编程

操作系统把网络通信相关的所有函数总称为 Socket 编程接口。有三种类型的套接字：流式套接字(stream sockets)、数据报套接字(datagram sockets)及原始套接字(raw sockets)。它们分别对应于 3.1.2 节介绍的 TCP 协议、UDP 协议和 IP 协议。大家所见到的、所使用的大部分网络应用程序，在进行网络通信的时候都需要调用其中的至少一种套接字。对于开发人员来说，套接字隐藏或者屏蔽了 TCP/IP 协议的复杂实现，使数据传输变成了一种实际的服务。

最早提出 Socket 概念的是 1970 年的 IETF RFC33，其描述如下："一个套接字接口构成一个连接的一端，而一个连接可完全由一对套接字接口规定。"而 Socket 概念的广泛使用应该归功于 12 年以后的伯克利套接字(Berkeley Sockets)，也称为 BSD Socket。伯克利套接字是 C 语言进程间网络通信的一个函数库，随着 BSD UNIX 的分发而被广泛采用，因而这个应用编程接口也就成为了网络套接字事实上的抽象标准。而 TCP/IP 协议最初仅仅是支持这种接口的协议之一，但现在几乎成了这个标准的唯一协议。一般说套接字编程就是指 TCP/IP 协议支持的伯克利套接字编程。

伯克利套接字作为主要的网络 API，它兼容 Windows Sockets (Winsock)，类似于 Berkeley Sockets、Java Sockets、Python Sockets 等。这一节将以 Winsock 为例介绍 TCP/IP 套接字的主要函数。掌握了其中一种套接字编程方法，再理解其他语言类似的编程方法就非常容易了。

下面介绍 Winsock 的几个重要函数，在 3.3 节实验部分再通过一个例子让大家明白它们的用法，这样就会有一个完整的认识了。

1) socket()函数

socket()函数类似于普通文件的打开操作。文件的打开操作会返回一个文件描述符，而 socket()返回一个 Socket 描述符，它唯一标识一个 Socket。这个 Socket 描述符就代表这个 Socket，后续的操作可以把它作为参数来进行一些读写操作，可以把它理解成一个接收/发送缓冲区以及相应的一些控制变量。

创建 Socket 的时候，可以指定不同的参数创建不同的 Socket 描述符：

  int socket(int domain, int type, int protocol)

参数含义为：

• domain：协议域，又称为协议族。常用的协议族有 AF_INET、AF_INET6 等。协议族决定了 Socket 的地址类型，如 AF_INET 决定了要用 Ipv4 地址与端口号的组合。

• type：指定 Socket 类型。常用的 Socket 类型有 SOCK_STREAM、SOCK_DGRAM、SOCK_RAW 等。

• protocol：通信协议。常用的协议有 IPPROTO_TCP、IPPROTO_UDP、IPPROTO_IP

等,显然它们分别对应 TCP 协议、UDP 协议和 IP 协议。

通常 type 和 protocol 组合是相对固定的,如表 3-4 所示。

表 3-4 Domain、type 和 protocol 常用组合

协议	domain	套接字类型	type	protocol
IP	AF_INET	TCP	SOCK_STREAM	IPPROTO_TCP
		UDP	SOCK_DGRAM	IPPROTO_UDP
		Raw	SOCK_RAW	IPPROTO_RAW / IPPROTO_ICMP

当调用 socket()创建一个 Socket 时,返回的描述符需要和地址空间的一个具体地址对应。因此创建 Socket 之后,一般需要调用 bind()函数给它绑定一个地址。

2) bind()函数

bind()函数把一个地址族中的特定地址与一个 Socket 绑定。

   Int bind(int sockfd, const struct sockaddr *addr, socklen_t addrlen)

参数含义为:

- sockfd:Socket 描述符,它是通过 socket()函数创建的一个 Socket。
- addr:一个 const struct sockaddr 结构指针,指向要绑定给 sockfd 的协议地址。这个地址结构根据创建 socket 时的地址协议族的不同而不同,如 IPv4 对应的地址结构如下:

```
struct sockaddr_in {
    sa_family_t    sin_family;    /* address family: AF_INET */
    in_port_t      sin_port;      /* port in network byte order */
    struct in_addr sin_addr;      /* internet address */
};
struct in_addr {
    uint32_t       s_addr;        /* address in network byte order */
};
```

- addrlen:对应的是地址的长度。

通常服务器在启动的时候都会绑定一个众所周知的地址用于对外提供服务。而客户端就不用指定,可以由操作系统自动分配一个端口号和 IP 地址。所以通常服务器端在 listen 操作之前会调用 bind(),而客户端就不需要调用,只是在 connect()时由系统随机指定一个端口。

3) listen()、connect()函数

一个 TCP 服务器在调用 socket()、bind()之后就需要调用 listen()来监听这个 Socket;当有客户端调用 connect()发出连接请求时,服务器端就会接收这个请求。

   int listen(int sockfd, int backlog);

参数含义为:

- sockfd:要监听的 Socket 描述符;

- backlog：该 Socket 可以等待连接的最多个数。

   int connect(int sockfd, const struct sockaddr *addr, socklen_t addrlen);

参数含义为：
- sockfd：客户端的 Socket 描述符；
- Addr：服务器的 Socket 地址；
- addrlen：Socket 地址的长度。

客户端通过调用 connect()函数来建立与 TCP 服务器的连接。

4) accept()函数

  TCP 服务器端依次调用 socket()、bind()、listen()之后，就在监听指定的 Socket 地址了。TCP 客户端依次调用 socket()、connect()之后就向 TCP 服务器发送一个连接请求。TCP 服务器监听到这个请求之后，会调用 accept()函数接收请求，然后建立好连接。这时它们就可以开始进行网络通信了。

   int accept(int sockfd, struct sockaddr *addr, socklen_t *addrlen)

参数含义为：
- sockfd：服务器的 Socket 描述符；
- Addr：指向 struct sockaddr 的指针，用于返回客户端的协议地址；
- addrlen：协议地址的长度。

  如果 accept()成功，那么它将返回新生成的一个 Socket 描述符，代表与刚才所响应客户之间的 TCP 连接。accept()函数第一个参数是 Socket 描述符，是服务器初始化时调用 socket()函数时生成的，是其监听连接请求的 Socket 描述符；而 accept()函数返回的是新生成的 Socket 描述符。一个服务器的监听 Socket 在该服务器的生存周期内一直存在。而对于新生成的 Socket 描述符，当服务器完成了对这个客户的服务后，相应的 Socket 会被关闭，资源会被回收。

5) send ()、recv ()等函数

  服务器与客户建立好连接以后，就可以调用网络发送/接收函数进行网络通信了。最常见的两个函数是 recv ()、send ()。

   int recv(int sockfd, void *buf, int len, int flags)

  recv 函数从 sockfd 中读取内容。执行成功时，recv 返回实际所接收的字节数，如果返回的值是 0 则表示已经读到文件的末尾，小于 0 则表示出现了错误。flags 参数用来指示函数进行不同的操作。

   int send(int sockfd, void *buf, int len, int flags)

  send 函数将 buf 中的 len 字节内容写入文件描述符 sockfd，成功时返回发送的字节数，失败时返回−1。flags 参数也是用来指示函数进行不同的操作。

6) close()函数

  在完成网络通信以后使用函数 close(int sockfd)关闭相应的 Socket 描述符。

  close 操作只是使相应 Socket 描述符的引用计数减 1，当引用计数为 0 的时候，TCP 客户端向服务器发送终止连接请求。

3.2 能力培养目标

3.1 基础知识小节介绍了网络应用架构的基本分类。应用程序一般采用客户机/服务器结构、P2P 结构和混合结构的计算模式。Web 浏览器和服务器是一种典型的客户机/服务器结构，BitTorrent 文件下载程序是 P2P 结构，而许多即时消息软件是混合结构。

应用程序通常会使用网络提供的可靠传输服务、用户数据报传输服务或者直接的 IP 传输服务。IP 数据报交付服务是不可靠的，在 IP 协议的基础上，TCP 协议模块通过可靠数据传输机制，如校验和、超时定时器、确认和重传、报文段序号编码、发送缓存和接收缓存，实现了发送进程和接收进程之间的可靠通信。

域名系统将主机名转换成 IP 地址。在一个域名的解析过程中，有三种重要的域名服务器起了至关重要的作用，它们是根域名服务器、顶级域名服务器和权威域名服务器。在 Windows 系统中，用户主机的一个域名查询通常都由 DNSClient 转发到本地域名服务器进行代理查询。配置主机 IP 地址时指定的那两个域名服务器通常可以认为是本地域名服务器。

Web 服务是 Internet 最重要的服务之一。在 HTTP 协议中，Web 页面是由不同对象组成的。Web 页面传输过程可以在一个 TCP 连接中把页面所包含的所有对象全部取回，也可以在不同的 TCP 连接中取回所有的对象。HTTP 协议分请求消息和响应消息。Web 页面的内容组织、网页的表现形式是用 HTML 语言来描述的。

大部分应用程序在使用网络传输服务过程中，都是通过调用操作系统 Socket 编程接口来实现的。

在 3.3 小节，本书安排了三个实验：
- BIND 域名服务器的安装和配置；
- Apache Web 服务器的安装和配置；
- TCP 客户机和服务器编程。

大家在完成以上实验后，将具有以下几方面的能力：
- 理解域名服务器的应用场景，掌握 BIND 的区域数据文件、配置文件的构造及配置文件的简写规则，掌握主域名服务器的安装以及域名服务的检测和管理方法；
- 了解 Apache Web 服务器的应用场景，掌握其基本服务安装配置和性能调优以及访问控制和 SSL 服务启用的基本方法；
- 了解程序 Socket 通信的基本过程，了解 Windows 平台下 TCP 客户机和服务器通信的基本框架。

3.3 实验内容

3.3.1 BIND 域名服务器的安装和配置

1. 实验原理

BIND(Berkeley Internet Name Domain)是一个开放源代码软件。它是一种在互联网上发布域名系统(DNS)信息,并为用户解析 DNS 查询的软件。BIND 名字起源于 Berkeley,因为 BIND 软件最早源自于 20 世纪 80 年代初的加州大学伯克利分校。BIND 提供了一个稳定的可用平台,在此基础上可以构建分布式的域名简析系统,并确信这个系统完全符合 DNS 协议标准。有了它的帮助,人们才可以使用互联网域名系统来方便地访问各种各样的网站,免于记忆枯燥的主机 IP 地址。BIND 是迄今为止 Internet 使用最广泛的 DNS 软件。

BIND 实现了 DNS 协议,整个软件包含了域名查询和解析服务过程中所必需的所有功能。这些功能可以分为三个部分:

(1) 域名解析器(Domain Name Resolver)。解析器是一个程序,通过向指定的 DNS 服务器发送查询,并对收到的回复作出适当的响应,从而完成域名查询的完整过程。最常见的一个例子就是 Web 浏览器访问一个网站的时候,它首先需要将所访问的网站域名映射成 IP 地址。在基础知识部分我们已经了解到这个过程是由本地的 DNSClient 发起的一个查询过程。DNSClient 通常首先会检查本地的域名解析缓存,在本地缓存没有命中的情况下,会将查询转发给本地域名服务器。本地域名服务器接着会将查询转发到一个或多个权威域名服务器,最终完成 DNS 域名到 IP 地址的映射。换句话说,BIND 的域名解析器功能使它具有充当本地域名服务器的能力,帮我们完成整个域名查询的过程。

(2) 权威域名服务器(Domain Name Authority Server)。权威域名服务器响应解析器的查询请求,响应使用的域名是权威的域名信息。网络管理员可以通过在自己的服务器上安装 BIND 软件并配置有关所在单位的域名信息,在互联网上提供域名解析服务。

(3) 其他工具。BIND 软件还包括了一些有用的域名系统检测和配置管理工具。这些工具的使用并不局限于 BIND,它们适合任何 DNS 服务器系统的配置和管理。

BIND 的安装使用非常方便。可以从 ISC 网站(http://www.isc.org)下载 BIND 的源代码或可执行的安装包,同时 BIND 的管理手册 ARM(BIND Administrative Reference Manual)给出了详尽的安装、配置和管理说明。

2. 实验目的

(1) 理解域名服务器的应用场景。
(2) 掌握 BIND 的区域数据文件的构造。
(3) 掌握 BIND 的配置文件的构造。
(4) 掌握配置文件的简写。
(5) 掌握主域名服务器的配置。
(6) 掌握域名服务器的检测和管理。

3. 实验拓扑

在开始这个实验前要检查两件事情是否已完成:注册了合适的域名和拥有了 Internet 接入。由于是实验环境,大家可以假设自己已经有了合适的域名,但是 Internet 接入必须是真实的。

在域名注册的过程中,ICANN 负责 Internet 名字空间的管理,但并不负责具体的注册事务。注册机构(registry)是一个组织,它负责维护顶级域(实际上是区)的注册和各个子域的授权。注册商(registrar)扮演着用户和注册机构之间接口的角色,提供注册(registration)和增值服务。

注册是一个过程，经过这个过程，用户告诉注册商将哪个子域授权给哪个域名服务器，同时也向注册商提供联系和计费信息，注册商再将这些变动通知注册机构。Verisign 公司是 com 和 net 顶级域的注册机构。Network Solution 等几十家公司是这两个顶级域的注册商。

CN 顶级域名的管理机构是 CNNIC，而且它也是授权注册商。

在接下来的实验中，假设大家已经拥有了 someschool.edu.cn 这个域名。

在建立域名服务器的过程中，有很多因素会影响最终的结果。最重要的因素是用户是以何种方式接入 Internet 的，是完全接入、有限接入(在一个网络防火墙的背后)，还是根本就没有接入。在下面的实验中，大家需要了解自己是以何种方式接入 Internet 的。例如，是家庭用户的 ADSL 或者光宽带接入，还是大学实验室里的局域网接入。图 3-8 表示的是一个典型的公司接入，在这里我们的设备(主机等)位于路由器的后面，而路由器与外部的 Internet 相连。大家会发现，家庭用户的接入，如果使用了无线路由器，接入网络也是这样的一个拓扑结构。

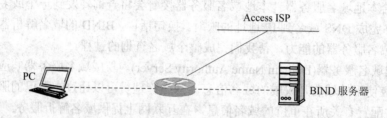

图 3-8　BIND 安装和配置拓扑

4. 实验步骤

1) 编辑区域数据文件

BIND 的安装非常简单，最关键的工作是准备几个配置文件。

BIND 的工作本质上是接受网络管理员的指示，对外部提供域名解析服务。对于 BIND 来说，指示服务器读取管理员准备的区域数据文件的机制就是配置文件。BIND 的配置文件有默认的名字 named.conf。named.conf 引导 BIND 读取区域配置文件、环回接口配置文件、根域名服务器配置文件。有一些子域数量庞大的顶级域名，例如 com 顶级域名，除了使用本书介绍的文本文件配置，也可以把配置信息存放在数据库里。最新版本的 BIND9 就可以连接数据库，把域名解析的区域数据存放在数据库中。

这里注册的域名是 someschool.edu.cn，学校现在只有两个子网 192.168.3.0/24 和 192.168.4.0/24(由于实验环境的原因，这里使用的是私有 IP 地址。这样即使主域名服务器 dns1.someschoool.edu.cn 在某个 ISP 那里已注册，外部网络主机的数据报也无法路由到这个子网，也就是说，Internet 上的其他主机不可能发现这个子网。因此，这里构建的 DNS 系统只能对内提供解析服务)。对于一个刚成立的学校来说，未来扩张后可能会有更多的局域网连入校网，但目前对外提供服务的主机比较少。如下所示：

```
192.168.3.1    dns1.someschool.edu.cn        ~子网 192.168.1.0 的主机
192.168.3.2    dns2.someschool.edu.cn
192.168.3.3    web.someschool.edu.cn
```

```
192.168.4.103    super1.someschool.edu.cn        ～子网 192.168.2.0 的主机
192.168.4.111    graph.someschool.edu.cn
```

首先需要把主机表中的数据转换为相应的 DNS 区域数据。区域数据包含两部分内容，一个文件将所有主机名映射到地址，另外一个文件则将地址映射回主机名。名字到地址的查询有时称为正向映射(forward mapping)，而地址到名字的查询称为反向映射(reverse mapping)。每个子网都需要它自己的反向映射数据的文件。

可以把主机名映射到地址的文件称为 DOMAIN.zone。对于 someschool.edu.cn 来说，这个文件就称为 someschool.edu.cn.zone。将地址映射到主机名的文件叫做 ADDR.zone，这里 ADDR 是尾部去掉 0 的网络地址。在这个例子中，这些文件是 192.168.3.zone 和 192.168.4.zone，分别对应两个网络。通常把这些 DOMAIN.zone 和 ADDR.zone 文件统称为区域数据文件(zone data file)。在 BIND 域名服务器的配置过程中，管理员最重要的工作就是准备这些文件。

区域数据文件的组成包括默认的 TTL 值、资源记录和注释。

(1) 默认的 TTL 值。

在 BIND9 中，使用$TTL 控制语句设定默认的 TTL 值。$TTL 指定了在文件中该语句后(但在其他 $TTL 语句之前)所有记录的生存期。

域名服务器在查询响应中会包含这个 TTL 值，指示其他服务器将数据在缓存中存放的有效时间为 TTL 所指定的时间。如果资源记录数据不经常变动，可以将 TTL 默认值设为几天，甚至 1 周。考虑到 DNS 查询引起的网络流量，通常不建议使用小于 1 小时的值。在本实验中，TTL 值设为 1 天，所以这里区域数据文件的第一条语句就是：

```
$TTL 1D   或者   $TTL 86400
```

(2) 资源记录。

区域数据文件中的大部分条目被称为 DNS 资源记录(resource record)。常见的资源记录见表 3-5。

表 3-5 常见的资源记录

类型	说明
SOA	指示区域内的权威记录
NS	指示区域内的一个域名服务器
A	名字到地址的映射
PTR	地址到名字的映射
CNAME	主机别名
MX	邮件主机别名

注意：

① DNS 查找是不区分大小写的，所以可以在区域数据文件中输入大写、小写或者混合着写，但一般全部使用小写。

② 资源记录必须从每一行的第一列开始。

③ 在区域数据文件中，大多数人都选择类似 DNS RFC 文件中的资源记录排序，但这种顺序并不是强制的。

④ 可以在区域数据文件中使用缩写或者简写。

(3) 注释。

注释是以**英文分号**开头的，到行尾处结束。域名服务器会自动忽略注释和空行。

以下介绍常见的资源记录类型。

- SOA 记录

在 TTL 行后面的一条记录就是 SOA(Start Of Authority)资源记录。SOA 记录表示对本区域而言，这个域名服务器就是权威域名服务器。每个 DOMAIN.zone 和 ADDR.zone 文件都要有 SOA 记录。每个区域数据文件中允许有且只有一个 SOA 记录。

实例 3-1：一条 SOA 记录

someschool.edu.cn. IN SOA dns1.someschool.edu.cn. admin.someschool.edu.cn. (

        1 ; serial,序列号

        3h ; refresh,3 小时后刷新

        1h ; retry,1 小时后重试

        1w ; expiry,1 周后期满

        1h) ; minimum,缓存 TTL 为 1 小时

域名 someschool.edu.cn 必须从文件的第一列开始。而且这个名字是以"."结尾的。

IN 表示 Internet。这是一个数据类，类字段是可选的。如果没有指明类，域名服务器就根据其配置文件中的语句来决定类。

SOA 后面的第一个主机名字(dns1.someschool.edu.cn.)是 someschool.edu.cn 区域的主域名服务器。第二个字符串(admin.someschool.edu.cn.)是管理本区域管理员的电子邮件地址。

圆括号可以使 SOA 记录跨越多行。这里的大部分字段是供辅域名服务器使用的。

在反向映射区域数据文件 192.168.3.zone 和 192.168.4.zone 的开头也需要添加类似的 SOA 记录。但在这两个文件中，SOA 记录中的第一个名字相应地变为 in-addr.arpa 区域的名字，分别为 3.168.192.in-addr.arpa. 和 4.168.192.in-addr.arpa.。

- NS 记录

在每个区域数据文件中 SOA 记录的下一个条目是 NS 资源记录。

一般需要为每个权威名字服务器都添加一个 NS 记录。例如在 someschool.edu.cn 区域中有两个域名服务器，因此就有以下两条记录。

实例 3-2：NS 记录

    someschool.edu.cn. IN NS dns1.someschool.edu.cn.

    someschool.edu.cn. IN NS dns2.someschool.edu.cn.

这两条记录表明本区域有两个名字服务器。分别运行在主机 dns1 和 dns2 上。

同 SOA 记录一样，这两条 NS 记录也必须添加到 192.168.3.zone 和 192.168.4.zone 文件中。

- A 记录

A 代表地址(address)。A 类型资源记录把一个域名映射成一个地址。一般来说一台主机对应一个 A 类型的记录，但在有些情况下，例如多穴主机、路由器，它们有多于一个的 IP 地址，因此可能对应多条记录。当碰到这种情况时，一次 DNS 查询可能返回多个地址。

当某个域名查询返回多个地址的时候，域名服务器就可以进行地址排序，或者进行"循环往复"(round robin)的响应，从而实现一些特殊的用途。

实例 3-3：A 记录

  localhost.someschool.edu.cn. IN A 127.0.0.1
  dns1.someschool.edu.cn. IN A 192.168.3.1
  dns2.someschool.edu.cn. IN A 192.168.3.2
  web.someschool.edu.cn. IN A 192.168.3.3
  mail.someschool.edu.cn. IN A 192.168.3.4

  super1.someschool.edu.cn. IN A 192.168.4.103
  graph.someschool.edu.cn. IN A 192.168.4.111

- CNAME 记录

CNAME(canonical name)资源记录将别名映射为它的规范名。当域名服务器查询一个域名却找到了一个 CNAME 记录时，它会用规范名来替换这个名字，然后再查找这个规范名的记录。CNAME 的使用通常是针对一些对外发布的、相对固定的网址，例如 Web 服务主机、FTP 主机等。

实例 3-4：CNAME 记录

  www.someschool.edu.cn. IN CNAME web.someschool.edu.cn.
  ftp.someschool.edu.cn. IN CNAME web.someschool.edu.cn.

在这个例子中，对外发布的 Web 服务主机和 FTP 主机都是主机 web.someschool.edu.cn 的别名，也就是说当在访问 www.someschool.edu.cn 的时候其实是在访问 web.someschool.edu.cn。使用 CNAME 指定 www.someschool.edu.cn 这样的别名的时候，一定要注意不能在资源记录的右边出现。也就是说在资源记录的数据部分总是要使用规范名。例如前面创建的 NS 记录使用的就是规范名。

- MX 记录

MX 记录为一个域名指定了一个邮件服务器，它是一台负责处理或转发该区域邮件的主机。处理或转发邮件是指将邮件递送到最终的目的地，或是通过网关送到其他的邮件传送装置。由于转发邮件可能会使邮件排队等待一段时间，为了避免邮件路由循环，在 MX 记录中除了邮件服务器的域名之外，另外还会使用一个参数，即优先级值来决定邮件转发的优先级。优先级值是一个无符号的 16 位整数(在 0 和 65535 之间)，用来表示邮件服务器的优先级。

实例 3-5：MX 记录

  someschool.edu.cn. IN MX 10 mail.someschool.edu.cn.

指定 mail.someschool.edu.cn 是 someschool.edu.cn 的邮件服务器，它的优先级值是 10。一般来说，一个目的地的所有邮件服务器的优先级决定了邮件收发器使用它们的先后次序。

- PTR 记录

在创建地址到名字的映射时，例如在文件 192.168.1.zone 和 192.168.2.zone 里将地址映射到主机名，这种映射就需要使用 PTR(pointer)资源记录。在 PTR 记录中，地址只能指向规范名。

实例 3-6：网络 192.168.1.0/24 的 PTR 记录

1.3.168.192.in-addr.arpa. IN PTR dns1.someschool.edu.cn.

2.3.168.192.in-addr.arpa. IN PTR dns1.someschool.edu.cn.

3.3.168.192.in-addr.arpa. IN PTR web.someschool.edu.cn.

4.3.168.192.in-addr.arpa. IN PTR mail.someschool.edu.cn.

在解释完区域数据文件中的各种资源记录以后，把这些资源记录放到各个文件中。

实例 3-7：someschool.edu.cn.zone 文件

$TTL 86400

someschool.edu.cn. IN SOA dns1.someschool.edu.cn. admin.someschool.edu.cn. (

    1 ; serial,序列号

    3h ; refresh,3 小时后刷新

    1h ; retry,1 小时后重试

    1w ; expiry,1 周后期满

    1h) ; minimum,缓存 TTL 为 1 小时

;指定域名服务器

someschool.edu.cn. IN NS dns1.someschool.edu.cn.

someschool.edu.cn. IN NS dns2.someschool.edu.cn.

;指定规范名的地址

localhost.someschool.edu.cn. IN A 127.0.0.1

dns1.someschool.edu.cn. IN A 192.168.3.1

dns2.someschool.edu.cn. IN A 192.168.3.2

web.someschool.edu.cn. IN A 192.168.3.3

mail.someschool.edu.cn. IN A 192.168.3.4

super1.someschool.edu.cn. IN A 192.168.4.103

graph.someschool.edu.cn. IN A 192.168.4.111

;别名

www.someschool.edu.cn. IN CNAME web.someschool.edu.cn.

ftp.someschool.edu.cn. IN CNAME web.someschool.edu.cn.

;邮件主机

someschool.edu.cn. IN MX 10 mail.someschool.edu.cn.

实例 3-8：192.168.3.zone 文件

$TTL 86400

3.168.192.in-addr.arpa. IN SOA dns1.someschool.edu.cn. admin.someschool.edu.cn. (

    1 ; serial,序列号

    3h ; refresh,3 小时后刷新

    1h ; retry,1 小时后重试

    1w ; expiry,1 周后期满

    1h) ; minimum,缓存 TTL 为 1 小时

;指定域名服务器

3.168.192.in-addr.arpa. IN NS dns1.someschool.edu.cn.

3.168.192.in-addr.arpa. IN NS dns2.someschool.edu.cn.

;指定规范名的地址

1.3.168.192.in-addr.arpa. IN PTR dns1.someschool.edu.cn.

2.3.168.192.in-addr.arpa. IN PTR dns1.someschool.edu.cn.

3.3.168.192.in-addr.arpa. IN PTR web.someschool.edu.cn.

4.3.168.192.in-addr.arpa. IN PTR mail.someschool.edu.cn.

2) 编辑环回网络的反向解析文件

域名服务器还需要一个额外的环回网络(Loopback Network)的反向解析文件。环回地址(Loopback Address)是一个特殊的地址，主机用它来发送目的地址是主机自己地址的数据。环回网络通常是 127.0.0/24，而主机地址通常是 127.0.0.1。因此这个文件名可以命名为 127.0.0.zone。

实例 3-9：127.0.0.zone 文件

$TTL 86400

0.0.127.in-addr.arpa. IN SOA dns1.someschool.edu.cn. admin.someschool.edu.cn. (

　　　　　　1 ; serial,序列号

　　　　　　3h ; refresh,3 小时后刷新

　　　　　　1h ; retry,1 小时后重试

　　　　　　1w ; expiry,1 周后期满

　　　　　　1h) ; minimum,缓存 TTL 为 1 小时

0.0.127.in-addr.arpa. IN NS dns1.someschool.edu.cn.

0.0.127.in-addr.arpa. IN NS dns2.someschool.edu.cn.

1.0.0.127.in-addr.arpa. IN PTR localhost.

3) 根域名服务器(root hint)数据

除了本地信息以外，域名服务器还需要知道负责根域名的服务器的相关信息。这个信息可以从 Internet 主机 ftp.rs.internic.net(198.41.0.6)那里获得。使用匿名 FTP 从 domain 子目录里下载 named.root 这个文件。

实例 3-10：named.root

; 本文件保存了根名字服务器的信息，这些信息将被用来初始化 Internet 域名服务器

; 的缓存(例如，在 BIND 域名服务器的配置文件的语句 "cache . <file>" 中引用本

; 文件)。

;

; 本文件是由 InterNIC 提供的，可通过匿名 FTP 从下述地址获得：

;　　　file　　　　　　　　　　/domain/named.cache

;　　　on server　　　　　　　　FTP.INTERNIC.NET

;　　　-OR-　　　　　　　　　RS.INTERNIC.NET

```
;
;           last update:        February 27, 2018
;           related version of root zone:    2018022701
;
; 从前的 NS.INTERNIC.NE, 位于美国
;
.                          3600000      NS     A.ROOT-SERVERS.NET.
A.ROOT-SERVERS.NET.        3600000      A      198.41.0.4
A.ROOT-SERVERS.NET.        3600000      AAAA   2001:503:ba3e::2:30
;
; 从前的 NS1.ISI.EDU, 位于美国
;
.                          3600000      NS     B.ROOT-SERVERS.NET.
B.ROOT-SERVERS.NET.        3600000      A      199.9.14.201
B.ROOT-SERVERS.NET.        3600000      AAAA   2001:500:200::b
;
;••• 此处省略了 10 个根域名服务器地址，完整文件请自行下载。
;
; 由 WIDE 运营, 位于日本
;
.                          3600000      NS     M.ROOT-SERVERS.NET.
M.ROOT-SERVERS.NET.        3600000      A      202.12.27.33
M.ROOT-SERVERS.NET.        3600000      AAAA   2001:dc3::35
; End of file
```

4) 编辑 BIND 配置文件

在区域数据文件都已经创建完毕后，还要指示域名服务器去读取这些文件。对于 BIND 来说，指示服务器读取其区域数据文件的机制就是配置文件。配置文件是针对 BIND 的，在 DNS RFC 中并没有定义。

一般来说，配置文件包括了用来说明区域数据文件所在目录的一行内容。在读取区域数据文件之前，域名服务器会把当前目录转到该目录去。这就允许指定的文件名使用相对目录，而不用写完整的路径名。

实例 3-11：BIND9 的目录行

```
options {
    directory "C:\ISCBIND9\etc"; #在这里放置额外的选项
};
```

注意：

(1) 在配置文件中只能有一条 options 语句，所以本章中后面提到的任何其他可选项都是基于 directory 选项加在一起的。

(2) BIND9 配置文件中的注释可以有以下三种风格：

/* 这是 C 语言风格的注释 */

// 这是 C++ 风格的注释

这是 shell 风格的注释

在一个主服务器上，每个要读取的区域数据文件在配置文件中都对应有一行。对 BIND 9 而言，行以关键字 zone 开始，后面是域名和类(in 代表 Internet)。master 类型表示主域名服务器。最后一个字段是文件名。

实例 3-12：BIND9 的区域数据导入

```
zone " someschool.edu.cn" in {
type master;
file " someschool.edu.cn.zone";
};
```

如果在资源记录中省略了类字段，域名服务器就要根据配置文件来确定类。zone 语句中的 in 将类设定为 Internet 类。in 还是 BIND9 zone 语句的默认值，所以对类为 Internet 的区域来说，完全可以不要这个字段。

实例 3-13：BIND 9 配置文件中根域名服务器的导入

```
zone "." in {
    type hint;
    file "named.root";
    };
```

如前文所述，这个文件只含有根域名服务器的相关信息，而不用于一般的区域数据。

实例 3-14：完整的 BIND9 配置文件 named.conf

```
#导入 rndc.key
include "C:\ISCBIND9\etc\rndc.key";

options {
#named 区域文件目录
directory "C:\ISCBIND9\etc";
#下面放置额外的选项，例如进程 id 文件名
pid-file "named.pid";
};
#根域名服务器的导入
zone "." IN {
type hint;
file "named.root";
};
#正向解析文件
zone "someschool.edu.cn" in {
```

```
    type master;
    file "someschool.edu.cn.zone";
};
#环回网络的反向解析文件
zone "0.0.127.in-addr.arpa" in {
    type master;
    file "127.0.0.zone";
    allow-update { none; };
};
#区域数据的反向解析文件
zone "3.168.192.in-addr.arpa" in {
    type master;
    file "192.168.3.zone";
};
zone "4.168.192.in-addr.arpa" in {
    type master;
    file "192.168.4.zone";
};
```

5) 下载 BIND 服务器进行安装

从 http://www.isc.org 下载 BIND9 的 Windows 版本(X86)后，进行 BIND 的安装。安装过程只需要指定安装目录，可以直接安装在 C 盘而不是 BIND 的指定目录，这样可以避免 Windows 文件权限设置的麻烦。以下假设将 BIND 安装在目录 "C:\ISCBIND9"。

BIND 安装程序创建了一个默认的 named 用户，这个账号是控制 BIND 相关进程与配置文件的，它不隶属于任何用户组。如果 BIND 安装目录需要访问权限，就必须把这个目录的读写权限赋予 named 用户。

BIND 支持远程控制。RNDC(Remote Name Domain Controllerr)是一个远程管理 BIND 的工具，通过这个工具可以在本地或者远程查看当前服务器的运行状况，也可以对服务器进行关闭、重载、刷新缓存、增加删除 zone 等操作。由于使用 RNDC 可以在不停止 DNS 服务器工作的情况下进行数据的更新，使修改后的配置文件生效，所以使用 RNDC 工具可以使 DNS 服务器更好地为用户提供服务。在使用 RNDC 管理 BIND 前需要使用 RNDC 生成一对密钥文件，一半保存于 RNDC 的配置文件中，另一半保存于 BIND 主配置文件中。

实例 3-15：生成 rndc.key 文件

```
C:\ISCBIND9\bin>rndc-confgen.exe –a          ~生成 rhdc.key 和配置文件
wrote key file "C:\ISCBIND9\etc\rndc.key"
C:\ISCBIND9\bin>rndc-confgen.exe > ..\etc\rndc.conf


C:\ISCBIND9\bin>cd ..\etc
C:\ISCBIND9\etc>dir rndc*                    ~检查 rhdc.key 和配置文件
C:\ISCBIND9\etc 的目录
```

2018/03/05	12:25		503 rndc.conf
2018/03/05	12:25		81 rndc.key
		2 个文件	584 字节
		0 个目录	40,375,885,824 可用字节

C:\ISCBIND9\etc>

　　在完成 rhdc.key 文件生成后，将前面编辑好的配置文件、根域名服务器文件、环回网络反向解析文件、区域数据正向/反向解析文件复制到 BIND9 安装目录"C:\ISCBIND9\etc"。

实例 3-16：检查 BIND9 配置文件列表

　　C:\ISCBIND9\etc>**dir**　　　　　　～检查 BIND9 配置文件列表

　　C:\ISCBIND9\etc 的目录

2018/03/05	13:06	\<DIR>	.
2018/03/05	13:06	\<DIR>	..
2018/03/04	21:17		372 127.0.0.zone
2018/03/04	20:51		603 192.168.3.zone
2018/03/04	20:39		571 named.conf
2018/03/04	20:52		6 named.pid
2018/03/04	13:36		1,884 named.root
2018/03/05	12:25		503 rndc.conf
2018/03/05	12:25		81 rndc.key
2018/03/04	20:52		106 session.key
2018/03/04	20:56		632 someschool.edu.cn.zone
		9 个文件	4,758 字节
		2 个目录	40,384,045,056 可用字节

C:\ISCBIND9\etc>

　　在启动 BIND 之前，需要使用 BIND 提供的工具进行最后一步的配置文件检查。

实例 3-17：BIND 配置文件语法内容检查

　　C:\ISCBIND9\etc>**..\bin\named-checkconf.exe named.conf**

　　　　　　　　　　　　　　　　　　　　～检测主配置文件内容

　　C:\ISCBIND9\etc>**..\bin\named-checkzone.exe someschool.edu.cn ^**

　　More? **someschool.edu.cn.zone**　　　　～Windows 命令行太长使用"^"换行

　　zone someschool.edu.cn/IN: loaded serial 57

　　OK　　　　　　　　　　　　　～检测正向区域数据文件

　　C:\ISCBIND9\etc>**..\bin\named-checkzone.exe 0.0.127.in-addr.arpa 127.0.0.zone**

　　zone 0.0.127.in-addr.arpa/IN: loaded serial 1

　　OK　　　　　　　　　　　　　～检测反向区域数据文件

　　C:\ISCBIND9\etc>

　　BIND 是作为 Windows 的服务安装的，默认情况下自动启动。安装后第一次启动 BIND 需要到 Windows 服务管理界面中找到 ISC BIND 服务，点击右键进行启动。在这里可以看到这个服务是随系统自动启动的，启动时使用的用户名是 named。

启动时如果发生错误,可以到 Windows 事件查看器中检查原因,排除故障后重新启动。

6) BIND 安装后测试

Windows 系统提供了 nslookup 命令,它发送域名查询消息给指定的(或默认的)域名服务器。这里使用 nslookup 命令检查 BIND 的工作情况。在进行下面的实验之前,需要在网络配置面板中将本机的 DNS 服务器配置为 127.0.0.1。

实例 3-18:使用 nslookup 检查 BIND 的工作情况

  C:\ISCBIND9\etc>**nslookup**   ~启动 nslookup
  默认服务器: localhost   ~显示默认域名服务器
  Address: 127.0.0.1

  > **dns1.someschool.edu.cn**   ~查询 dns1.someschool.edu.cn 地址
  服务器: localhost
  Address: 127.0.0.1

  名称: dns1.someschool.edu.cn
  Address: 192.168.3.1

  > **www.mit.edu**   ~查询 www.mit.edu 地址
  服务器: localhost
  Address: 127.0.0.1

  非权威应答:
  名称: e9566.dscb.akamaiedge.net
  Addresses: 2600:1417:76:19c::255e
       2600:1417:76:18b::255e
       104.92.145.154
  Aliases: www.mit.edu
      www.mit.edu.edgekey.net

  > **exit**   ~退出 nslookup

  C:\ISCBIND9\etc>

BIND 也提供了 DIG 命令来检查域名系统的工作情况。

实例 3-19:使用 DIG 命令检查 BIND 工作情况

  C:\ISCBIND9\bin>**dig @127.0.0.1 www.mit.edu**

  ; <<>> DiG 9.11.0 <<>> @127.0.0.1 www.mit.edu
  ; (1 server found)

;; global options: +cmd

;; Got answer:

;; ->>HEADER<<- opcode: QUERY, status: NOERROR, id: 58890

;; flags: qr rd ra; QUERY: 1, ANSWER: 3, AUTHORITY: 13, ADDITIONAL: 27

;; OPT PSEUDOSECTION:

; EDNS: version: 0, flags:; udp: 4096

; COOKIE: 722529ab91be8ab0db23969e5a9cd7ffb610dd9ca143c9d8 (good)

;; QUESTION SECTION:

;www.mit.edu.   IN   A

;; ANSWER SECTION:

www.mit.edu.   328   IN   CNAME   www.mit.edu.edgekey.net.
www.mit.edu.edgekey.net.   52   IN   CNAME   e9566.dscb.akamaiedge.net.
e9566.dscb.akamaiedge.net.   19   IN   A   104.92.145.154

;; AUTHORITY SECTION:

.   9111   IN   NS   d.root-servers.net.
.   9111   IN   NS   j.root-servers.net.
…
.   9111   IN   NS   a.root-servers.net.

;; ADDITIONAL SECTION:

a.root-servers.net.   544387 IN   A   198.41.0.4
b.root-servers.net.   423634 IN   A   199.9.14.201
…
m.root-servers.net.   452476 IN   AAAA   2001:dc3::35

;; Query time: 110 msec

;; SERVER: 127.0.0.1#53(127.0.0.1)

;; WHEN: Mon Mar 05 13:39:11 ?D1ú±ê×?ê±?? 2018

;; MSG SIZE   rcvd: 937

C:\ISCBIND9\bin>

5. 问题思考

(1) 请用下述缩写规则重新编辑 BIND 区域的数据文件。

① 附加域名。区域数据文件中的 zone 语句的第二个字段指定了一个域名。这个域名对最常使用的缩写来说是关键，也是区域数据文件中所有数据的起点(origin)。这个起点会

被附加到区域数据文件中所有不以"."结尾的域名后面。

这个起点在每个区域数据文件中都可能不同,因为每个文件描述的是不同的区域。因此在 someschool.edu.cn 区域中原始输入为:

  dns1.someschool.edu.cn. IN A 192.168.3.1

可以这样表示:

  dns1 IN A 192.168.3.1

在文件 192.168.3.zone 中属于区域 3.168.192.in-addr.arpa 的原始输入为:

  2.249.249.192.in-addr.arpa. IN PTR robocop.movie.edu.

可以这样表示:

  3 IN PTR web.someschool.edu.cn.

所以在使用全称域名时结尾的"."非常重要,它会指引 BIND 使用附加区域。

② 符号 @。如果一个域名和起点相同,那么这个名字就可以写成"@"。这在区域数据文件的 SOA 记录中最常见。可以使用 SOA 记录表示:

  @ IN SOA someschool.edu.cn. admin. someschool.edu.cn. (

  1 ; 序列号

  3h ; 3 小时后刷新

  1h ; 1 小时后重试

  1w ; 1 周后期满

  1h) ; 缓存 TT 为 1 小时

③ 重复最后一个域名。如果一个资源记录名(从第一列开始)是一个空格或者制表符,那么就沿用上一个记录的名字。当一个名字有多个资源记录时,就可以使用这个方法。下面就是一个域名有两个 A 类型资源记录的例子。

  test IN A 192.168.3.201

      IN A 192.168.3.202

在第二个记录中,隐含 test 就是其对应的域名。对于不同类型的资源记录,也可以使用这种方法。

(2) 请查阅资料安装一个辅助域名服务器。

增加域名服务可靠性的方法是使用多个域名服务器,BIND 使用了更为方便的方法——辅域名服务器。named.conf 文件会告诉用户这个域名服务器是一个区的主域名服务器还是辅域名服务器。主域名服务器和辅域名务器最关键的区别在于它们获取数据的位置。主域名服务器是从区域数据文件中读取数据的,而辅域名服务器是通过网络由其他的名字服务器经过一个称为"区传送"(zone transfer)的过程装载数据的。辅域名服务器并不一定非要从主域名服务器装载区域数据,它还可以从别的辅服务器装载。使用辅域名服务器的一大优点就是对一个区来说只需要维护一套区域数据文件,也就是主域名服务器上的文件。辅域名服务器会完成各个域名服务器之间的同步问题。

可能需要的配置修改包括:

① 对于不需要同步的配置文件,直接复制就可以了。

② 对于需要同步的区域数据,原来的 BIND 9 的配置文件有一行是:

  zone " someschool.edu.cn" in {

```
    type master;
    file " someschool.edu.cn.zone";
};
```
那么需要把 master 改为 slave，然后添加一个带主服务器 IP 地址的 masters 行：
```
zone " someschool.edu.cn" in {
    type slave;
    file " someschool.edu.cn.bak";
    masters { 192.168.3.1; };
};
```
(3) 请尝试使用 rndc 命令远程管理域名服务器。rndc 在 BIND 安装目录的 bin 子目录中，不带任何参数的 rndc 会输出该命令的使用提示。

3.3.2 Apache Web 服务器的安装和配置

1. 实验原理

Apache HTTPD Server(以下简称 Apache)是 Apache 软件基金会的一个开放源码的网页服务器。它快速、可靠并且可通过简单的 API 扩展在大多数计算机操作系统中运行，因此 Apache 以其多平台和可靠性而被广泛使用，是使用排名世界第一的 Web 服务器软件。

Apache 的发布版本在不断更新，编写本书时其稳定代码版本为 2.4.x 版。Apache 版本编号的策略是偶数分支代表稳定的版本，而奇数版本的分支供开发使用。因此 2.4.x 版本和 2.2.x 版本都是稳定的，而 2.3.x 发布版供 Apache2.4 版本的 alpha 测试和 beta 测试使用。大家在下载时应尽量采用最新的稳定的发布版本。

Apache 一般作为后台任务运行：在 UNIX 系统中为守护进程(Daemon)，在 Windows 系统中为服务(Service)。Apache 的运行分为启动阶段和运行阶段。启动阶段时，Apache 以特权用户 root(UNIX)或者 Administrator(Windows)启动，进行配置文件解析、模块加载和初始化一些系统资源等操作。运行阶段时，Apache 开始接收和处理网络中用户的 Web 服务请求。

Apache 由一个相对较小的内核及一些模块组成。核心模块可以静态地编译到服务器中，但是通常都把扩展和第三方模块放在/Modules/目录下面。服务器运行时这些模块被动态加载。另外，Apache 服务器依赖于底层的可移植运行时库(Apache Portable Runtime, APR)。可移植运行时库提供跨平台的操作系统抽象层和功能函数，为上层模块提供统一的接口，这样模块可以避免受到不可移植的操作系统调用的影响。另外一个特殊的多处理模块(Multi-Processing Module, MPM)用来根据底层的操作系统来优化 Apache。多处理模块通常是唯一直接访问操作系统的模块，其他模块可以通过可移植运行时库来访问操作系统。

2. 实验目的

(1) 了解 Apache 服务器的应用场景。
(2) 掌握 Apache 的安装配置和性能调优。
(3) 掌握虚拟主机配置的基本方法。
(4) 掌握 Apache 访问控制的基本方法。

(5) 掌握 SSL 安装配置的基本方法。

3. 实验拓扑

Web 服务器的安装和配置拓扑如图 3-9 所示。

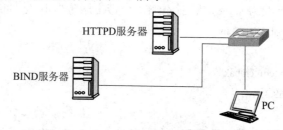

图 3-9　Web 服务器的安装和配置拓扑

4. 实验步骤

1) 基本配置

如果有实验条件，就使用图 3-9 的拓扑结构进行主机的连接。在只有一台主机的简单环境下进行本实验时，需要把域名服务器指定为本机。如果域名服务器软件也没有安装，也就是说跳过实验 3.1 进行本实验，那么需要修改本机的 hosts 文件。

2) Apache 的安装和配置

Apache 提供 Source 和 Binary 两种发布版本。如果使用 Linux 做 Web 服务器，推荐使用 Source 版本，结合主机环境进行编译，然后进行安装、配置和使用。在 Windows 环境下，Apache 已经不直接提供 Binary 安装版本，而需要使用第三方的编译版本。

在 http://httpd.apache.org 下载页面，点击"Apache httpd for Microsoft Windows ..."，找到第三方下载 ApacheHaus 的下载地址(可以是其他版本)，下载适合自己主机操作系统环境而且具有 SSL 功能的版本。

下载安装包之后需要将压缩包进行解压，然后将解压后的文件放置在指定的安装目录下，例如"C:\Apache24"。首先需要做的是针对 Apache 的配置文件 httpd.conf 进行安装目录配置以及 Web 服务端口更改。

实例 3-20：更改安装目录(在 conf/httpd.conf 配置文件中，下同)

```
#Define SRVROOT "/Apache24"    ～默认配置,#符号表示此行已屏蔽或者注释
SRVROOT "C:\Apache24"          ～Apache 安装的目录，例如 C:\Apache24
ServerRoot "${SRVROOT}"
```

实例 3-21：监听端口配置修改

注意选择一个系统允许的端口。80 端口在很多系统中默认已经被占用，启用这个端口需要修改操作系统配置：

```
#Listen 12.34.56.78:80         ～默认配置
Listen 8081


#ServerName localhost:80       ～默认配置
ServerName localhost:8081
```

在 http.conf 文件修改编辑完成后，以 Administrator 权限启动命令行窗口，进行 Apache 服务器的服务安装，使 Apache 成为 Windows 的系统服务。

实例 3-22：Apache 服务安装

  C:\Windows\System32>**cd \Apache24\bin**

  C:\Apache24\bin>**httpd.exe -k install** ～Apache 安装 Windows 系统服务

  Installing the 'Apache2.4' service ～提示信息

  The 'Apache2.4' service is successfully installed.

  Testing httpd.conf....

  C:\Apache24\bin>

实例 3-23：Apache 系统服务的启动和关闭

  C:\Apache24\bin> **net start apache2.4** ～Apache 服务启动命令

  Apache2.4 服务正在启动 .

  Apache2.4 服务已经启动成功。

  C:\Apache24\bin> **net stop apache2.4** ～Apache 服务停止命令

  Apache2.4 服务正在停止.

  Apache2.4 服务已成功停止。

Apache 服务的启动和关闭可以使用上述命令，也可以使用 Windows 系统的服务管理进行设置自动启动、手动启动以及启动和停止。Apache 同时在其/bin 目录中提供了 ApacheMonitor 工具对它的启动和停止进行管理。

在 Apache 服务启动以后，使用浏览器访问网站 http://127.0.0.1:8081，可以发现服务器已经开始正常工作。所浏览的网页位于 Apache 安装目录的/htdocs 的子目录。在配置文件 httpd.conf 中可以修改 Web 服务的根目录。

实例 3-24：修改 Web 服务根目录

  DocumentRoot "${SRVROOT}/htdocs" ～默认配置

  DocumentRoot "${SRVROOT}/www" ～重新设置 Web 服务根目录为 www

3) Apache 性能调整

新版本的 Apache 服务器一共有三种稳定的 MPM 模式，即 Prefork、Worker 和 Event。

Prefork 模式通过预先派生一定数量的进程等待浏览器的请求。这是一种古老的技术，20 年前就已经采用了。预先派生的进程除了即时服务客户的请求之外，另外一个好处就是一个服务进程的崩溃不会影响其他的进程。同时 Prefork 具有强大的自我调节能力，能够根据客户请求的数量自适应地调整服务进程的数量。

在配置文件 conf/extra/httpd-mpm.conf 中可以进行 Prefork 模块的配置。

实例 3-25：Prefork 的配置

首先在配置文件 conf/httpd.conf 中启用 mpm：

  #Include conf/extra/httpd-mpm.conf ～启用 httpd-mpm.conf 文件

  Include conf/extra/httpd-mpm.conf

然后在配置文件 httpd-mpm.conf 中对 Prefork 进行配置：

```
<IfModule mpm_prefork_module>
    StartServers           5       ~启动时服务进程数
    MinSpareServers        5       ~最少空余服务进程
    MaxSpareServers        10      ~最多空余服务进程
    MaxClients             150     ~最多允许启动服务进程
    MaxRequestsPerChild    0       ~单个服务进程最多服务客户数
</IfModule>
```

MaxClients 限制了服务进程的启动数量，也就限制了同时并发服务的客户数量，默认值为 150，即最多同时处理 150 个请求。对于超过这个数量的请求，服务器会将其放入请求队列。这个值应该根据服务器的处理能力进行设置。

Worker 模式与 Prefork 比较，不同点在于 Worker 模式使用了多进程和多线程的混合模式。它也预先 Prefork 了几个子进程，然后每个子进程分别创建一些线程，包括一个监听线程，用于对外提供服务。当一个请求过来时会被分配给其中一个线程来提供服务。线程之间会共享父进程的内存空间，因此系统开销更少。在高并发的场景下，Worker 比起 Prefork 模式有更多的可用线程，服务器也因此表现出更好的性能。

实例 3-26：Worker 的配置

```
<IfModule mpm_worker_module>
    StartServers           2       ~初始启动服务进程数
    MaxClients             150     ~最多允许并发的客户连接
    MinSpareThreads        25      ~最少空余服务线程
    MaxSpareThreads        75      ~最多空余服务线程
    ThreadsPerChild        25      ~每个服务进程的工作线程
    MaxRequestsPerChild    0       ~每个服务进程的最多服务客户数
</IfModule>
```

在以上配置中，Apache 在启动时共有两个子进程，Apache 会不断检查空闲线程的数量，维持 MinSpareThreads 指定的最少线程数和 MaxSpareThreads 指定的最多线程数所限定的范围。而 MaxClient 限制了系统处理的最多客户请求数。显然，活跃子进程的数量一般是由 MaxClients 和 ThreadsPerChild 的值决定的。MaxRequestsPerChild 用来控制进程生成和结束的频率。

Event 模式在部分 Apache 版本里已经是可用模式。它与 Worker 模式类似，但它主要用于解决在 Keep-alive 应用场景下，线程资源被长期占用的浪费问题。

4) 虚拟主机配置

虚拟主机是指在一台物理主机上运行多个 Web 站点，用户可以通过使用不同的 IP 地址或是主机名来进行访问。虚拟主机其实是指虚拟 Web 服务器。通过一台物理主机运行多个 Web 网站，节省了大量的硬件开支。

Apache 支持基于 IP 地址的虚拟主机和基于主机名的虚拟主机。

基于 IP 地址的虚拟主机，是指每个 Web 网站都有自己独立的 IP 地址，通过 IP 地址来响应客户的请求。

基于主机名的虚拟主机,是利用了 HTTP1.1 的请求消息头部必须包含主机名的特点,通过客户端指定的服务器名称来完成对用户的响应。显然,基于主机名的虚拟主机对客户端浏览器的 HTTP 协议版本有基本的要求。

Apache 的虚拟主机配置中,要求首先启用 conf/extra/httpd-vhosts.conf 配置文件。

实例 3-27:基于主机名的虚拟主机配置

首先在配置文件 conf/httpd.conf 中启用 vhosts 配置文件:

  #Include conf/extra/httpd-vhosts.conf   ～启用 httpd-vhosts.conf 文件

  Include conf/extra/httpd-vhosts.conf

然后在配置文件 httpd-vhosts.conf 中对虚拟主机进行配置:

```
<VirtualHost *:8081>
    ServerAdmin webmaster@cs.someschool.edu.cn
    DocumentRoot "${SRVROOT}/docs/ cs "
    ServerName cs.someschool.edu.cn
    ServerAlias computer.someschool.edu.cn
    ErrorLog "logs/v-host. someschool.com-error.log"
</VirtualHost>
```

当 Apache 启动时,载入配置文件中的 VirtualHost 配置。当有客户请求进入服务器的时候,服务器会根据 HTTP 请求的 HOST 头部信息来选择提供服务的虚拟主机;如果没有找到客户请求的虚拟主机,则使用默认主机来响应。

在 VirtualHost 指令中,对于基于主机名的虚拟主机来说最重要的配置是 ServerName 与 DocumentRoot 指令。前者指定了服务器名称,后者指定了提供服务的 Web 网页目录。例如上述例子中就指定了主机 cs.someschool.edu.cn 和其别名 computer.someschool.edu.cn,以及 Web 根目录/docs/cs。由于在主机地址部分指定了"*",Apache 会监听本机所有 IP 地址的 8081 端口。

在本实验中,需要配置 DNS 系统使客户端浏览器在域名解析时指向安装有 Apache 的主机。如果没有安装域名服务器,可以使用 hosts 文件对基于主机名的虚拟主机进行解析。

一个主机可以同时具有多个网卡(端口),一个网卡同时可以配置多个 IP 地址。例如 Windows 系统中用户在指定某个端口的 IP 地址时,在配置页面中选择"高级"属性,可以为这个端口添加并指定多个 IP 地址。主机的这个特点,使单台物理主机对应多个基于 IP 的虚拟主机成为可能。

使用基于 IP 的虚拟主机最主要的好处是可以让不支持 HTTP1.1 的浏览器能正常访问 Web 网站。另外,由于安全套接字协议层(SSL)需要独立的 IP 地址与主机名进行关联,因此如果要实现支持 SSL 功能的多台虚拟主机,一般只能使用基于 IP 的虚拟主机。

实例 3-28:基于 IP 地址的虚拟主机

```
<VirtualHost 192.168.3.13:8081>
    DocumentRoot "${SRVROOT}/docs/ ieee "
    ServerName ieee.someschool.edu.cn
</VirtualHost>
```

基于 IP 的虚拟主机配置非常简单,与基于主机名的虚拟主机配置区别在于,它需要指定确定的 IP 地址。上例中 DocumentRoot 指定了网站的 Web 根目录，而 VirtualHost 192.168.3.13 则指定了虚拟主机的 IP 地址。

5) Apache 访问控制的基本配置

Web 服务的访问控制可以基于源主机名、IP 地址或客户端浏览器特征等信息。版本 2.4 与旧版本相比，访问控制的配置方法发生了较大的变化，不再使用 Order Allow 和 Deny 指令，而是通过 Require all denied 或 granted 指令实现允许或禁止某个主机访问服务器的网页资源。

实例 3-29：实现指定目录下的资源只许本地访问

```
<Directory "${SRVROOT}/htdocs">
    Require all granted
    Require ip 127.0.0.1              ～本地访问匹配本条指令
</Directory>
```

也可以在<Directory ></Directory>容器中使用<RequireAll></RequireAll> 容器。

实例 3-30：实现指定目录下的资源只许某个子网访问

```
<RequireAll>
    require all    granted
    require ip 192.168.1.0/24
</RequireAll>
```

比较常见的控制命令包括：

Require all denied	～全部不允许
Require all granted	～全部允许
Require host xxx.com	～允许主机 xxx.com
Require ip 192.168.1 192.168.2	～允许某个子网
Require local	～允许本主机
Require env env-var [env-var] ...	～某个环境变量设置的情况下允许
Require method http-method [http-method] ...	～允许某种 HTTP 请求方法
Require expr expression	～允许某种表达式组合

6) HTTPS 服务的安装和配置

在默认的情况下，Apache 使用明文在网络上传输数据，这种配置减小了服务器的压力，但是不能保证数据的安全传输。为了确保数据在传送过程中不被窃听或者篡改，人们开始使用 SSL (Secure Socket Layer)协议标准来对通信双方发送的信息进行加密。SSL 也成为广泛使用的加密通信标准。

SSL 协议的一种实现是 OpenSSL 加密技术。在使用了 SSL 协议后，浏览器与服务器之间会建立起一条加密的安全连接，所有传输的数据都将被加密后传输。由于这个加密过程并不会影响到其上的应用层协议，因此应用层程序能透明地工作于 SSL 协议之上。Apache 就使用了 OpenSSL。

SSL 在 Web 服务上的部署有两种形式：单向认证和双向认证。

双向认证 SSL 协议的具体通信过程中要求服务器和客户端双方都拥有证书。 服务器端也需要客户端提供身份认证，只有服务器端许可的客户才能访问相关资源，因此安全性相对较高。单向认证 SSL 协议不需要客户端拥有 CA 证书。

一般 Web 应用都是采用单向认证的。这是由于 Web 服务一般都在应用层而不是传输层进行身份验证来保证用户的合法性。例外情况是一些安全标准要求比较高的应用场合，例如网上银行等，可能会要求对客户端做身份验证，这时就需要进行双向认证。

实例 3-31：Apache 支持 SSL 的准备

在 Apache2.4 系列版本中，具有 SSL 功能的发布版本其安装目录中应该有以下文件：

    ${SRVROOT}/modules/mod_ssl.so　　　　　　　～SSL 支持模块

    ${SRVROOT}/bin/openssl.exe, libssl-1_1-XXX.dll, openssl.cnf　～SSL 配置文件、工具和动态库

    ${SRVROOT}/conf/openssl.cnf　　　　　　　　～SSL 配置文件，其内容同上

如果 bin 目录下没有 openssl.cnf 配置文件，需要将 conf 目录下的 openssl.cnf 拷贝一份到 bin 目录。

实例 3-32：SSL 证书的生成

    C:\Apache24\bin>**set OPENSSL_CONF=..\conf\openssl.cnf**　～设置 OPENSSL 环境变量

    C:\Apache24\bin>**openssl genrsa 1024 >server.key**　～生成 RSA 密钥

    Generating RSA private key, 1024 bit long modulus

    .... ++++++....++++++e is 65537 (0x010001)

    C:\Apache24\bin>**openssl req -new -config openssl.cnf -key server.key >server.csr**

    　　　　　　　　　　　　　　　　　　～生成 csr 文件

    You are about to be asked to enter information that will be incorporated

    into your certificate request.

    What you are about to enter is what is called a Distinguished Name or a DN.

    There are quite a few fields but you can leave some blank

    For some fields there will be a default value,

    If you enter '.', the field will be left blank.

    Country Name (2 letter code) [AU]:CN

    State or Province Name (full name) [Some-State]:ZJ

    Locality Name (eg, city) []:HZ

    Organization Name (eg, company) [Internet Widgits Pty Ltd]:someschool

    Organizational Unit Name (eg, section) []:someschool

    Common Name (e.g. server FQDN or YOUR name) []:cs.someschool.edu.cn　～和 ServerName 一致

    Email Address []:admin@someschool.edu.cn

    Please enter the following 'extra' attributes

    to be sent with your certificate request

    A challenge password []:123456

    An optional company name []:NO

    C:\Apache24\bin>**openssl req -x509 -days 5000 -config openssl.cnf -key server.key ^**

More? -in server.csr >server.crt　　　　　　　　～生成服务器证书文件，使用"^"换行

C:\Apache24\bin>

CSR(Certificate Signing Request,证书签发请求)文件用于上面的最后一步：服务器证书的签发。在生成上述三个文件后，将 server.key、server.key 和 server.csr 拷贝到 conf 目录。

以下配置假设已经按照前面所述配置好虚拟服务器 cs.someschoole.edu.cn。

实例 3-33：虚拟服务器 HTTPS 的配置

在 conf/httpd.conf 文件中启用 SSL：

#LoadModule socache_dbm_module modules/mod_socache_dbm.so

LoadModule socache_shmcb_module modules/mod_socache_shmcb.so　　　～a shared object cache provider

LoadModule ssl_module modules/mod_ssl.so　　　～删除原有注释"#"符号

Include conf/extra/httpd-ssl.conf　　　～删除原有注释"#"符号

编辑 conf\extra\httpd_ssl.conf 文件：

Listen 443

SSLPassPhraseDialog　　builtin

#SSLSessionCache　　"dbm:${SRVROOT}/logs/ssl_scache"　　～此处选择应与 httpd.conf 一致

SSLSessionCache　　"shmcb:${SRVROOT}/logs/ssl_scache(512000)"

SSLSessionCacheTimeout　　300

SSL Virtual Host Context

<VirtualHost cs.someschool.edu.cn:443>　　～主机名及监听端口

　　DocumentRoot "${SRVROOT}/docs/cs"　　～根目录

　　ServerName cs.someschool.edu.cn:443　　～主机名及监听端口

　　ServerAdmin admin@someschool.edu.cn

　　ErrorLog "${SRVROOT}/logs/error.log"

　　TransferLog "${SRVROOT}/logs/access.log"

　　…

</VirtualHost>

重启 Apache 后使用 https://cs.someschool.edu.cn 访问主机测试 https 服务。

5. 问题思考

Apache 提供了丰富的认证功能，在基本的认证以外，还提供了数据库、文件等方式的认证支持。请大家查阅有关资料，配置 Apache 服务器基于文件的用户认证。

3.3.3　TCP 客户机和服务器编程

1. 实验原理

BSD Socket(伯克利套接字)使用标准的 UNIX 文件描述符和其他程序进行通信。这种通

信方法以及接口已经被广泛移植到各个平台。

Winsock 是在 Windows 环境下使用的一套网络编程规范,基于 4.3 BSD 的 BSD Socket API 制定,目前主要有两个版本,即 Winsock1 和 Winsock2。使用 Winsock2 的程序,需要引用 Winsock2.h,同时需要库文件 ws2_32.lib。可以用语句来告诉编译程序在编译时调用该库#pragma comment(lib,"ws2_32.lib"),或者通过设置编译环境参数的方法引入。

Winsock 主要有三类函数:与 BSD Socket 相兼容的基本函数、与 BSD Socket 相兼容的网络信息检索函数、Windows 专用扩展函数。

在 TCP 客户机和服务器的通信过程中,首先需要启动 Winsock 环境,然后服务器端程序在调用 socket()、bind()、listen()完成套接字的生成、端口的绑定和开始监听后,调用 accept()接受客户机的连接。客户端调用 socket()创建套接字,调用 connect()发出连接请求,等服务器接受连接后返回。而服务器在 accept()返回时创建了一个新的专门用于通信的套接字。

TCP 客户机和服务器建立连接后,它们之间就可以开始双工通信了。

如果客户端结束通信,就调用 close()关闭套接字连接。同时服务器也需要调用 close()关闭连接。

TCP 客户机和服务器的基本通信过程如图 3-10 所示。

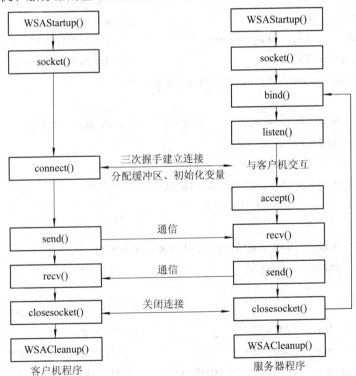

图 3-10 TCP 客户机和服务器的基本通信过程

2. 实验目的

(1) 了解程序 Socket 通信的基本过程。

(2) 了解 Windows 平台 TCP 客户机和服务器通信的基本框架。

3. 实验步骤

1) TCP 服务器代码

实例 3-34: TCP 服务器程序 server.c

```c
#pragma comment(lib,"ws2_32.lib")
#include <Winsock2.h>
#include <stdio.h>
#include <stdlib.h>
#define DEFAULT_PORT 5050                          //服务端默认端口

int main(int argc, char* argv[])
{
    int         iPort = DEFAULT_PORT;
    WSADATA     wsaData;
    SOCKET      sListen,sAccept;
    int         iLen;                              //客户机地址长度
    int         iSend;                             //发送数据长度
    char        buf[] = "I am a server";           //要发送给客户的信息
    struct sockaddr_in ser,cli;                    //服务器和客户的地址
    if(WSAStartup(MAKEWORD(2,2),&wsaData)!=0)
    {
        printf("Failed to load Winsock.\n");       //Winsock 初始化错误
        return -1;
    }
    sListen = socket(AF_INET,SOCK_STREAM,0);       //创建服务器端套接字
    if(sListen == INVALID_SOCKET)
    {
        printf("socket() Failed: %d\n",WSAGetLastError());
        return -1;
    }
                                                   //以下初始化服务器端地址
    ser.sin_family = AF_INET;                      //使用 IP 地址族
    ser.sin_port = htons(iPort);                   //主机序端口号转换为网络字节序端口号
    ser.sin_addr.s_addr = htonl(INADDR_ANY);       //主机序 IP 地址转换为网络字节序主机地址
                                                   //使用系统指定的 IP 地址 INADDR_ANY
    if(bind(sListen,(LPSOCKADDR)&ser,sizeof(ser)) == SOCKET_ERROR)
                                                   //套接字与地址的绑定
    {
        printf("bind() Failed: %d\n",WSAGetLastError());
        return -1;
```

```c
    }
    if(listen(sListen,5) == SOCKET_ERROR)          //进入监听状态
    {
            printf("lisiten() Failed: %d\n",WSAGetLastError());
            return -1;
    }
    iLen = sizeof(cli);                            //初始化客户端地址长度参数

    while(1)                                       //进入循环等待客户的连接请求
    {
            sAccept = accept(sListen,(struct sockaddr *)&cli,&iLen);
            if(sAccept == INVALID_SOCKET)
            {
                    printf("accept() Failed: %d\n",WSAGetLastError());
                    return -1;
            }
            printf("Accepted client IP:[%s],port:[%d]\n",inet_ntoa(cli.sin_addr),ntohs(cli.sin_port));
                                                   //输出客户端 IP 地址和端口号
            iSend = send(sAccept,buf,sizeof(buf),0);  //给客户端发送信息
            if(iSend == SOCKET_ERROR)              //错误处理
            {
                    printf("send() Failed: %d\n",WSAGetLastError());
                    break;
            }
            else if(iSend == 0)
            {
                    break;
            }
            else
            {
                    printf("send() byte: %d\n",iSend);   //输出发送成功字节数
            }
            closesocket(sAccept);
    }
    closesocket(sListen);                          //关闭 socket
    WSACleanup();                                  //终止 Winsock DLL 的使用
    return 0;
}
```

2) TCP 客户机程序

实例 3-35：TCP 客户机程序 client.c

```c
#pragma comment(lib,"ws2_32.lib")
#include <Winsock2.h>
#include <stdio.h>
#include <stdlib.h>
#define DATA_BUFFER 1024                    //默认缓冲区大小

int main(int argc, char * argv[])
{
    WSADATA wsaData;
    SOCKET sClient;
    int iPort = 5050;
    int iLen;                               //从服务器端接收的数据长度
    char buf[DATA_BUFFER];                  //接收缓冲区
    struct sockaddr_in ser;                 //服务器端地址

    if(argc<2)                              //判断参数输入是否正确：client [Server IP]
    {
        printf("Usage: client [server IP address]\n");   //命令行提示
        return -1;
    }
    memset(buf,0,sizeof(buf));              //初始化接收缓冲区
    if(WSAStartup(MAKEWORD(2,2),&wsaData)!=0)
    {
        printf("Failed to load Winsock.\n");  //Winsock 初始化错误
        return -1;
    }

    ser.sin_family = AF_INET;               //初始化服务器地址信息
    ser.sin_port = htons(iPort);            //端口转换为网络字节序
    ser.sin_addr.s_addr = inet_addr(argv[1]);  //IP 地址转换为网络字节序

    sClient = socket(AF_INET,SOCK_STREAM,0);   //创建客户端流式套接字
    if(sClient == INVALID_SOCKET)
    {
        printf("socket() Failed: %d\n",WSAGetLastError());
        return -1;
    }
```

```
                                    //请求与服务器端建立 TCP 连接
    if(connect(sClient,(struct sockaddr *)&ser,sizeof(ser)) == INVALID_SOCKET)
    {
        printf("connect() Failed: %d\n",WSAGetLastError());
        return -1;
    }
    else
    {
        iLen = recv(sClient,buf,sizeof(buf),0);    //从服务器端接收数据
        if(iLen == 0)
            return -1;
        else if(iLen == SOCKET_ERROR)
        {
            printf("recv() Failed: %d\n",WSAGetLastError());
            return -1;
        }
        else
            printf("recv() data from server: %s\n",buf);    //输出接收数据
    }
    closesocket(sClient);                                   //关闭 socket
    WSACleanup();
    return 0;
}
```

3) server 和 client 程序的编译

首先安装 Windows 平台的 C 语言开发环境 CFree5.0。

在 CFree5.0 菜单的工程选项中新建一个工程。工程类型为 Win32 控制台程序，工程名称命名为 server，程序类型为空的程序，构建配置选择默认的 mingw5。

接着在构建菜单的构建选项中选择连接，在连接库中添加"ws2_32"。

然后添加一个空白文件，将 server.c 代码复制进这个文件，保存并命名为 server.c。

最后构建并运行这个项目，编译生成 server.exe。

以同样的方法新建 client 工程，编译生成 client.exe。

在 CFree5.0 的消息窗口可以观察到构建项目编译生成的可执行文件放置目录。

4) TCP 客户机和服务器的一次通信

打开两个命令行窗口，分别进入编译生成的可执行文件目录，首先使用 ipconfig 命令查看主机的 IP 地址，然后启动 server.exe，最后启动 client.exe 命令行程序与服务器通信。条件允许的情况下可以在一台主机上运行 server.exe，在另外一台主机上运行 client.exe，与服务器进行通信。

实例 3-36：client 和 server 的一次通信

```
C:\>server                                          ~首先启动 server
Accepted client IP:[192.168.1.101], port:[5716]     ~显示客户机信息
send() byte: 14                                     ~显示发送的字节数

C:\>client 192.168.1.101                            ~启动 client，本机通信可以使用 127.0.0.1
recv() data from server: I am a server.             ~显示接收的信息
```

4．问题思考

(1) 在上述例子中，client 发送了一个请求，在收到服务器的响应后就结束了。请大家思考 client 如何才能仅用一次连接就能从服务器收到多条响应信息。要达到这样的效果，服务器端的代码需要改进吗？可行的话请设计并实现这个功能。

(2) Windows 的非阻塞通信。

阻塞是指在客户机和服务器进行通信的时候，如果服务器接受(accept)客户端程序执行连接操作(connect)，在服务器和客户机之间发送、接收数据(send、recv)过程中，若其中一个操作没有执行完成(返回成功或者失败)，程序会一直阻塞在该操作执行的位置，直到返回一个明确的结果。

非阻塞式程序会在产生阻塞操作的地方阻塞一定的时间(时间可以设置)。如果操作没有完成，在经过预定的等待时间之后，无论该操作成功与否，都结束该操作而执行后面的程序。

在 Windows 系统中提供了几个与非阻塞相关的系统函数和宏：

① ioctlsocket()。为了执行非阻塞操作，在创建了一个套接口后，调用 ioctlsocket 函数将套接字设置为非阻塞的套接字。

  int ioctlsocket(SOCKET s, long cmd, u_long FAR *argp)

参数含义为：

- s：要设置的套接字；
- cmd：对该套接字设置的命令，例如将套接字设置成为非阻塞，需要填写 FIONBIO；
- argp：指向 cmd 命令所带参数的指针。

② select()。为了进行非阻塞的操作，程序需要在进行非阻塞操作之前调用 select 函数，其作用是设定一个或多个套接字的状态，并进行等待，以便执行异步操作 I/O(非阻塞)。

  int select(int nfds, fd_set FAR *readfds, fd_set FAR *writefds, fd_set FAR *exceptfds, const struct timeval FAR *timeout)

参数含义为：

- nfds：为了与伯克利套接字相兼容而设定的参数。
- readfds：要检测的可读套接字集合(可设置为 NULL)。在三种情况下有信号出现：a. 集合中有套接字处于监听状态，并且该套接字上有来自客户端的连接请求；b. 集合中的套接字收到了 send 操作发送过来的数据；c. 集合中的套接字被关闭、重置或者中断。
- writefds：要检测的可写套接字集合(可设置为 NULL)。在两种情况下有信号出现：a. 集合中的套接字经过 connect 操作后，连接成功；b. 可以用 send 操作向集合中的套接字写数据。

• exceptfds：要检测的错误套接字集合(可设置为 NULL)。在两种情况下有信号出现：a. 集合中的套接字经过 connect 操作后，连接失败；b. 有带外数据到来。

• timeout：执行该函数时需要等待的时间，NULL 表示阻塞操作，0 则表示立即返回。

其中 fd_set 表示套接字集合。在使用 select 函数时，需要将相应的套接字加入到相应的集合中。如果集合中的套接字有信号，select 函数的返回值即为集合中有信号的套接字数量。

③ 与 fd_set 相关的宏。

• FD_ZERO(*set)：将集合 set 清空；
• FD_SET(s, *set)：将套接字 s 加入集合 set；
• FD_CLR(s, *set)：将套接字 s 移出集合 set；
• FD_ISSET(s, *set)：判断套接字 s 是否在集合中有信号。

请大家使用非阻塞通信相关函数修改本实验的服务器端代码，使它能够同时与多个客户端通信。

第 4 部分 数据包的流动

4.1 基础知识

4.1.1 主机内部的流动——协议的层次

主机之间的网络通信是一个复杂的过程。有经验的工程师对这种类型的通信过程至少可以提出以下 5 个问题：

(1) 硬件错误：在通信过程中主机、交换节点的硬件可能工作不正常，通信链路也有可能因为发生错误而变得不可用，那么就需要有能够检测这种错误并使之恢复正常工作的协议软件。

(2) 网络拥塞：网络的传输容量在任何一个时刻总是有限的。即使主机、交换节点和通信链路工作正常，网络中数据流动的猝发性也经常会导致网络拥塞。因此需要协议软件在某种程度上能够检测拥塞、调整数据发送的速率，尽量避免拥塞的发生或者拥塞的进一步加剧。

(3) 数据包的延迟和丢失：由于存在拥塞，数据包在去往目的地的途中就可能经历延迟。当路径上的一个中间节点，例如一个路由器发生了拥塞，其缓存不能容纳所有延迟数据包的时候，部分数据包就可能丢失。因此协议软件应该能够检测数据包的延迟和丢失，并从丢包状态中恢复。

(4) 数据错误：数据包在传输过程中的任何一个环节都有可能出错，所以接收方接收到的数据不一定是正确的。协议软件应该能够检测这种错误并作相应的处理。

(5) 数据包的重复和失序：在分组交换网络中，网络传输的是分组或者数据包。因为数据包丢失后主机一般会重新尝试发送，所以接收方有可能收到重复的数据包。数据包在前往目的地的路上也可能沿着不同的路径前进。这一点和交通网络中人们可以沿着不同的路线到达目的地的道理是一样的。但由于沿着不同的路径到达目的地，不同数据包的到达就会出现先后差别，数据流出发时的先后关系在到达目的地时就有可能改变。

要解决以上问题，只使用单一的协议软件是非常困难的。在计算机网络的发展过程中，人们使用了一种层次通信的思路解决了以上问题：

(1) 相邻主机之间的通信：这里相邻主机指的是物理上相连的两个主机。物理上相连的概念和本书在前面介绍子网概念时所讲的物理连接是一样的。两个主机不是通过通信链路直接相连，就是通过一个交换设备直接相连。如果大家阅读过本书第一部分，就明白在很多时候这其实就是局域网的通信问题。例如一个办公室里的设备共享、文件共享问题，都可以通过相邻主机之间的互联来解决。

(2) 任意主机之间的通信：这是指不同局域网之间主机的通信问题。如果在全世界范围内采用相同的局域网技术，把位于不同位置的主机互联起来，这种想法在技术上似乎可行，但是不同的国家、组织都有自己的利益和需求，在实际生活中其实是做不到的。较早注意到这个问题的就是 TCP/IP 网络，也就是说 TCP/IP 解决的是不同网络的互联问题。

(3) 操作系统进程之间的通信：网络通信的最终目的是为了应用，进而满足人们的需求。TCP/IP 在发展过程中考虑网络之间互联问题的同时，也考虑到了主机进程之间的通信问题，特别是在上个世纪 80 年代，人们把 TCP/IP 能够提供的通信服务：可靠的数据传输服务和用户数据报传输服务，封装成了套接字编程接口。进程之间网络通信的标准接口在应用程序和操作系统之间划分了清晰的界限。

(4) 应用程序之间的通信：在最近 30 多年里计算机网络最激动人心的发展都在应用层，这也是当今互联网世界创新的主战场，因此当然是独立的一个问题。

所以数据在主机内部的流动过程不只有一个协议软件单独在处理，它是由 TCP/IP 各个层次的协议模块协作完成从一个应用程序，或者说数据源发送进入网络的过程。

基于以上的考虑，TCP/IP 在一台主机中的存在分成了五个层：应用层、传输层、网络层、链路层和物理层。其中前面四个层次定义了数据包的处理过程，物理层定义了不同介质上数据的传输过程。

(1) 应用层：应用层是用户和互联网的界面。当用户启动一个网络应用程序后，应用程序就开始调用网络提供的传输服务发送或者接收数据(通过操作系统的套接字接口)。不同应用程序根据自身不同的数据传输特点，选择不同的传输层服务。例如 HTTP 选用的是流式套接字，以字节流的形式在浏览器和 Web 服务器之间传递消息。而 DNS 选用的是数据报套接字，不同消息各自独立地在网络中传递。

(2) 传输层：传输层的首要任务是为不同的进程提供通信服务，它处理进程间的通信问题。有时人们把这个过程称为端到端的通信，因为它关注的是通信两端的进程，与传输路径上的中间节点没什么关系。传输层通常在主机操作系统中以软件功能模块的形式实现。它提供可靠通信服务，保证数据到达的可靠性、正确性和有序性。

除了可靠数据通信，由于传输层还需要与不同的应用程序发生联系，因此它还需要处理多路复用的问题。传输层为了实现多路复用使用了端口号。对于从应用层交付过来的数据，传输层要求应用程序开发人员指定接收方进程的通信端口。在发送方，一般操作系统也会指派一个发送端口。有了接收和发送端口，传输层协议软件就可以区分开不同应用程序的消息。

传输层协议模块的数据发送过程，本质上是通过调用下一层的发送函数来实现的，依赖网络层的传输服务。

(3) 网络层：网络层处理任意两台主机之间的通信问题。它从传输层协议软件接受发送请求，这个请求中包含了数据和目的地 IP 地址。操作系统中的 IP 协议功能模块会封装数据，添加一个数据报头部。头部中包含的最重要的信息是源和目的地的 IP 地址。如果这个数据报的目的地是本地子网，那就直接交付。如果这个数据报的目的地不是本地子网，就将这个数据报交付给指定的网关。

网络层协议模块的数据发送过程，是通过调用链路层的发送函数实现的。

(4) 链路层：链路层主要处理相邻主机之间的通信问题。它的实现包括网络适配器硬件和位于操作系统中的驱动程序。链路层接收网络层发送过来的数据报，封装成链路层帧，并将它们传送出去。其中帧首部中最重要的信息是发送方和接收方的 MAC 地址。这个协议层主要的功能包括：

① 成帧，由于数据在物理层以比特流的形式进行传输，传输过程中可能发生错误。为了实现有效传输，链路层定义了特定的帧格式。在数据发送进入网络之前需要封装成帧。

② 差错控制，为了确保通信过程中数据的正确性，链路层会使用特殊的编码，例如循环冗余校验编码来检测和纠正错误。

③ 流量控制，数据的发送与接收能力必须互相匹配。例如千兆网卡和百兆交换机互联时，只能工作在一百兆的模式，否则交换机端口会来不及接收和处理数据。

④ 链路控制，链路控制功能包括数据链路的建立、维持和释放三个过程。

⑤ MAC 寻址，在以太网中，MAC 寻址主要指编址和介质访问控制协议等。

(5) 物理层：为链路层提供传送数据的通路和进行传输。在发送端到接收端之间的距离较长，单段物理介质不能满足传输需求的情况下，可以使用信号复制、加强技术连接两段通信介质来延长通信距离。例如在远距离光通信网络中就普遍使用光纤信号放大器延长光纤的中继距离。同时数据通路的两端要有能够进行数据传输的接口设备，保证数据能在其上正确通过，同时提供足够的带宽。

TCP/IP 各协议层次的数据传输单元如图 4-1 所示。

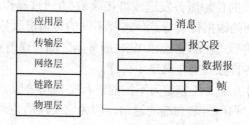

图 4-1 TCP/IP 各协议层次的数据传输单元

在源主机发送数据的时候，是通过函数调用、指定不同参数来实现各种传输服务的。在目的主机接收数据的时候，系统又是根据什么信息来调用不同的协议模块处理数据包中数据的呢？

当一个链路层帧到达主机以后，主机会根据其类型字段(Type)来决定由哪一个网络层协议软件处理这个帧所携带的数据。一个链路层帧里承载的不一定是 IP 数据报，也可以是其他类型的数据。系统在检查这个字段以后，根据字段的取值来决定交付的上层协议。

如果帧承载的是 IP 协议格式封装的数据，IP 协议功能模块会进一步根据 IP 数据报头部的协议字段(Protocol)选择合适的传输层协议进行处理。例如值为 6 表明数据报中包含的数据部分要交给 TCP，值为 17 表明数据要交给 UDP。

传输层协议会根据报文段里的端口号(Port)等其他信息选择合适的应用层程序，将报文段里封装的消息交付过去。

最终一个消息从源主机的一个应用程序发送到了目的主机的应用程序。

4.1.2 不同网络间的流动——Internet 的架构

数据包离开主机,到达网关路由器后,便正式开始了去往目的地的行程。

在过去的 30 多年里,Internet 在不断发展,现在已经成为了一个复杂的网络。发展的驱动力由最初的技术主导,逐渐演变为政治和经济因素占主导。现在想要准确地描述 Internet 的结构已经非常困难了。

Internet 前身 ARPANet 的建设初衷是为了军事。但事实上越来越多的用户来自于非军事领域。1983 年,出于国家军事安全的考虑,ARPANet 将其中的 45 个节点分离出去,专门组建了一个军事网络 MILNet。这样 ARPANet 的节点数降到了 68 个。1986 年,一个全新的网络出现了,它就是 NSFNet(National Science Fund Network),ARPANet 上的节点逐渐切换到了 NSFNet 上。1987 年,NSF 意识到互联网发展的速度以及它对商业的重要性已经不能单独依靠政府来支持了。于是和 Merit Networks 公司签订协议,由这家公司来管理 NSFNet 的主干网。第一家 ISP(Internet Service Provider)终于出现了。

数据报在离开网关路由器以后,开始在 ISP 的网络中游荡,直到最终到达目的地。

以中国的家庭网络为例,如果你选择了电信公司的宽带产品,那么 XX 市电信就是你家的接入 ISP,而中国电信集团公司是一个区域性(国家级)的 ISP。

集团公司一般会运营一个全国范围内的骨干网络。在其骨干网层面又分为核心层和汇接层。在核心层会处理各个省份间数据流的交互、和国内其他 ISP 的网络互联互通,以及国际出口数据交换中心的互联互通。在汇接层完成各个省份或者地市的汇聚接入,汇聚接入时大多采取多个核心接入的方式,以保证接入的可靠性。

在一个城市接入集团公司骨干网络的同时,它要负责本地的城市骨干网络和接入网络建设,为本地用户提供接入服务。

用户为 Internet 接入付费,这时候用户就是 Customer,接入 ISP 就是 Provider。接入 ISP 收取的费用除了支持本地网络建设,也要用于全国性骨干网络的建设。换句话说它要向集团公司上交部分费用,这时它变成了集团公司的 Customer,集团公司变成了 Provider。

全国性的骨干网络在国际出口与国外的网络互联,例如它可以与美国的一个全球 ISP 建立连接。同时,在骨干网络的一个核心节点它也与国内的其他 ISP 进行互联。这样我们就可以和 Internet 的其他用户通信了,即使他不是这个通信公司的客户。ISP 的互联如图 4-2 所示。

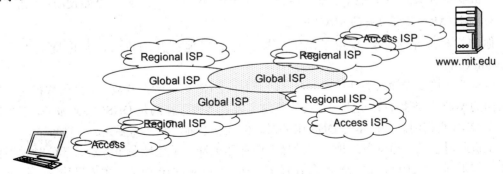

图 4-2 ISP 的互联

4.1.3 开启一天的互联网生活

周末的早上，当太阳晒到你床上的时候，你终于下定决心起床了。

起床后，你打开了笔记本电脑。家里一般会安装一个小的无线路由器，假设你的计算机此时使用的是家里的 wifi 而不是有线连接。路由器和电信的一个光猫(调制/解调器)连接。在上周通信公司光纤入户的市场推广中，你家里的 ADSL 网络已经换成了光纤网络，ADSL 猫也换成了光猫。而你打开电脑的原因，是想访问 www.mit.edu，因为你正在申请这所学校的奖学金。今天是它预定公布资助名单的时间。访问过程如下所示。

1) 与 Wifi(Wireless Fidelity，指 IEEE 802.11 网络)建立连接

Wifi 是无线局域网技术的俗称。无线局域网事实上的标准 IEEE802.11 定义了这个网络中的物理层和数据链路层规范。无线路由器、或者 AP(Access Point)不断地广播信标帧(Beacon Frame)。计算机顺利地接收到了一个信标帧、发出了关联请求。无线路由器许可了这次关联请求。计算机和无线路由器建立了关联关系。这时等于有一条无形的网线把计算机和路由器连接了起来。

2) 通过 DHCP 获得 IP 地址等

主机操作系统在获知已经与无线路由建立连接这一消息后，立即生成了一个 DHCP 请求消息。这是一条封装在 UDP 报文段中的广播消息，目的端口为 67。承载这条消息的报文段被封装在一个 IP 数据报中广播了出去，目的地址是 255.255.255.255，源地址是 0.0.0.0。因为是广播消息，所以这个 IP 数据报被封装在一个特殊的链路层帧中，目的地 MAC 地址为 FF-FF-FF-FF-FF-FF，源 MAC 地址是你主机无线网卡的 MAC 地址。

家用的无线路由器一般具有 DHCP 服务器的功能。路由器收到 DHCP 请求以后，它的操作系统会从这个广播帧中提取出 IP 数据报，根据 IP 数据报的协议字段了解到这是一个 UDP 数据，然后提取出 UDP 报文段。当检查到报文段的接收端口是 67 时，它明白这是一个去往 DHCP 服务器的消息，然后把这个消息传递给了 DHCP 服务器。

DHCP 服务器根据你事先对无线路由的配置，从 IP 地址池里取出一个 IP 地址，连同默认的网关地址和掩码，例如 192.168.1.1/24，还有路由器与光猫连接后从通信公司接入服务器那边了解到的本地 DNS 服务器地址，把这四个信息一块封装在 DHCP 确认消息中返还给你的主机。

主机取得 IP 地址等其他信息后，再次与 DHCP 服务器确认，然后开始使用这些信息。

3) 通过 ARP 获得网关的 MAC 地址

你的主机显示你已经获得了网络连接。你高兴地打开浏览器，在地址栏里输入 www.mit.edu。

浏览器在接受你输入的地址后，首先调用主机名/IP 地址转换函数，这个函数将返回你想访问的 Web 服务器的 IP 地址。最终执行这个域名转换工作的是 DNSClient 服务，它会构造一个 DNS 查询消息发往本地 DNS 服务器。但在这之前，它还需要完成一件事情。

主机此时已经知道网关地址、本地域名服务器地址。本地域名服务器大部分时候不会和主机位于同一个子网，也一般不会具有 192.168.1 开头的 IP 地址。主机操作系统经过判断得出本地 DNS 服务器位于一个外部网络的结论。但是如何到达这个外部网络呢？它知道

要把这个 DNS 查询消息交付给网关，因为操作系统开发人员给它的操作规程就是：所有目的地不是本地的数据报默认全部交付给网关。

它需要与网关取得联系，更确切地说，它要立即获得网关的 MAC 地址。

这时 ARP 协议模块启动工作了。ARP 协议构造了一个目的地址是网关 192.168.1.1 的查询消息，封装在一个目的地 MAC 地址为 FF-FF-FF-FF-FF-FF 的链路层帧中发送了出去。

无线路由器收到了这个带有 ARP 查询的帧，它立即回复说：网关接口的 MAC 地址是 00-11-22-2b-4c-5d。因为你的主机在 ARP 查询消息中附加了它的 MAC 地址，所以无线路由的反馈消息直接送还给了你的主机，而没有再使用广播的形式。主机得到网关的 MAC 地址后，后续所有的去往外网的数据将全部封装在目的地为此地址的链路层帧中。

4) 使用 NAT 访问本地 DNS 服务器

ISP 提供的本地 DNS 一般位于 ISP 接入网的一个局域网中，而且使用公有的 IP 地址。由于这是一个去往外网的数据报，DNS 查询消息交付给网关后，无线路由器需要把它转换成一个适合外网传输的数据报。它要把这个数据报里的源地址从 192.168.1.X 转换成外网的地址。

无线路由器和 ISP 的接入网连接后，ISP 会动态地分配给这个无线路由器一个公有的 IP 地址。大家在无线路由器管理页面的运行状态选项中可以查看这个地址。

无线路由器提供的 NAT 服务，本质上是使用 ISP 提供的外网地址替换前面 DHCP 服务器分配的内网地址。这个转换过程同时替换了该报文段的源端口号，并用端口号来索引这个转换。NAT 服务一般使用转换表的形式来完成转换，转换过程中的具体信息是记录在 NAT 转换表上的。在这个例子中，当 DNS 查询的响应消息返回到无线路由时也同样需要通过查表把目标地址转换为内网地址、端口号转换为原来的端口号，转换完成后再将这个消息发送回源主机。

经过 NAT 转换以后，DNS 查询消息顺利的来到了本地 DNS 服务器。

5) 本地 DNS 服务器与权威 DNS 服务器的交互

假设 DNS 服务器昨天刚被管理员重启，因此缓存中的数据已经被清空。这意味着服务器原有的查询记录全部丢失了。因此本地 DNS 服务器收到这个查询消息后，需要重新发起查询。

它首先要将查询消息发送给一个根域名服务器。根域名服务返回的消息表明 edu 这个域是 edu 顶级域名服务器在管理的，接下来，本地域名服务器去问 edu 顶级域名服务器，并获得 mit.edu 权威域名服务器的 IP 地址。最后本地域名服务器发送一个查询消息给 mit.edu 权威域名服务器，获得服务器 www.mit.edu 的地址。

在这个过程中，本地域名服务器也要把查询消息交付给它的网关。为了和你家里的网关以示区别，暂且称它为网关 B。网关 B 通过各种路由协议(例如自治系统之间的路由协议 BGP、自治系统内部的路由协议 RIP 和 OSPF)，已经事先构建了去往根域名服务器、顶级域名服务器和 mit.edu 权威域名服务器的转发表。

本地域名服务器获得 www.mit.edu 的 IP 地址后，返还给主机的 DNSClient 服务进程。DNSClient 以系统调用返回的方式将结果交付给浏览器。

6) 通过 HTTP 访问 www.mit.edu

浏览器得到 www.mit.edu 的 IP 地址后，开始访问这个网站。

HTTP 协议使用 TCP 服务，所以它首先要与 Web 服务器建立 TCP 连接。在 TCP 客户端与服务器进行"三次握手"、分配发送/接收缓存、初始化控制变量、建立连接后才能正式开始通信。

当你的 HTTP 请求最终来到 www.mit.edu 服务器的时候，其实故事已经接近尾声了。服务器剩下的工作就是把你要的网页从外部存储中取出并封装成 HTTP 响应消息，然后放在一个 TCP 报文段、IP 数据报里，发送到它的网关。经过一番辗转，这个数据报最后回到了你的主机。

网页上终于出现了你盼望已久的画面!

4.2 能力培养目标

TCP/IP 协议分为应用层、传输层、网络层、链路层和物理层。数据从应用程序到操作系统、网卡、物理链路，依次被封装成消息、报文段、数据报、链路层帧，最后被传输进入 Internet。

Internet 的核心是由接入 ISP、区域 ISP 以及完成区域间网络互联的第一层次 ISP 组成的。这些 ISP 的路由器是 Internet 的核心交换节点，网络边缘主机发送进入 Internet 的数据报，通过一系列的交换节点才来到目的主机的。

在使用无线主机上网的过程中，主机首先需要和无线路由关联、取得 IP 地址和网关等信息。在一个数据报从内网流动到外网的过程中，首先要把内网地址转换为外网地址。一个简单的 Web 页面浏览过程，一般都是从域名解析开始的。在完成域名解析以后，Web 浏览器才与目标服务器建立 TCP 连接，开始网页的请求过程。

在 4.3 小节，本书安排了八个 Wireshark 数据包捕获实验，帮助大家深入网络数据流的内部，观察数据包的流动和具体的组织结构，进而加深对网络协议的理解。这八个实验分别为:

- IEEE 802.11 协议;
- DHCP 协议;
- ARP 协议;
- NAT 协议;
- DNS 协议;
- TCP 协议;
- HTTP 协议;
- ICMP 协议。

在完成以上实验后，读者将会有以下几方面的进步:

• 了解 802.11 网络应用场景和 802.11 帧的结构，理解 802.11 网络认证和关联的基本过程。

• 了解无线路由 DHCP 协议的配置和 DHCP 消息结构，理解 DHCP 协议的基本工作过程。
- 了解 ARP 数据包的格式，理解 ARP 的工作原理和主机之间的通信过程，掌握主机静态 ARP 的设置方法。
- 了解普通数据包和 ICMP 数据包流经 NAT 路由的基本过程。
- 了解 DNS 数据包的基本结构，理解 DNS 迭代查询的基本过程。
- 了解 TCP 报文段的结构，理解 TCP "三次握手"和连接终止的基本过程，认识 TCP 重置，理解 TCP 可靠数据传输的基本原理，掌握 TCP 数据流追踪的方法。
- 了解 HTTP 消息的结构，理解持久连接和非持久连接的区别、Conditional Get 的作用、Cookie 的工作原理，掌握 HTTP 数据流追踪的方法。
- 理解 ping 命令和 tracert 命令的工作原理，掌握 tracert 命令的使用方法。

4.3 实 验 内 容

4.3.1 IEEE 802.11 协议

1. 实验原理

WiFi 指的是 IEEE 802.11 无线局域网，是 802.11a、802.11b、802.11g 和 802.11bn 等的统称。这些标准的共同特征是它们使用相同的介质访问控制协议 CSMA/CA，具有类似的链路层帧格式、都允许使用"基础设施模式"和"自组织模式"。这里的基础设施模式指的是使用了类似无线路由的 AP 模式，而自组织模式指的是无线主机之间的端到端互联。这几个标准的传输速率和使用频率范围如表 4-1 所示。

表 4-1　IEEE 802.11 标准

标准	频率	速率
802.11a	5.2 GHz	54 Mb/s
802.11b	2.4 GHz	11 Mb/s
802.11g	2.4 GHz	54 Mb/s
802.11n	2.4 GHz /5 GHz	300 Mb/s

无线路由通常指配备了无线 AP 的路由器。无线路由在安装时管理员会指定这个设备的名字，或者叫服务集标识(Service Set Identifier，SSID)。当主机在"查看可用的无线网络时"，就会显示一定范围内所有 AP 的 SSID。

802.11 标准要求每个 AP 周期性地发送信标帧(Beacon Frame)，信标帧包含 AP 的 SSID 和 MAC 地址，这是"查看可用的无线网络时"会显示无线网络的一个原因。

大部分无线路由在用户请求关联的时候会进行认证。802.11 有几种认证方式：开放系统认证、共享密钥认证、WPA(Wi-Fi Protected Access，WPA 和 WPA2)等等。认证通过以后，AP 和无线主机才会进行关联，分配 IP 地址。

2. 实验目的

(1) 了解 802.11 网络应用场景。
(2) 了解 802.11 网络帧结构。

(3) 理解 802.11 网络认证基本过程。

(4) 理解 802.11 网络关联基本过程。

3. 实验拓扑

本实验要求有 WiFi 接入，例如家里的无线路由器，或者校园里的无线 AP 都满足实验要求。同时你需要一台 MAC 系统或者 Linux 系统的无线主机。拓扑结构如图 4-3 所示。

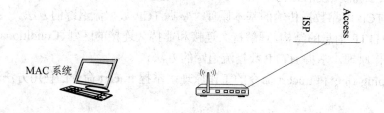

图 4-3　802.11 数据包捕获实验拓扑

4. 实验步骤

在进行以下实验之前，大家首先需要阅读附录 C Wireshark 的安装和使用，掌握 Windows 环境下数据包捕获工具安装、使用的基本方法。

1) Mac 系统环境下的 Wireshark 安装和使用

无线网卡有多种工作模式。例如主机和 Wifi 连接的时候，它的无线网卡工作于被管理模式(Managed Mode)；当主机开启热点，给朋友提供 Wifi 服务的时候，它工作于主模式(Master Mode)。还有两种类型的模式，AdHoc 模式和监听模式(Monitor Mode)或 RFMON (Radio Frequency MONitor)模式。

在阅读附录 C 时，如果大家是使用笔记本电脑的无线网卡进行抓包，会发现这里面好像没有 802.11 数据流！这是因为此时 Wireshark 处理的都是链路层以上的数据。而在这个实验中，需要捕获链路层及以下的数据，就是 802.11 帧，需要网卡开启监听模式。监听模式，是指无线网卡可以接收所有经过它的数据流的工作方式。而在 Windows 环境下开启无线网卡的监听模式需要特殊的硬件和驱动程序。例如配置 AirPCap 工具，这是由美国 CACE 公司设计一种专门用于无线网络分析的工具。它是 Windows 平台上的无线分析、嗅探与破解工具，用来捕获并分析 802.11 a/b/g/n 的控制、管理和数据帧。

另外一个方法是在一些支持监听模式的操作系统环境中进行本实验。

在 Mac 系统中，可以软件开启支持网卡监听模式，和 Wireshark 一起完成 802.11 的数据包捕获实验。如果没有 Mac 系统，大家可以尝试使用 Linux 系统的不同发布版本进行相同的实验。在以下实验中，数据包捕获都是在 Mac 系统中完成的。

Wireshark 在 Mac 系统的安装和使用类似 Windows。安装好 Wireshark 后，选择需要进行数据包捕获实验的网卡开启监听模式，即可进行 802.11 数据包的捕获。

2) 802.11 的帧结构和介质访问控制协议 CSMA/CA

802.11 帧与以太网帧有许多不同，它包含了许多特定的用于无线链路的字段。它的帧结构如图 4-4 所示，在图中每个字段上面的数字代表该字段的长度，单位是字节。在帧控制字段中，每个字段上面的数字代表字段的比特长度。

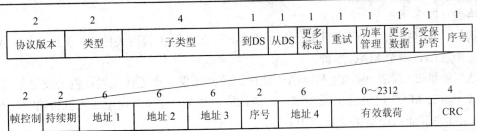

图 4-4 802.11 帧结构

802.11 帧其实是从 Preamble 前导标识开始的,用于接收设备识别 802.11 帧,而后续的 PLCP(Physical Layer Convergence Protocol)域中包含一些物理层的协议参数,显然 Preamble 及 PLCP 是物理层的一些细节。因此图 4-4 中并没有显示。

在图 4-4 中可以看到,一个 802.11 帧基本由 MAC 头部、帧体部分和 CRC 校验域组成。

(1) MAC 头部:包括帧控制域(Frame Control)、持续时间/标识(Duration/ID)、地址域(Address)、序号控制域(Sequence Control)、服务质量控制(QoS Control)等部分。

(2) 帧体部分:所包含的信息根据帧的类型有所不同,里面封装的是上层的数据传输单元,长度为 0~2312 个字节。

(3) CRC 校验域:包含 32 位循环冗余校验码。

其中帧控制域的字段含义见表 4-2。

表 4-2 802.11 帧控制域

字段名		用途
协议版本	Protocol Version	通常为 0
类型域	Type	类型域和子类型域共同指出帧的类型
子类型	Subtype	
到 DS	To DS	表明该帧是无线主机向 AP 发送的帧
从 DS	From DS	表明该帧是 AP 向无线主机发送的帧
更多标识	More Frag	用于说明长帧被分段的情况,是否还有其他的帧
重试	Retry	用于帧的重传,接收主机利用该域消除重传帧
能量管理	Pwr Mgt	为 1:主机处于 power_save 模式,0:处于 active 模式
更多数据	More Data	为 1:至少还有一个数据帧要发送给主机
受保护否	Protected Frame	为 1:帧体部分包含被加密处理过的数据;否则为 0
序号域	Order	为 1:长帧分段传送时,严格按照顺序处理;否则为 0

针对帧的不同功能,802.11 将 MAC 帧细分为以下三类:

(1) 控制帧:用于竞争期间的握手通信和正向确认、结束非竞争期等。

(2) 管理帧:主要用于无线主机与 AP 之间协商、关系的控制,如关联、认证、同步等。

(3) 数据帧:用于在竞争期和非竞争期传输数据。

帧控制域中的类型域和子类型域共同指出帧的类型。例如当 Type 为 00 时,该帧为管理帧;为 01 时,该帧为控制帧;为 10 时,该帧为数据帧。而 Subtype 进一步判断帧类型,如管理帧里头细分为关联和认证帧。

802.11 帧中最引人注意的地方是它具有四个地址字段,其中每个地址字段都可以填充一个 MAC 地址。为什么要四个地址字段呢?这主要是因为无线 AP 的出现使主机和基础设施网络通信时多了一个中间节点。

例如，数据报从一个无线主机经过一个 AP 送到一路由器网关接口。无线主机、AP 和网关路由器都有一个 MAC 地址。

这里地址 2 是发送帧的主机 MAC 地址。因此如果一个无线主机往网关发送数据时，该无线主机的 MAC 地址就出现在这里。类似地，如果一个 AP 向无线主机传输帧，AP 的 MAC 地址会被插入在地址 2 字段中。

地址 1 是要接收这个帧的无线主机的 MAC 地址。因此如果一个无线站点发送链路层帧，地址 1 就包含了目的地 AP 的 MAC 地址。类似地，如果一个 AP 传输帧给无线主机，地址 1 就包含目的主机的 MAC 地址。

在这个例子中，无线主机最终希望把数据交付给网关，因此地址 3 中填充的是网关的 MAC 地址。

无线路由接收到这个帧后，将其转换为以太网帧。这个以太网帧的源地址字段是无线主机的 MAC 地址，也就是地址 2 的 MAC 地址。目的地址字段是网关的 MAC 地址，也就是地址 3。因此，地址 3 在 AP 转换 802.11 帧为以太网帧的过程中起到了重要作用。

在自组织网络中会使用到地址 4。

大家应该仔细检查 Wireshark 所捕获数据帧中各个地址的具体使用情况。

在 802.11 协议基础模式中当一个无线主机需要发送帧时，使用 CSMA/CA 机制协调信道的访问。

首先检测信道是否空闲。如果检测到信道空闲，则随机等待一段时间(DIFS，Distributed Inter-frame Spacing)后才送出数据。如果接收端正确收到此帧，则经过一段时间间隔后(SIFS，Short inter-frame space)，向发送端返回确认帧 ACK。发送端收到确认帧，才确定数据正确传输。

如果检测到信道繁忙。主机使用 BEB(Binary Exponential Back off)机制即二进制指数退避算法调整竞争窗口(再次竞争的等待时间)，竞争窗口关闭后再次尝试发送。

802.11 也可以使用 RTS/CTS(Request To Send/Clear To Send)模式。在这种模式中，发送主机向 AP 发送 RTS 请求发送。RTS 帧是一个单播帧，没有加密，其 Duration 字段中填充包含后续数据发送过程中总体所需要的时间。AP 收到请求后，返回 CTS 允许某个主机开始发送，主机收到 CTS 后，获知信道空闲，等待一段时间后开始发送数据。而其他主机收到不是自己的 CTS 反馈，会抑制发送。整个过程类似向 AP 预约信道。

3) 802.11 的信标帧

无线主机扫描信道和监听信标帧的过程称为被动扫描(Passive Scanning)。无线主机也能够执行主动扫描(Active Scanning)，这是通过向位于无线主机范围内的所有 AP 广播探测帧完成的。AP 用响应帧应答无线主机的探测请求。无线主机则在响应的 AP 中选择一个 AP 与之关联。在家用无线路由中只要设置 SSID 广播关闭，AP 就不再会广播信标帧。这时，只有知道这个无线路由 SSID 的用户才可以进行连接。

实例 4-1：Wireshark 过滤显示信标帧

    wlan.fc.type == 0 && wlan.fc.subtype == 8

图 4-5 显示了一个信标帧的详细信息。大家若打开 Wireshark 进行数据包捕获，会发现

这种类型的数据包太多了。从数据包的 Info 字段非常容易就能发现 Beacon frame 关键字，从而判定这是一个信标帧。信标帧包含的重要信息是 SSID，AP 支持的传输速率、信道等信息。从图中不难发现，这是一个 TP-Link 公司的无线路由器，支持的最高传输速率为 54 Mb/s。开放系统认证过程中的 802.11 帧列表见表 4-3。

表 4-3 开放系统认证过程中的 802.11 帧列表

No	Time	Source	Destination	Protocol	Length	Info
21	3.0534	Tp-LinkT_88:67:b8	Broadcast	802.11	260	Beacon frame, SN=1909,
20	3.1379	IntelCor_2b:9f:e9	Tp-LinkT_a6:ac:4	802.11	59	Authentication, SN=1370,
21	3.1382		IntelCor_2b:9f:e9	802.11	39	Acknowledgement,
22	3.1387	Tp-LinkT_a6:ac:44	IntelCor_2b:9f:e9	802.11	59	Authentication, SN=2040,
23	3.1390		Tp-LinkT_a6:ac:4	802.11	39	Acknowledgement,

> Frame 21909: 260 bytes on wire (2080 bits), 260 bytes captured (2080 bits) on interface 0

> Radiotap Header v0, Length 25

> 802.11 radio information

∨ IEEE 802.11 Beacon frame, Flags: C

    Type/Subtype: Beacon frame (0x0008)

    > Frame Control Field: 0x8000

    .000 0000 0000 0000 = Duration: 0 microseconds

    Receiver address: Broadcast (ff:ff:ff:ff:ff:ff)

    Destination address: Broadcast (ff:ff:ff:ff:ff:ff)

    Transmitter address: Tp-LinkT_88:67:b8 (ec:88:8f:88:67:b8)

    Source address: Tp-LinkT_88:67:b8 (ec:88:8f:88:67:b8)

    BSS Id: Tp-LinkT_88:67:b8 (ec:88:8f:88:67:b8)

    .... 0000 = Fragment number: 0

    0111 0111 0101 .... = Sequence number: 1909

    Frame check sequence: 0x0eb091ef [correct]

    [FCS Status: Good]

∨ IEEE 802.11 wireless LAN

    > Fixed parameters (12 bytes)

    ∨ Tagged parameters (46 bytes)

        > Tag: **SSID parameter set: TP-XJ**

        > Tag: **Supported Rates 1(B), 2(B), 5.5(B), 11(B), 6, 12, 24, 36, [Mbit/sec]**

        > Tag: DS Parameter set: Current Channel: 6

        > Tag: Traffic Indication Map (TIM): DTIM 0 of 0 bitmap

        > Tag: ERP Information

        > Tag: Extended Supported Rates 9, 18, 48, 54, [Mbit/sec]

        > Tag: Vendor Specific: AtherosC: Advanced Capability

图 4-5 信标帧

4) 802.11 的认证

802.11 有开放系统认证(Open System Authentication)和共享密钥认证两种方式。IEEE 制定的 802.11i 协议主要解决 WEP(Wired Equivalent Privacy)加密机制缺乏机密性的问题,包含 WPA(Wi-Fi Protected Access)和 WPA2。

实例 4-2:Wireshark 过滤显示认证帧

wlan.fc.type == 0 && wlan.fc.subtype == 11

开放式系统认证过程中,无线主机发送认证请求,AP 会判断主机是否通过认证,然后决定是否允许接入。申请主机发送 Authentication 帧,认证序号为 0x01。认证者收到后,先反馈表示接收正确的 ACK 帧,然后同样发送 Authentication 报文,认证序号为 0x02,并在 Status code 字段置 0 表示认证成功。一般在开放式系统认证中,所有请求都会通过。当 AP 不需要对访问的无线主机进行控制时才会采用此类认证。

与开放式系统认证相比,共享密钥认证提供了更高的安全级别。共享密钥需要无线主机和 AP 配置相同的密钥,同时支持 WEP 协议。

无线主机向 AP 发送认证请求,AP 接收认证请求后,返回一个认证帧。无线主机接收到认证帧后,使用共享密钥加密,然后将加密的文本返还给 AP。AP 比较加密后的密文,判断是否认证成功。由于 WEP 加密容易受到攻击,已经不再推荐使用。

如图 4-6、4-7 显示了开放式系统认证请求帧的发送和确认。
如图 4-8、4-9 显示了开放式系统认证回复帧的发送和确认。

```
> Frame 21920: 59 bytes on wire (472 bits), 59 bytes captured (472 bits) on interface 0
> Radiotap Header v0, Length 25
> 802.11 radio information
> IEEE 802.11 Authentication, Flags: ........C
∨ IEEE 802.11 wireless LAN
    Fixed parameters (6 bytes)
       Authentication Algorithm: Open System (0)
       Authentication SEQ: 0x0001
       Status code: Successful (0x0000)
```

图 4-6 认证请求帧

```
> Frame 21921: 39 bytes on wire (312 bits), 39 bytes captured (312 bits) on interface 0
> Radiotap Header v0, Length 25
> 802.11 radio information
∨ IEEE 802.11 Acknowledgement, Flags: ........C
    Type/Subtype: Acknowledgement (0x001d)
    > Frame Control Field: 0xd400
    .000 0000 0000 0000 = Duration: 0 microseconds
    Receiver address: IntelCor_2b:9f:e9 (58:fb:84:2b:9f:e9)
    Frame check sequence: 0x1365e8f7 [correct]
    [FCS Status: Good]
```

图 4-7 认证请求帧的确认

> Frame 21922: 59 bytes on wire (472 bits), 59 bytes captured (472 bits) on interface 0
> Radiotap Header v0, Length 25
> 802.11 radio information
> IEEE 802.11 Authentication, Flags: C
∨ IEEE 802.11 wireless LAN
   Fixed parameters (6 bytes)
      Authentication Algorithm: Open System (0)
      Authentication SEQ: 0x0002
      Status code: Successful (0x0000)

图 4-8　认证回复帧

> Frame 21923: 39 bytes on wire (312 bits), 39 bytes captured (312 bits) on interface 0
> Radiotap Header v0, Length 25
> 802.11 radio information
∨ IEEE 802.11 Acknowledgement, Flags: C
   Type/Subtype: Acknowledgement (0x001d)
   > Frame Control Field: 0xd400
   .000 0000 0000 0000 = Duration: 0 microseconds
   Receiver address: Tp-LinkT_a6:ac:44 (00:23:cd:a6:ac:44)
   Frame check sequence: 0x19c073f4 [correct]
   [FCS Status: Good]

图 4-9　认证回复帧的确认

5) 802.11AP 的关联

无线主机要接入无线网络，必须与特定的 AP 建立关联。当主机通过指定 SSID 选择无线网络并经过 AP 认证后，会立即向 AP 发送关联请求(Association Request)帧。AP 会对关联请求帧携带的主机信息进行检测，最终确定该主机是否具备接入网络的能力，并向主机回复关联响应(Association Response)帧以告知链路是否关联成功。通常无线主机只能与一个 AP 建立关联链路。且关联请求总是由无线主机发起。

关联操作一般包括二个步骤。其中所用到的两个帧：关联帧及响应帧被归类为关联管理帧。关联过程如下：

(1) AP 完成身份验证后无线主机发送关联请求帧。未经过身份验证的无线主机会从 AP 处收到一个 Deauthentication 响应帧。

(2) AP 随后会对关联请求进行处理，返还响应帧。

实例 4-3：Wireshark 过滤显示关联帧
    wlan.fc.type == 0 && wlan.fc.subtype == 0

表 4-4 中的 802.11 帧列表显示了一个完整的关联过程。

图 4-10，4-11 显示了关联请求帧的发送和确认。控制域的类型和子类型字段清楚地显示这是一个关联请求帧。

表 4-4　AP 关联过程中的 802.11 帧列表

No.	Time	Source	Destination	Protocol	Length	Info
24	3.139934	IntelCor_2b:9f:e9	Tp-LinkT_a6:ac:44	802.11	87	Association Request,
25	3.140252		IntelCor_2b:9f:e9	802.11	39	Acknowledgement,
26	3.140991	Tp-LinkT_a6:ac:44	IntelCor_2b:9f:e9	802.11	75	Association Response,
27	3.141305		Tp-LinkT_a6:ac:44	802.11	39	Acknowledgement,

\> Frame 21924: 87 bytes on wire (696 bits), 87 bytes captured (696 bits) on interface 0
\> Radiotap Header v0, Length 25
\> 802.11 radio information
\> IEEE 802.11 Association Request, Flags: C
∨ IEEE 802.11 wireless LAN
　　∨ Fixed parameters (4 bytes)
　　　　\> Capabilities Information: 0x1431
　　　　Listen Interval: 0x00fa
　　\> Tagged parameters (30 bytes)
　　　　\> Tag: SSID parameter set: TP-XJ
　　　　\> Tag: Supported Rates 1(B), 2(B), 5.5(B), 11(B), 6, 9, 12, 18, [Mbit/sec]
　　　　\> Tag: Extended Supported Rates 24, 36, 48, 54, [Mbit/sec]
　　　　\> Tag: RM Enabled Capabilities (5 octets)

图 4-10　关联请求帧

\> Frame 21925: 39 bytes on wire (312 bits), 39 bytes captured (312 bits) on interface 0
\> Radiotap Header v0, Length 25
\> 802.11 radio information
∨ **IEEE 802.11 Acknowledgement, Flags: ....C**
　　Type/Subtype: Acknowledgement (0x001d)
　　\> Frame Control Field: 0xd400
　　.000 0000 0000 0000 = Duration: 0 microseconds
　　Receiver address: IntelCor_2b:9f:e9 (58:fb:84:2b:9f:e9)
　　Frame check sequence: 0x1365e8f7 [correct]
　　[FCS Status: Good]

图 4-11　关联请求帧的确认

图 4-12，4-13 显示了关联响应帧的发送和确认。同样的，从响应帧的类型和子类型字段可以清楚地确认这是一个关联响应帧。

\> Frame 21926: 75 bytes on wire (600 bits), 75 bytes captured (600 bits) on interface 0
\> Radiotap Header v0, Length 25
\> 802.11 radio information
\> IEEE 802.11 Association Response, Flags: C
\> IEEE 802.11 wireless LAN
　　∨ Fixed parameters (6 bytes)
　　　　Capabilities Information: 0x0431
　　　　Status code: Successful (0x0000)
　　　　..00 0000 0000 1111 = Association ID: 0x000f
　　∨ Tagged parameters (16 bytes)
　　　　\> Tag: Supported Rates 1(B), 2(B), 5.5(B), 11(B), 6, 12, 24, 36, [Mbit/sec]
　　　　\> Tag: Extended Supported Rates 9, 18, 48, 54, [Mbit/sec]

图 4-12　关联响应帧

>Frame 21927: 39 bytes on wire (312 bits), 39 bytes captured (312 bits) on interface 0
>Radiotap Header v0, Length 25
>802.11 radio information
∨**IEEE 802.11 Acknowledgement, Flags: ....C**
　Type/Subtype: Acknowledgement (0x001d)
　>Frame Control Field: 0xd400
　.000 0000 0000 0000 = Duration: 0 microseconds
　Receiver address: Tp-LinkT_a6:ac:44 (00:23:cd:a6:ac:44)
　Frame check sequence: 0x19c073f4 [correct]
　[FCS Status: Good]

图 4-13　关联响应帧的确认

5. 问题思考

（1）家用的无线路由器，通常都有无线网络的基本配置和管理功能。例如基本配置、MAC 地址过滤和主机状态管理功能。在基本配置管理功能中，通常可以设置路由器无线网络的基本参数和安全认证选项。例如某型号路由器上的选项：

SSID 号：　XXX

频段：　　1-13

模式：　　54Mbps 802.11g

□开启无线功能

□允许 SSID 广播

□开启 Bridge 功能

□开启安全设置

　　安全类型：　　WEP、WPA/WPA2、WPA-PSK/WPA2-PSK

　　安全选项：　　开放系统、共享密钥

　　密钥格式选择：16 进制、ASCII 码

观察离你最近的无线路由器，获得管理员密码后检查它使用的认证方式。并使用 Wireshark 验证其认证过程。

（2）查阅文献，研究 WEP 认证的弱点，比较 WEP 认证和 WPA 认证的区别。

（3）在 MAC 或 Linux 系统安装 Wireshark 以后，观察它是否可以捕获其他主机通信过程中的 802.11 帧？

4.3.2　DHCP 协议

1. 实验原理

在实验 2.3.6 中，大家已经掌握了 DHCP 服务器和 DHCP 中继的基本配置方法。当无线主机通过关联与无线路由建立连接后，主机和路由之间就相当于有了一条物理链路。无线主机接下来要做的是获得一个 IP 地址以满足联网需求。DHCP 协议采用服务器和客户机的工作方式。这时，作为客户端的无线主机会向 DHCP 服务器发起 IP 地址的请求，获得 IP 地址、网关和域名服务器地址。

家用无线路由一般会安装和配置 DHCP 服务器。它会根据事先预定的 IP 地址分配策略

和预先的配置向客户机返回相应的 IP 地址、子网掩码、网关和域名服务器。

2．实验目的

(1) 了解家用无线路由 DHCP 协议的配置。
(2) 了解 DHCP 消息结构。
(3) 理解 DHCP 协议的基本工作过程。
(4) 掌握无线路由 DHCP 协议静态 IP 地址分配的方法。

3．实验拓扑

本实验可以使用 WiFi 接入。例如家里的无线路由器，或者校园里的无线 AP，它们都满足实验要求。或者使用有线局域网接口的路由器，通过双绞线和路由器建立连接。但在这两种情况下，路由器都必须具有 DHCP 功能。同时，需要一台安装有 Wireshark 软件的 PC，但对其操作系统没有具体要求。使用 DHCP 获得 IP 地址的拓扑结构如图 4-14 所示。

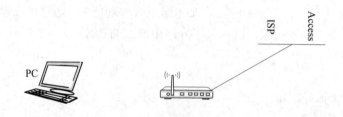

图 4-14　使用 DHCP 获得 IP 地址的实验拓扑

4．实验过程

1) 无线路由 DHCP 服务器的配置

在家用的无线路由器中，DHCP 服务管理菜单中通常有 DHCP 服务配置、客户端列表和静态地址分配三个选项。在本实验中，需要首先观察和配置 DHCP 服务器。下面是某型号路由器的配置实例。

实例 4-4：无线路由 DHCP 服务器的配置

　　DHCP 服务

　　本系统内建 DHCP 服务器，它能自动替您配置局域网中各计算机的 TCP/IP 协议。

DHCP 服务器：	□不启用　□启用
地址池开始地址：	192.168.1.100
地址池结束地址：	192.168.1.199
地址租期：	120 分钟(1～2880 分钟，缺省为 120 分钟)
网关：	0.0.0.0　　　　　　(可选)
缺省域名：	(可选)
主 DNS 服务器：	202.101.172.35　　(可选)
备用 DNS 服务器：	202.101.172.47　　(可选)

大部分时候，无线路由使用出厂时的默认启动配置。在这里可以看到，路由器的地址池包含了 192.168.1.100-199 总共 100 个可分配的地址。域名服务器的 IP 地址是

202.101.172.35、202.101.172.47。

2) DHCP 消息格式和一次 DHCP 交互过程

DHCP 的前身是引导程序协议 BOOTP(Bootstrap Protocol)，DHCP 可以说是 BOOTP 的增强版本。BOOTP 的应用场景是无磁盘主机连接网络，在这个场景中网络主机使用 BOOT ROM 而不是磁盘启动并连接网络。BOOTP 协议可以自动为主机设定 TCP/IP 协议参数，例如 IP 地址、网关等。在后续的实验中可以在 DHCP 消息中看到 BOOTP。

DHCP 消息封装在 UDP 报文段中传输。其消息结构如图 4-15 所示。

0	8	16	24	31
报文类型	硬件地址类型	硬件地址长度		跳数
事务ID			
时间		标志	
客户端地址			
你(客户端)地址			
下一个服务器地址			
DHCP中继地址			
客户端硬件地址(16字节)			
可选的服务器主机名(64字节)			
启动文件名(128字节)			
可选字段(64字节)			

图 4-15 DHCP 消息结构

该结构中各个字段的主要含义如下：

-报文类型(OP)：1 表示请求报文，2 表示回应报文。

-硬件地址类型(Htype)：1 表示以太网。

-硬件地址长度(Hlen)：6 表示以太网。

-跳数(Hops)：客户端设置为 0，也能被代理服务器设置。

-事务 ID(XID)：客户端选择的一个随机数，客户端用它对请求和应答进行匹配。该 ID 由客户端设置并由服务器返回，为 32 位整数。

-时间(Secs)：客户端填充，表示从客户端开始获得 IP 地址或 IP 地址续借后所使用的秒数。

-标志(Flags)：为 0 表示单播，为 1 表示广播。

-客户端地址(Ciaddr)：客户端发送请求时的 IP 地址。

-你(客户端)的地址(Yiaddr)：分配给客户端的 IP 地址。

-下一个服务器地址(Siaddr)：表明 DHCP 协议流程的下一个阶段要使用的服务器的 IP 地址。

-DHCP 中继地址(Giaddr)

-客户端硬件地址(Chaddr)：客户端必须设置这个字段。封装 DHCP 请求消息的 UDP 报文段对应的以太网帧首部也有该字段，但在 DHCP 消息中设置该字段用户进程可以更容易获取该值。

-可选的服务器主机名(Sname)

-启动文件名(File)

-可选参数域(Options)

DHCP 的消息类型封装在可选参数域中,主要消息类型见表 4-5。

表 4-5 DHCP 消息类型

消息类型	取值	用途
Discover	0x01	Client 广播方式发送的第一个消息
Offer	0x02	Server 对 Discover 消息的响应
Request	0x03	Client 对 Offer 消息的回应,或者续延 IP 地址租期时发出的消息
Decline	0x04	Client 发现 Server 分配的 IP 地址无法使用,将发出此消息
ACK	0x05	Server 对 Client 的 Request 消息确认,Client 真正获得了 IP 地址
NAK	0x06	Server 对 Client 的 Request 消息拒绝,Client 一般会重新开始新的请求请
Release	0x07	Client 主动释放 IP 地址的消息
Inform	0x08	Client 获得了 IP 地址,从 Server 处获取其他的一些网络配置信息

实例 4-5:Wireshark 过滤显示 DHCP 消息

显示所有 DHCP 消息

bootp

显示客户机发送的消息

bootp.type == 1

显示服务器发送的消息

bootp.type == 2

表 4-6 DHCP 客户机服务器一次交互的消息列表

No.	Time	Source	Destination	Protocol	Lengt	Info	
36	12.079109	0.0.0.0	255.255.255.255	DHCP	343	DHCP Discover	-
38	12.669507	192.168.1.253	255.255.255.255	DHCP	590	DHCP Offer	-
39	12.671019	0.0.0.0	255.255.255.255	DHCP	369	DHCP Request	-
40	12.772191	192.168.1.253	255.255.255.255	DHCP	590	DHCP ACK	-

表 4-6 列举了一次完整 DHCP 交互的四个消息。首先是客户机发送 Discover 消息;然后服务器给出 Offer;接着客户机发送 Request;最后服务器确认。这四个消息都是以广播的形式发出的,因为它们的目的 MAC 地址是 ff:ff:ff:ff:ff:ff,目的地 IP 地址是 255.255.255.255。在 DHCP 通信的过程中,服务器端通信端口是 67,客户机端通信端口是 68。

>Frame 36: 343 bytes on wire (2744 bits), 343 bytes captured (2744 bits) on interface 0
>Ethernet II, Src: IntelCor_2b:9f:e9 (58:fb:84:2b:9f:e9), Dst: Broadcast (ff:ff:ff:ff:ff:ff)
>Internet Protocol Version 4, Src: 0.0.0.0, Dst: 255.255.255.255
>User Datagram Protocol, Src Port: 68, Dst Port: 67
∨**Bootstrap Protocol (Discover)**
    Message type: Boot Request (1)
    Hardware type: Ethernet (0x01)
    Hardware address length: 6
    Hops: 0
    Transaction ID: 0xf962621a

Seconds elapsed: 0
>Bootp flags: 0x8000, Broadcast flag (Broadcast)
Client IP address: 0.0.0.0
Your (client) IP address: 0.0.0.0
Next server IP address: 0.0.0.0
Relay agent IP address: 0.0.0.0
Client MAC address: IntelCor_2b:9f:e9 (58:fb:84:2b:9f:e9)
Client hardware address padding: 00000000000000000000
Server host name not given
Boot file name not given
Magic cookie: DHCP
>Option: (53) **DHCP Message Type (Discover)**
>Option: (61) Client identifier
>Option: (50) Requested IP Address
>Option: (12) Host Name
>Option: (60) Vendor class identifier
>Option: (55) Parameter Request List
>Option: (255) End

图 4-16 DHCP Discover 消息

图 4-16 中的 Discover 消息显示，在客户端硬件地址字段中包含了客户机的 MAC 地址。在 Option 的类型字段中，显示这是一个 Discover 消息。注意这里的 Transaction ID 字段取值 0xf962621a，在后续的 DHCP 消息中，关于同一个请求的 Offer、Request、ACK 都是通过这一个字段来确认的。

>Frame 38: 590 bytes on wire (4720 bits), 590 bytes captured (4720 bits) on interface 0
>Ethernet II, Src: Tp-LinkT_c5:6b:44 (08:57:00:c5:6b:44), Dst: Broadcast (ff:ff:ff:ff:ff:ff)
>Internet Protocol Version 4, Src: 192.168.1.253, Dst: 255.255.255.255
>User Datagram Protocol, Src Port: 67, Dst Port: 68
∨**Bootstrap Protocol (Offer)**
　Message type: Boot Reply (2)
　Hardware type: Ethernet (0x01)
　Hardware address length: 6
　Hops: 0
　Transaction ID: 0xf962621a
　Seconds elapsed: 0
　>Bootp flags: 0x8000, Broadcast flag (Broadcast)
　Client IP address: 0.0.0.0
　Your (client) IP address: 192.168.1.103
　Next server IP address: 0.0.0.0
　Relay agent IP address: 0.0.0.0
　Client MAC address: IntelCor_2b:9f:e9 (58:fb:84:2b:9f:e9)
　Client hardware address padding: 00000000000000000000
　>Server name option overloaded by DHCP
　>Boot file name option overloaded by DHCP
　Magic cookie: DHCP
　>Option: (53) **DHCP Message Type (Offer)**

>Option: (54) DHCP Server Identifier
>Option: (1) Subnet Mask
>Option: (51) IP Address Lease Time
>Option: (52) Option Overload
>Option: (3) Router
>Option: (6) Domain Name Server
>Option: (31) Perform Router Discover
>Option: (255) End
Padding: 00000000000000000000000000000000000000000000...

图 4-17　DHCP Offer 消息

图 4-17 中的 Offer 消息显示，在 Your (client) IP 地址字段中已经包含了服务器准备分配给客户机的 IP 地址：192.168.1.103。在 Option 的类型字段中，显示这是一个 Offer 消息。这个消息还包含了子网掩码、地址租借时间、网关和域名服务器的地址。在 Wireshark 软件中，分别点击 Option: (1)、(51)、(3)和(6)字段，可以显示这些信息。注意这里的 Transaction ID 字段 0xf962621a，与前面 Discover 消息一致。

>Frame 39: 369 bytes on wire (2952 bits), 369 bytes captured (2952 bits) on interface 0
>Ethernet II, Src: IntelCor_2b:9f:e9 (58:fb:84:2b:9f:e9), Dst: Broadcast (ff:ff:ff:ff:ff:ff)
>Internet Protocol Version 4, Src: 0.0.0.0, Dst: 255.255.255.255
>User Datagram Protocol, Src Port: 68, Dst Port: 67
∨**Bootstrap Protocol (Request)**
　Message type: Boot Request (1)
　Hardware type: Ethernet (0x01)
　Hardware address length: 6
　Hops: 0
　Transaction ID: 0xf962621a
　Seconds elapsed: 0
　>Bootp flags: 0x8000, Broadcast flag (Broadcast)
　Client IP address: 0.0.0.0
　Your (client) IP address: 0.0.0.0
　Next server IP address: 0.0.0.0
　Relay agent IP address: 0.0.0.0
　Client MAC address: IntelCor_2b:9f:e9 (58:fb:84:2b:9f:e9)
　Client hardware address padding: 00000000000000000000
　>Server host name not given
　>Boot file name not given
　Magic cookie: DHCP
　>Option: (53) **DHCP Message Type (Request)**
　>Option: (61) Client identifier
　∨Option: (50) Requested IP Address
　　Length: 4
　　Requested IP Address: 192.168.1.103
　>Option: (54) DHCP Server Identifier
　>Option: (12) Host Name
　>Option: (81) Client Fully Qualified Domain Name
　>Option: (60) Vendor class identifier
　>Option: (55) Parameter Request List
　>Option: (255) End

图 4-18　DHCP Request 消息

图 4-18 中的消息显示，这里的 Transaction ID 字段 0xf962621a，与前面 Discover 消息一致。在 Option 的 Requested IP Address 地址字段已经包含了客户机准备使用的 IP 地址：192.168.1.103。在 Option 的类型字段中，显示这是一个 Request 消息。

> Frame 40: 590 bytes on wire (4720 bits), 590 bytes captured (4720 bits) on interface 0
> Ethernet II, Src: Tp-LinkT_c5:6b:44 (08:57:00:c5:6b:44), Dst: Broadcast (ff:ff:ff:ff:ff:ff)
> Internet Protocol Version 4, Src: 192.168.1.253, Dst: 255.255.255.255
> User Datagram Protocol, Src Port: 67, Dst Port: 68
∨ **Bootstrap Protocol (ACK)**
   Message type: Boot Reply (2)
   Hardware type: Ethernet (0x01)
   Hardware address length: 6
   Hops: 0
   Transaction ID: 0xf962621a
   Seconds elapsed: 0
   > Bootp flags: 0x8000, Broadcast flag (Broadcast)
   Client IP address: 0.0.0.0
   Your (client) IP address: 192.168.1.103
   Next server IP address: 0.0.0.0
   Relay agent IP address: 0.0.0.0
   Client MAC address: IntelCor_2b:9f:e9 (58:fb:84:2b:9f:e9)
   Client hardware address padding: 00000000000000000000
   > Server name option overloaded by DHCP
   > Boot file name option overloaded by DHCP
   Magic cookie: DHCP
   > Option: (53) **DHCP Message Type (ACK)**
   > Option: (54) DHCP Server Identifier
   > Option: (1) Subnet Mask
   > Option: (51) IP Address Lease Time
   > Option: (52) Option Overload
   > Option: (3) Router
   > Option: (6) Domain Name Server
   > Option: (31) Perform Router Discover
   > Option: (255) End
   Padding: 00000000000000000000000000000000000000000000...

图 4-19 DHCP ACK 消息

图 4-19 中的 ACK 消息显示，这里的 Transaction ID 字段 0xf962621a，与前面 Discover 消息一致。在 Your (client) IP 地址字段包含了服务器确认分配给客户机的 IP 地址：192.168.1.103。在 Option 的类型字段中，显示这是一个 ACK 消息。到这里为止，客户机已经确认取得了 IP 地址和其他相关信息。

3）静态地址分配

无线路由一般提供静态地址分配功能，通过给指定的 MAC 地址分配固定 IP 达到每次 DHCP 申请都使用相同 IP 地址的功能。在路由器相应的功能选项里面添加静态 IP 地址的分配条目，重新启动路由器，无线主机重新连接后获得的就是指定的地址。下面是某型号家用路由器的配置实例。

实例 4-6：设置静态地址分配

本页设置 DHCP 服务器的静态地址分配功能。

ID	MAC 地址	IP 地址	状态	配置
1	58-FB-84-2B-9F-E9	192.168.1.118	生效	编辑 删除

添加新条目 使所有条目生效 使所有条目失效 删除所有条目

在主机上使用命令 ipconfig 更新 IP 地址。

C:\Windows\System32>**ipconfig /renew WLAN**

Windows IP Configuration
Wireless LAN adapter WLAN:
   Connection-specific DNS Suffix:
   Link-local IPv6 Address . . : fe80::5967:eab3:6699:2352%19
   IPv4 Address. . . . . : 192.168.1.118
   Subnet Mask . . . .: 255.255.255.0
   Default Gateway . . . . : 192.168.1.1
C:\Windows\System32>

4) IP 地址的释放

在主机上使用命令 ipconfig 释放 IP 地址：

C:\Windows\System32>ipconfig   /release WLAN

使用 Wireshark 可以轻松地捕获 Release 类型的 DHCP 消息，如图 4-20 所示。Release 的过程仅是简单地通知服务器已经不再使用某个 IP 地址。IP 地址重新放入了地址池，等待再一次的分配。

> Frame 10445: 342 bytes on wire (2736 bits), 342 bytes captured (2736 bits) on interface 0
> Ethernet II, Src: IntelCor_2b:9f:e9 (58:fb:84:2b:9f:e9), Dst: Tp-LinkT_a6:ac:44 (00:23:cd:a6:ac:44)
> Internet Protocol Version 4, Src: 192.168.3.118, Dst: 192.168.3.1
> User Datagram Protocol, Src Port: 68, Dst Port: 67
∨ **Bootstrap Protocol (Release)**
   Message type: Boot Request (1)
   Hardware type: Ethernet (0x01)
   Hardware address length: 6
   Hops: 0
   Transaction ID: 0xa5cf9f5a
   Seconds elapsed: 0
> Bootp flags: 0x0000 (Unicast)
   Client IP address: 192.168.3.118
   Your (client) IP address: 0.0.0.0
   Next server IP address: 0.0.0.0
   Relay agent IP address: 0.0.0.0
   Client MAC address: IntelCor_2b:9f:e9 (58:fb:84:2b:9f:e9)
   Client hardware address padding: 00000000000000000000
   Server host name not given
   Boot file name not given
   Magic cookie: DHCP
> Option: (53) DHCP Message Type (Release)
> Option: (54) DHCP Server Identifier
> Option: (61) Client identifier
> Option: (255) End
   Padding: 000000000000000000000000000000000000000000000000...

图 4-20   DHCP Release 消息

5．问题思考

介绍 DHCP 消息类型时，Decline 是消息类型中的一种，但是客户机为什么拒绝服务器的分配呢？请大家思考并设计实验，在你的网络里面捕获 Decline 类型的 DHCP 消息。

4.3.3 ARP 协议

1．实验原理

在一个局域网中，主机要发送数据到接收方，发送方一般已经事先通过其他途径获得了接收方的 IP 地址，例如通过域名查询的方式获得。这些数据最终要承载在链路层帧中发送出去。在学习完第一部分后，大家已经了解了每一个链路层帧首部都有发送方的链路层地址，或者说 MAC 地址，但是首部里面的接收方 MAC 地址怎么获得呢？换句话说，网络层 IP 地址和链路层地址 MAC 地址之间如何进行转换。地址解析协议 ARP(Address Resolution Protocol)的任务就是完成这个转换过程。

为了理解 ARP 协议的功能，可以用如图 4-21 所示的例子说明问题。在这个简单的例子中，每个主机都有一个 IP 地址，并且每个主机的网卡都有唯一的 MAC 地址。现在假设 IP 地址为 192.168.1.34 的主机要发送 IP 数据报到主机 192.168.1.35 (可能主机 192.168.1.35 是一台 DNS 服务器，用户已经指定它为 DNS 服务器了)在这个例子中，发送方和接收方主机位于相同的网络。为了发送数据，源节点不但要向它的主机操作系统提供 IP 数据报，而且其操作系统要获得目的主机 192.168.1.35 的 MAC 地址。有了 IP 数据报和 MAC 地址后，发送方的网卡才可以构造一个包含目的主机 MAC 地址的链路层帧，并把该帧通过交换机发送到接收主机。

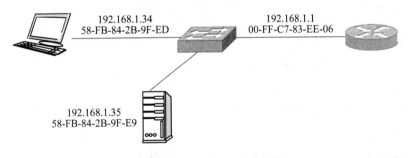

图 4-21　一个 ARP 解析的例子

那么发送主机如何确定 IP 地址为 192.168.1.35 主机的 MAC 地址呢？我们知道，发送主机操作系统里有个模块叫 ARP 模块，它会为发送主机中为负责发送的网卡建立一个称为 ARP 表的数据结构，这个表以 IP 地址作为索引，每个 IP 地址对应一个 MAC 地址。通过查表可以得到相应的 MAC 地址。在这个例子中，发送主机 192.168.1.34 向它的 ARP 模块提供 IP 地址 192.168.1.35，很快 ARP 模块就会返回相应的 MAC 地址 58-FB-84-2B-9F-E9。所以 ARP 模块其实是通过查表将 IP 地址映射为 MAC 地址。但 ARP 模块只能为同一个局域网上的主机解析 IP 地址。

ARP 表包含了 IP 地址到 MAC 地址的映射关系。该表一般还包含一个生存期(TTL)值，它指示了表中插入每个映射条目的时间。在 Windows 操作系统中，相应的字段是"静态/动态"，其中"动态"表示这个 ARP 表项一段时间没有被访问就可能会被删除。其含义与使用 TTL 的 ARP 表类似。

如果发送主机的 ARP 表具有该目的主机的表项，那么查表返回结果。但 ARP 表中现在没有该目的主机的表项，那又该怎么办呢？在这种情况下，发送节点用 ARP 协议来查询获得这个地址，并把它插入到 ARP 表中。

首先发送主机构造一个 ARP 查询数据包。ARP 查询数据包非常简单，仅包括发送主机和接收主机的 IP 地址和 MAC 地址。ARP 查询和响应数据包具有相同的格式。ARP 查询数据包的目的是询问局域网中的所有其他节点，找到具有接收主机 IP 地址的那个 MAC 地址。

节点 192.168.1.34 的 ARP 查询数据包当然也需要一个目的地址，这里只能使用 MAC 广播地址(即 FF-FF-FF-FF-FF-FF)来作为目的地址了，因为只有这个地址才能确保目的主机能够接收到查询数据包。

包含该 ARP 查询数据包的帧能被局域网里的所有其他主机接收到，接收主机的网卡把这个 ARP 查询数据包向上传递给 ARP 模块。ARP 模块确认这是对应自己 IP 地址的查询数据包后做出响应，回复响应数据包，这个响应数据包包含了它自己的 MAC 地址。当然这个响应数据包的目的主机是明确的，就是查询主机，所以它不需要广播，而是在一个标准的链路层帧中发送。

发送主机更新它的 ARP 表，然后开始发送它的 IP 数据报。主机 192.168.1.34 的 ARP 表见表 4-7。

表 4-7 主机 192.168.1.34 的 ARP 表

IP 地址	MAC 地址	类型
192.168.1.1	00-FF-C7-83-EE-06	动态
192.168.1.35	58-FB-84-2B-9F-E9	动态

2. 实验目的

(1) 理解 ARP 的工作原理。
(2) 了解 ARP 数据包的格式。
(3) 掌握静态 ARP 的设置方法。
(4) 理解主机之间的通信过程。

3. 实验拓扑

本实验的拓扑结构类似实验 4.3.2，可以使用 WiFi 接入，例如家里的无线路由器，或者校园里的无线 AP，它们都满足实验要求。或者使用有线局域网接口的路由器，通过双绞线和路由器建立连接。同时需要一台安装有 Wireshark 软件的 PC，但对其操作系统没有具体要求。ARP 协议数据包捕获实验拓扑结构如图 4-22 所示。

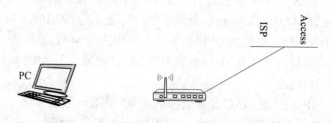

图 4-22 ARP 协议数据包捕获实验拓扑

4. 实验步骤

1) arp 命令

Windows 系统提供了一个 arp 命令用于显示和修改地址解析协议模块缓存中的表项。ARP 缓存中包含一个或多个表，它们用于存储 IP 地址及对应接口设备的物理地址或者 MAC 地址。arp 常用参数如表 4-8 所示。

用法：

arp -s inet_addr eth_addr [if_addr]

arp -d inet_addr [if_addr]

arp -a [inet_addr] [-N if_addr] [-v]

表 4-8 arp 常用参数说明

选 项	参 数 含 义
-a	通过询问当前协议数据，显示当前 ARP 项
-g	与 -a 相同
-v	在详细模式下显示当前 ARP 项
inet_addr	指定 IP 地址
-N if_addr	显示 if_addr 指定的网络接口的 ARP 项
-d	删除 inet_addr 指定的主机。可以使用通配符 *
-s	添加主机并且将 IP 地址 inet_addr 与物理地址 eth_addr 相关联
eth_addr	指定物理地址
if_addr	如果存在，此项指定地址转换表应修改的接口，否则是第一个适用的接口

实例 4-7：显示 ARP 表

C:\Windows\System32> **arp -a**

接口：192.168.1.103 --- 0x12

Internet 地址	物理地址	类型
192.168.1.1	2c-21-72-60-68-52	动态
192.168.1.255	ff-ff-ff-ff-ff-ff	静态
224.0.0.22	01-00-5e-00-00-16	静态
224.0.0.251	01-00-5e-00-00-fb	静态
224.0.0.252	01-00-5e-00-00-fc	静态
239.255.255.250	01-00-5e-7f-ff-fa	静态
255.255.255.255	ff-ff-ff-ff-ff-ff	静态

C:\Windows\System32>

实例 4-8：显示指定 IP 地址的 ARP 表

C:\Windows\System32>**arp -a 192.168.1.103 –N**

Internet 地址	物理地址	类型
192.168.1.1	2c-21-72-60-68-52	动态
192.168.1.255	ff-ff-ff-ff-ff-ff	静态

224.0.0.22	01-00-5e-00-00-16	静态
224.0.0.251	01-00-5e-00-00-fb	静态
224.0.0.252	01-00-5e-00-00-fc	静态
239.255.255.250	01-00-5e-7f-ff-fa	静态
255.255.255.255	ff-ff-ff-ff-ff-ff	静态

```
C:\Windows\System32>
```

实例 4-9：删除 ARP 表项

```
C:\WINDOWS\system32>arp -d 192.168.1.1
C:\WINDOWS\system32>arp -a 192.168.1.1
未找到 ARP 项。
C:\WINDOWS\system32>
```

2) ARP 数据包的格式和一次 ARP 查询

ARP 协议非常特殊，它是直接封装在链路层帧中发送的。

ARP 协议包括查询和响应数据包，其格式如图 4-23 所示。

图 4-23 ARP 数据包格式

该结构中各个字段的主要含义如下：

-硬件类型(Hardware Type)：表示硬件地址的类型，值为 1 表示以太网地址。
-协议类型(Protocol Type)：表示要映射的协议地址类型，值为 0x0800 即表示 IP 地址。
-硬件地址长度(Hardware Address Length)：指出硬件地址长度，以字节为单位。
-协议地址长度(Protocol Address Length)：指出协议地址的长度，以字节为单位。
对于以太网中 IP 地址的 ARP 请求或响应来说，这两个值分别为 6 和 4。
-OP(Operation Code)：1 表示 ARP 请求，2 表示 ARP 应答。
-发送端 MAC 地址(Sender Hardware Address)：发送方设备的硬件地址。
-发送端 IP 地址(Sender IP address)：发送方的 IP 地址。
-目标 MAC 地址(Target Hardware Address)：接收方的硬件地址。
-目标 IP 地址(Target IP address)：接收方设备的 IP 地址。

以上实验中删除了网关的 ARP 表项，此时 ARP 表中已经没有网关的 ARP 表项。使用以下命令促使主机查询网关的 MAC 地址：

```
C:\WINDOWS\system32>ping 192.168.1.1
```

实例 4-10：Wireshark 过滤显示 ARP 数据包

显示所有 ARP 请求数据包

arp.opcode == 1

显示所有 ARP 响应数据包

arp.opcode == 2

第 4 部分　数据包的流动

表 4-9　ARP 请求和响应数据包列表

No.	Time	Source	Destination	Protocol	Lengt	Info
48	12.855575	IntelCor_2b:9f:e9	Broadcast	ARP	42	Who has 192.168.1.1?
52	12.867890	Tp-LinkT_c5:6b:4	IntelCor_2b:9f:e9	ARP	42	192.168.1.1 is at

ARP 请求和响应数据包的长度都是 42，这是 ARP 数据包加上链路层帧头部的目的、源地址和类型字段的长度。帧头部的类型字段 0x0806 指示这是一个 ARP 数据包。从表 4-9 中可以看到，请求的 ARP 数据包是广播发送的，而响应数据包是直接返还给请求主机的。

> Frame 48: 42 bytes on wire (336 bits), 42 bytes captured (336 bits) on interface 0
∨ Ethernet II, Src: IntelCor_2b:9f:e9 (58:fb:84:2b:9f:e9), Dst: Broadcast (ff:ff:ff:ff:ff:ff)
　　Destination: Broadcast (ff:ff:ff:ff:ff:ff)
　　Source: IntelCor_2b:9f:e9 (58:fb:84:2b:9f:e9)
　　Type: ARP (0x0806)
∨ Address Resolution Protocol (request)
　　Hardware type: Ethernet (1)
　　Protocol type: IPv4 (0x0800)
　　Hardware size: 6
　　Protocol size: 4
　　Opcode: request (1)
　　Sender MAC address: IntelCor_2b:9f:e9 (58:fb:84:2b:9f:e9)
　　Sender IP address: 192.168.1.103
　　Target MAC address: 00:00:00_00:00:00 (00:00:00:00:00:00)
　　Target IP address: 192.168.1.1

图 4-24　ARP 请求数据包

在图 4-24 的请求数据包中，最重要的字段是 Target IP address，里面包含了所请求的目标 IP 地址。而目标 MAC 地址此时为空。

> Frame 52: 42 bytes on wire (336 bits), 42 bytes captured (336 bits) on interface 0
∨ Ethernet II, Src: Tp-LinkT_c5:6b:44 (08:57:00:c5:6b:44), Dst: IntelCor_2b:9f:e9 (58:fb:84:2b:9f:e9)
　　Destination: IntelCor_2b:9f:e9 (58:fb:84:2b:9f:e9)
　　Source: Tp-LinkT_c5:6b:44 (08:57:00:c5:6b:44)
　　Type: ARP (0x0806)
∨ Address Resolution Protocol (reply)
　　Hardware type: Ethernet (1)
　　Protocol type: IPv4 (0x0800)
　　Hardware size: 6
　　Protocol size: 4
　　Opcode: reply (2)
　　Sender MAC address: Tp-LinkT_c5:6b:44 (08:57:00:c5:6b:44)
　　Sender IP address: 192.168.1.1
　　Target MAC address: IntelCor_2b:9f:e9 (58:fb:84:2b:9f:e9)
　　Target IP address: 192.168.1.103..

图 4-25　ARP 响应数据包

在图 4-25 的响应数据包中，帧首部的目的地址字段变成了请求主机的 MAC 地址。而目标 MAC 地址填充了网关的 MAC 地址 58:fb:84:2b:9f:e9。

3) 无理由 ARP 数据包

无理由 ARP (Gratuitous ARP) 数据包是一种特殊的 ARP 数据包，它携带的发送端 IP 地址和目标 IP 地址都是本机 IP 地址，源 MAC 地址是本机 MAC 地址，消息的目的 MAC 地址是广播地址。

主机通过对外发送无端 ARP 数据包来实现两个功能：

(1) 确定其他设备的 IP 地址是否与本机冲突。当其他设备收到 Gratuitous ARP 数据包后，如果发现数据包中的 IP 地址和自己的 IP 地址相同，则给发送 Gratuitous ARP 数据包的设备返回一个 ARP 应答，告知该设备 IP 地址冲突。

(2) 设备改变了硬件地址，通过发送 Gratuitous ARP 数据包通知其他设备更新 ARP 表项。

接收的主机先判断 ARP 表中是否存在与此 Gratuitous ARP 数据包源 IP 地址对应的 ARP 表项。如果存在对应的 ARP 表项，设备会根据该 Gratuitous ARP 数据包中携带的信息更新对应的 ARP 表项。如果没有，设备会根据该 Gratuitous ARP 数据包中携带的信息新建 ARP 表项。

定期发送无理由 ARP 数据包有两个好处：

(1) 防止主机 ARP 表项老化：在实际环境中，当网络负载较大或接收端主机的 CPU 占用率较高时，可能存在 ARP 消息被丢弃或主机无法及时处理接收到的 ARP 数据包等情况。这种情况下，接收端主机的动态 ARP 表项会因超时而老化。

(2) 防止仿冒网关的 ARP 攻击：如果攻击者仿冒网关发送 Gratuitous ARP 数据包，就可以欺骗网段内的其他主机。被欺骗的主机访问网关的数据流，被重定向到一个错误的 MAC 地址，导致用户无法正常访问网络。

实例 4-11：Wireshark 过滤显示 Gratuitous ARP 数据包

arp.isgratuitous

> Frame 2: 42 bytes on wire (336 bits), 42 bytes captured (336 bits) on interface 0
> Ethernet II, Src: IntelCor_2b:9f:e9 (58:fb:84:2b:9f:e9), Dst: Broadcast (ff:ff:ff:ff:ff:ff)
∨ **Address Resolution Protocol (request/gratuitous ARP)**
　Hardware type: Ethernet (1)
　Protocol type: IPv4 (0x0800)
　Hardware size: 6
　Protocol size: 4
　Opcode: request (1)
　[Is gratuitous: True]
　Sender MAC address: IntelCor_2b:9f:e9 (58:fb:84:2b:9f:e9)
　Sender IP address: 192.168.3.103
　Target MAC address: 00:00:00_00:00:00 (00:00:00:00:00:00)
　Target IP address: 192.168.3.103

图 4-26　Gratuitous ARP 数据包

图 4-26 显示了 Gratuitous ARP 数据包中的发送端和目标 IP 地址都是本机 IP 地址 192.168.3.103，源 MAC 地址是本机 MAC 地址，消息的目的 MAC 地址是广播地址。

4) 配置静态 ARP

仿冒网关的 ARP 攻击会造成主机之间无法正常通信。除了使用定期 Gratuitous ARP 数据包预防这种攻击以外，还可以配置静态 ARP 来防止这种攻击。

实例 4-12：配置静态 ARP

  C:\WINDOWS\system32>**arp -s 192.168.1.2 00-23-cd-a6-ac-40 192.168.1.103**

注意：

Windows 安全机制已经不允许手工修改网关对应的 ARP 表项。

使用以下命令促使主机发出前往主机 192.168.1.2 的数据包：

  C:\WINDOWS\system32>**ping 192.168.1.2 –n 3**

  正在 Ping 192.168.1.2 具有 32 字节的数据：

  请求超时。

  请求超时。

  请求超时。

  192.168.3.2 的 Ping 统计信息：

    数据包：已发送 = 4，已接收 = 0，丢失 = 4 (100% 丢失)，

  C:\WINDOWS\system32>

使用 Wireshark 捕获响应的数据包。如图 4-27 所示，主机确实构造了一个目标 MAC 地址错误的链路层帧。

  >Frame 5594: 74 bytes on wire (592 bits), 74 bytes captured (592 bits) on interface 0

  ∨Ethernet II, Src: IntelCor_2b:9f:e9 (58:fb:84:2b:9f:e9), Dst: Tp-LinkT_a6:ac:40 (00:23:cd:a6:ac:40)

    >**Destination: Tp-LinkT_a6:ac:40 (00:23:cd:a6:ac:40)**

    >Source: IntelCor_2b:9f:e9 (58:fb:84:2b:9f:e9)

    Type: IPv4 (0x0800)

  >Internet Protocol Version 4, Src: 192.168.1.108, Dst: 192.168.1.2

  >Internet Control Message Protocol

图 4-27   错误的目的地 MAC 地址

5．问题思考

ARP 协议简单、易用，但由于没有任何安全机制而容易被攻击者利用。攻击者可以仿冒用户、仿冒网关发送伪造的 ARP 消息，使网关或主机的 ARP 表项不正确，从而对网络进行攻击；攻击者也可以通过向目标设备发送大量不能解析的 IP 数据包使设备试图反复地对目标 IP 地址进行解析，导致 CPU 负荷过重及网络流量过大。

目前 ARP 攻击和 ARP 病毒已经成为局域网安全的现实威胁。为了避免各种攻击带来的危害，请查阅有关资料了解关于 ARP 攻击的特点和类型，以及对攻击进行检测和预防的措施。并思考在自己的上网过程中应该如何应用这些预防措施。

4.3.4 NAT 协议

1．实验原理

在第 2 部分，通过学习 NAT 的基本工作原理和路由器 NAT 的基本配置，我们对其工作过程已经有了一定了解。在本节实验将对流经无线路由器的数据包进行观察，从主机的角度查看数据包从内网到外网的流动过程中发生的变化。

家用无线路由器通常都有 NAT 功能,例如 NAT 的虚拟服务器映射、DMZ(DeMilitarized Zone)主机和 UPnP(Universal Plug and Play)设置功能。在无线路由器和 ISP 的网络建立连接后,路由器的 WAN 接口从 ISP DHCP 服务器那里获得了一个外网的 IP 地址、子网掩码和域名服务器的地址。这个地址是一个公有地址,也就是说这个路由器接口类似于一台 Internet 的主机。因此在家里上网时所产生的所有数据流都是通过这个 WAN 接口流向 Internet 的。

那么既然无线路由器从 ISP 那里获得的只有一个公有 IP 地址,显然它分配给笔记本电脑、智能手机等主机系统的都是私有 IP 地址,例如 192.168.1.100 等。因此主机发送的所有数据报头部的源地址字段都是私有 IP 地址。在数据报进入 Internet 之前,必须由无线路由器经过 NAT 转换,把这些私有 IP 地址转换为 WAN 接口的外网 IP 地址。

2. 实验目的

(1) 检查普通数据包流经 NAT 路由前后发生的变化。
(2) 了解 ICMP 数据包流经 NAT 路由的基本过程。

3. 实验拓扑

本实验需要具有 NAT 功能的无线路由器(大部分家用无线路由器都具有这个功能)。同时需要两台主机,其中一台作为客户机,另一台充当服务器。NAT 数据包捕获实验拓扑结构如图 4-28。

图 4-28 NAT 数据包捕获实验拓扑结构

实验编址见表 4-10。

表 4-10 实 验 编 址

名称	IP 地址	子网掩码	默认网关	端口
PC0	DHCP	255.255.255.0	N/A	WLAN
PC1	192.168.10.5	255.255.255.0	192.168.10.2	Fa0
Router	192.168.1.1	255.255.255.0	N/A	WLAN
	192.168.10.2	255.255.255.0	192.168.10.1	WAN

注: Fa0 是 FastEthernet0 的缩写;WLAN 表示无线网络;WAN 表示外网接口。

4. 实验步骤

1) 基本配置

根据实验编址进行相应的配置,其中无线路由器的 WLAN 配置、DHCP 配置可以使用路由器的默认配置。但是需要手工配置路由器的 WAN 接口。注意这里 PC1 使用有线网络和无线路由的 WAN 口建立连接,因此需要判断是否使用了正确的线缆类型进行连接。

实例 4-13:无线路由器 WAN 接口配置静态 IP 地址

一般家用无线路由器都可以选择 WAN 口的配置方式,如动态 IP(DHCP)、静态 IP、

PPPoE(Point-to-Point Protocol over Ethernet)，这里选择其中的静态 IP 进行设置。

可能的界面如下：

WAN 口连接类型：静态 IP
IP 地址：   192.168.10.2
子网掩码：   255.255.255.0
网关：   192.168.10.1   (可选)
数据包 MTU：   1500   (缺省值为 1500，如非必要，请勿更改)
DNS 服务器：   192.168.10.10   (可选)
备用 DNS 服务器： 0.0.0.0   (可选)

使用 ping 命令检测各个链路的连通性，包括 PC0 和路由器、PC1 和路由器，以及 PC0 和 PC1 之间的连通性。

实例 4-14：检测主机 PC1 和路由器 Router 之间的连通性

C:\Windows\System32>**ping 192.168.10.2   –n 3** ～检测路由器的连通性

Pinging 192.168.10.2 with 32 bytes of data:
Reply from 192.168.10.2: bytes=32 time=0ms TTL=255
Reply from 192.168.10.2: bytes=32 time=0ms TTL=255
Reply from 192.168.10.2: bytes=32 time=0ms TTL=255
Ping statistics for 192.168.10.2:   ～路由器连接正常
    Packets: Sent = 3, Received = 3, Lost = 0 (0% loss),
Approximate round trip times in milli-seconds:
    Minimum = 0ms, Maximum = 0ms, Average = 0ms

2) 安装 FTP 服务器和关闭 Windows 防火墙

在本实验中，将通过使用 FTP 客户机和服务器通信来观察 NAT 的工作过程。因此首先需要在充当服务器的 PC1 安装 FTP 服务器软件。

FileZilla Server 是 Windows 系统环境下一个小巧的开源 FTP 服务器软件，系统资源占用非常小，可以让大家快速简单地建立自己的 FTP 服务器。下载 FileZilla Server 服务器软件后，进行安装。

FileZilla Server 安装后在开始菜单中一般会有快捷方式。启动快捷方式中的选项 FileZilla Server Interface，便会自动和服务器的 14147 号端口建立连接，进入配置管理界面。

在 FileZilla Server Interface 菜单中选择 "Edit" - "Users"，点击 "Add"，然后输入用户名 test，访问密码 test 添加一个用户。接着在 "Shared Folders" 下设置该用户的 FTP 目录文件夹和操作权限。这个文件夹是该用户登录时可以访问的目录。

最后关闭 Windows 系统防火墙，允许外部程序访问最新建立的 FTP 服务。

3) 普通数据包流经 NAT 路由前后发生的变化

在 PC0 和 PC1 上都安装 Wireshark 软件。在 PC0 的 WLAN 接口和 PC1 的有线网络接口上进行数据包的捕获。

实例 4-15：PC0 使用 ftp 客户端访问 FTP 服务器

Windows 系统提供了一个命令行客户端 ftp，在 PC0 的命令行界面启动 ftp 客户端访问

FTP 服务器：

C:\Windows\System32>**ftp 192.168.10.5**

连接到 PC1 FTP Server。

220-FileZilla Server 0.9.60 beta

220-written by Tim Kosse (tim.kosse@filezilla-project.org)

220 Please visit https://filezilla-project.org/

202 UTF8 mode is always enabled. No need to send this command.

用户(PC0 FTP Client:(none)): **test**

331 Password required for test

密码:

230 Logged on

ftp> **bye**

221 Goodbye

C:\Windows\System32>

实例 4-16：Wireshark 过滤显示 FTP 数据包

ftp

或者

ftp.request || ftp.response

表 4-11 和 4-12 列出了 FTP 客户端和 FTP 服务器端一个 FTP 连接过程所有的数据包。

表 4-11　FTP 客户端数据包列表

No	Time	Source	Destination	Protocol	Length	Info
16	7.1843	192.168.10.5	192.168.1.100	FTP	197	Response: 220-FileZilla
17	7.1961	192.168.1.100	192.168.10.5	FTP	68	Request: OPTS UTF8 ON
18	7.1982	192.168.10.5	192.168.1.100	FTP	118	Response: 202 UTF8 mode
23	10.404	192.168.1.100	192.168.10.5	FTP	65	Request: USER test
24	10.406	192.168.10.5	192.168.1.100	FTP	86	Response: 331 Password
30	12.429	192.168.1.100	192.168.10.5	FTP	65	Request: PASS test
31	12.431	192.168.10.5	192.168.1.100	FTP	69	Response: 230 Logged on
46	39.879	192.168.1.100	192.168.10.5	FTP	60	Request: QUIT
47	39.882	192.168.10.5	192.168.1.100	FTP	67	Response: 221 Goodbye

在客户机的 FTP 数据包列表 4-11 中可以看到，客户机根本没有感觉到 NAT 路由器的存在，因为这里显示的目的地 IP 地址就是 FTP 服务器的 IP 地址。表 4-11 显示了完整过程。从 FTP 服务器给出登录提示、客户机输入用户名和密码、服务器给出登录成功的提示，到最后客户机退出的完整过程。

```
Frame 24: 86 bytes on wire (688 bits), 86 bytes captured (688 bits) on interface 0
Ethernet II, Src: Tp-LinkT_89:e1:52 (3c:46:d8:89:e1:52), Dst: IntelCor_2b:9f:e9 (58:fb:84:2b:9f:e9)
Internet Protocol Version 4, Src: 192.168.10.5, Dst: 192.168.1.100
Transmission Control Protocol, Src Port: 21, Dst Port: 56743, Seq: 208, Ack: 26, Len: 32
File Transfer Protocol (FTP)
```

图 4-29　客户端 Response: 331 数据包

在图 4-29 中仔细观察这次 FTP 交互过程中从服务器端过来的 Response: 331 数据包，可以发现其目的端口是 56743 号端口。图 4-30 中 Request: PASS 数据包是客户机发送口令 test 到服务器的数据包，其源端口就是 56743 号端口，目的端口是服务器的 21 号端口。

> Frame 30: 65 bytes on wire (520 bits), 65 bytes captured (520 bits) on interface 0
> Ethernet II, Src: IntelCor_2b:9f:e9 (58:fb:84:2b:9f:e9), Dst: Tp-LinkT_89:e1:52 (3c:46:d8:89:e1:52)
> Internet Protocol Version 4, Src: 192.168.1.100, Dst: 192.168.10.5
> Transmission Control Protocol, Src Port: 56743, Dst Port: 21, Seq: 26, Ack: 240, Len: 11
> File Transfer Protocol (FTP)

图 4-30　客户端 Request: PASS 数据包

但在表 4-12 服务器的 FTP 数据包列表中情况就不同了。这里所有数据包的源 IP 地址显示的是路由器的 WAN 地址 192.168.10.2。在 FTP 服务器看来，路由器的 WAN 口是这次 FTP 访问的源地址。

表 4-12　FTP 服务器端数据包列表

No	Time	Source	Destination	Protocol	Length	Info
28	3.1984	192.168.10.5	192.168.10.2	FTP	197	Response: 220-FileZilla
29	3.2114	192.168.10.2	192.168.10.5	FTP	68	Request: OPTS UTF8 ON
30	3.2119	192.168.10.5	192.168.10.2	FTP	118	Response: 202 UTF8 mode is
32	6.4194	192.168.10.2	192.168.10.5	FTP	65	Request: USER test
33	6.4199	192.168.10.5	192.168.10.2	FTP	86	Response: 331 Password
35	8.4441	192.168.10.2	192.168.10.5	FTP	65	Request: PASS test
36	8.4448	192.168.10.5	192.168.10.2	FTP	69	Response: 230 Logged on
69	5.8944	192.168.10.2	192.168.10.5	FTP	60	Request: QUIT
70	5.8948	192.168.10.5	192.168.10.2	FTP	67	Response: 221 Goodbye

在本书前面对 NAT 的介绍中，我们已经了解到采用端口多路复用方式的 NAT，是通过改变外出数据报的源端口并进行端口转换的，即端口地址转换来完成内部主机地址和外部主机地址的转换的。但在图 4-31 服务器端 Response: 331 数据包和图 4-32 服务器端 Request: PASS 数据包中可以发现，内部主机 192.168.1.100 的源端口号并没有改变。说明转换端口的目的是为了索引外出、进入数据包之间的对应关系，并不是每个外出的数据包都需要改变。

> Frame 733: 86 bytes on wire (688 bits), 86 bytes captured (688 bits) on interface 0
> Ethernet II, Src: Wistron_39:75:51 (00:1f:16:39:75:51), Dst:Tp-LinkT_89:e1:53 (3c:46:d8:89:e1:53)
> Internet Protocol Version 4, Src: 192.168.10.5, Dst: 192.168.10.2
> **Transmission Control Protocol, Src Port: 21, Dst Port: 56743, Seq: 208, Ack: 26, Len: 32**
> File Transfer Protocol (FTP)

图 4-31　服务器端 Response: 331 数据包

> Frame 732: 65 bytes on wire (520 bits), 65 bytes captured (520 bits) on interface 0
> Ethernet II, Src: Tp-LinkT_89:e1:53 (3c:46:d8:89:e1:53), Dst:Wistron_39:75:51 (00:1f:16:39:75:51)
> Internet Protocol Version 4, Src: 192.168.10.2, Dst: 192.168.10.5
> **Transmission Control Protocol, Src Port: 56743, Dst Port: 21, Seq: 15, Ack: 208, Len: 11**
> File Transfer Protocol (FTP)

图 4-32　服务器端 Request: PASS 数据包

3) ping 数据包流经 NAT 路由前后发生的变化

由于 ping 命令使用的是 ICMP 协议，因此 PING 数据包没有端口号。但在 ICMP 报文中有一个标识字段(identifier)，即这个主机所发出的 ICMP 消息顺序的唯一标识。依靠这个序列号，每一个请求包和它所对应的响应包形成对应关系。而且这个值代表唯一主机，同一台主机发出的所有的 ICMP 报文，它的 identifier 值都是一样的。

NAT 协议中处理 ping 数据包时，使用标识字段来索引外出、进入数据包之间的对应关系。

实例 4-17：Wireshark 过滤显示 PING 数据包

icmp.code == 7 || icmp.code == 0

表 4-13 PING 客户端数据包列表

No	Time	Source	Destination	Protocol	Length	Info
36	22.435	192.168.1.100	192.168.10.5	ICMP	74	Echo (ping) request
37	22.437	192.168.10.5	192.168.1.100	ICMP	74	Echo (ping) reply

客户机的 ping 数据包列表可以从表 4-13 中看到，客户机依然没有感觉到 NAT 路由器的存在，因为这里显示的目的地 IP 地址就是目标主机的 IP 地址。

> Frame 36: 74 bytes on wire (592 bits), 74 bytes captured (592 bits) on interface 0
> Ethernet II, Src: IntelCor_2b:9f:e9 (58:fb:84:2b:9f:e9), Dst: Tp-LinkT_89:e1:52 (3c:46:d8:89:e1:52)
> Internet Protocol Version 4, Src: 192.168.1.100, Dst: 192.168.10.5
∨ Internet Control Message Protocol
　Type: 8 (Echo (ping) request)
　Code: 0
　Checksum: 0x4ce6 [correct]
　[Checksum Status: Good]
　Identifier (BE): 1 (0x0001)
　Identifier (LE): 256 (0x0100)
　Sequence number (BE): 117 (0x0075)
　Sequence number (LE): 29952 (0x7500)
　[Response frame: 37]
> Data (32 bytes)

图 4-33 客户端 request 数据包

仔细观察图 4-34 客户端 reply 数据包中的 Identifier 字段，发现有两个这样的字段：(BE)和(LE)。Wireshark 考虑到 Window 系统与 Linux 系统发出的 ping 报文的字节顺序不一样(Windows 为 LE：little-endian byte order，Linux 为 BE：big-endian)，为了体现 Wireshark 的易用性，开发者将其分别显示。这里的取值 0x0001 和 0x0100 并非存在两个 Identifier 字段。

> Frame 37: 74 bytes on wire (592 bits), 74 bytes captured (592 bits) on interface 0
> Ethernet II, Src: Tp-LinkT_89:e1:52 (3c:46:d8:89:e1:52), Dst: IntelCor_2b:9f:e9 (58:fb:84:2b:9f:e9)
> Internet Protocol Version 4, Src: 192.168.10.5, Dst: 192.168.1.100
∨ Internet Control Message Protocol
　Type: 0 (Echo (ping) reply)
　Code: 0
　Checksum: 0x54e6 [correct]

[Checksum Status: Good]
Identifier (BE): 1 (0x0001)
Identifier (LE): 256 (0x0100)
Sequence number (BE): 117 (0x0075)
Sequence number (LE): 29952 (0x7500)
[Request frame: 36]
[Response time: 2.004 ms]
>Data (32 bytes)

图 4-34　客户端 reply 数据包

但在表 4-14ping 目标主机端数据包列表中出现的情况就不同了。这里所有数据包的源 IP 地址显示的是路由器的 WAN 地址 192.168.10.2。在 ping 目标主机看来，路由器的 WAN 口是这次 ping 的源地址。

表 4-14　ping 服务器端数据包列表

No	Time	Source	Destination	Protocol	Length	Info
13	38.304	192.168.10.2	192.168.10.5	ICMP	74	Echo (ping) request
16	38.305	192.168.10.5	192.168.10.2	ICMP	74	Echo (ping) reply

如图 4-35 和图 4-36 所示，当 NAT 协议中处理 ping 数据包时，虽然使用 Identifier 来索引外出、进入数据包之间的对应关系，但在这个捕获的 ping 数据包中并没有改变字段的取值。因此也没有修改校验和。所以在 ping 客户机和 ping 目标主机的 request 数据包中，ICMP 协议的校验和没有发生变化，都是 0x4ce6。

>Frame 13: 74 bytes on wire (592 bits), 74 bytes captured (592 bits) on interface 0
>Ethernet II, Src: Tp-LinkT_89:e1:53 (3c:46:d8:89:e1:53), Dst:Wistron_39:75:51 (00:1f:16:39:75:51)
>Internet Protocol Version 4, Src: 192.168.10.2, Dst: 192.168.10.5
∨Internet Control Message Protocol
　Type: 8 (Echo (ping) request)
　Code: 0
　Checksum: 0x4ce6 [correct]
　[Checksum Status: Good]
　Identifier (BE): 1 (0x0001)
　Identifier (LE): 256 (0x0100)
　Sequence number (BE): 117 (0x0075)
　Sequence number (LE): 29952 (0x7500)
　[Response frame: 16]
>Data (32 bytes)

图 4-35　ping 目标主机接收的 request 数据包

>Frame 16: 74 bytes on wire (592 bits), 74 bytes captured (592 bits) on interface 0
>Ethernet II, Src: Wistron_39:75:51 (00:1f:16:39:75:51), Dst:Tp-LinkT_89:e1:53 (3c:46:d8:89:e1:53)
>Internet Protocol Version 4, Src: 192.168.10.5, Dst: 192.168.10.2
∨Internet Control Message Protocol
　Type: 0 (Echo (ping) reply)
　Code: 0
　Checksum: 0x54e6 [correct]

```
[Checksum Status: Good]
Identifier (BE): 1 (0x0001)
Identifier (LE): 256 (0x0100)
Sequence number (BE): 117 (0x0075)
Sequence number (LE): 29952 (0x7500)
[Request frame: 13]
[Response time: 0.592 ms]
＞Data (32 bytes)
```

图 4-36　ping 目标主机发送的 reply 数据包

5. 问题思考

许多无线路由器都提供了 DMZ 或者虚拟主机功能，请大家设计实验观察 DMZ 主机在通过 NAT 路由器前后发生的变化(如果有的话)。

4.3.5　DNS 协议

1. 实验原理

在第三部分，大家已经学习了 DNS 的基本工作原理，也掌握了 DNS 服务器 BIND 的安装和配置方法。这一节，将对 DNS 的消息进行分析以了解一次 DNS 解析的基本过程。通过在 DNSClient 端和 BIND 服务器端分别安装 Wireshark 软件，来捕获 DNSClient 和 BIND 服务器、BIND 服务器和根域名服务器、顶级域名服务器交互的查询/响应 DNS 消息。

2. 实验目的

(1) 了解 DNS 消息的基本结构。
(2) 理解 DNS 迭代查询的基本过程。

3. 实验拓扑

本实验可以使用 WiFi 接入，例如家里的无线路由器，或者校园里的无线 AP，它们都满足实验要求。或者使用有线局域网接口的路由器，通过双绞线和路由器建立连接。但在这两种情况下，路由器都必须具有 Internet 连接。同时需要两台都安装有 Wireshark 软件的 PC，并且其中一台安装有能够正常工作的 BIND 域名服务器，因此本实验应该在实验 3.3.1 基础上进行。DNS 数据包捕获实验拓扑结构如图 4-37 所示。

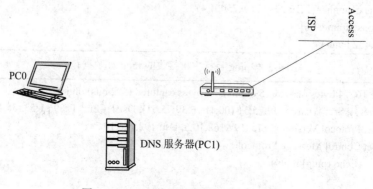

图 4-37　DNS 数据包捕获实验拓扑结构

实验编址见表 4-1。

表 4-15　实　验　编　址

名称	IP 地址	子网掩码	默认网关	端口
PC0	DHCP	255.255.255.0	N/A	WLAN
PC1	192.168.1.118	255.255.255.0	192.168.1.1	WLAN /Fa0
Router	192.168.1.1	255.255.255.0	N/A	WLAN
	DHCP	255.255.255.0	N/A	WAN

注：Fa0 是 FastEthernet0 的缩写；WLAN 表示无线网络；WAN 表示外网接口。

4．实验步骤

1) 基本配置

根据实验编址进行相应的配置，其中无线网络可以使用路由器的默认配置，但是需要手工设置 PC0 和 PC1(DNS 服务器)地址。使用 ipconfig 命令查看 PC1 的 IP 地址，然后在 PC0 和 PC1 的 IP 地址配置页面设置这个 IP 地址为首选 IP 服务器地址。并检测 PC0 与 PC1，以及它们与外部 Internet 的连通性。

2) DNS 消息基本结构

DNS 的查询和应答消息具有相同的格式。DNS 消息主要由五部分组成：消息头部(Header)，DNS 查询(Question)，回答资源记录(Answer)，权威资源记录(Authority)，附加资源记录(Additional)。

DNS 消息头部格式如图 4-38 所示。

16	17	21	22	23	24	25	28	31
QR	opcode	AA	TC	RD	RA	zero		rcode

0	8	16	24	31
会话标识		标志		
问题数		回答资源记录数		
权威资源记录数		附加资源记录数		
查询区域				
回答区域				
权威区域				
附加区域				

图 4-38　DNS 消息头部格式

各部分如下：

-会话标识(Transaction ID)

16 位的消息 ID 表示一次正常的 DNS 查询和应答。对于查询消息和其对应的应答消息，这个字段是相同的，通过它可以区分 DNS 应答消息是哪个请求的响应。

-标志(Flags)

QR	查询/响应标志,0 为查询,1 为响应
Opcode	0 表示标准查询,1 表示反向查询,2 表示 DNS 状态请求
AA	表示授权回答
TC	表示可截断
RD	表示期望递归查询
RA	表示服务器是否支持递归查询
Rcode	0 成功,1 格式错误,2 服务器错误,3 名字差错,4 未实施,5 拒绝

-问题数(QDCOUNT)

-回答资源记录数(ANCOUNT)

-权威资源记录数(NSCOUNT)

-附加资源记录数(ARCOUNT)

查询区域一般包含要查询的域名(反向查询时是 IP 地址)和类型字段。常用域名查询类型见表 4-16。

回答区域,授权区域和附加区域中包含的资源记录 RR 均使用相同格式。

表 4-16 常用域名查询类型

类型	助记符		说 明
1	0x0001	A	主机 IPv4 地址
2	0x0002	NS	权威域名服务器
5	0x0005	CNAME	主机别名
6	0x0006	SOA	权威区域起始
11	0x000B	WKS	周知服务描述
12	0x000C	PTR	域名指针
13	0x000F	HINFO	主机信息
15	0x0021	MX	邮件服务器
28	0x0026	AAAA	主机 IPv6 地址
252	0x00FC	AXFR	传送整个区的请求
255	0x00FF	ANY	对所有记录的请求

3) DNSClient 与 BIND 域名服务器的交互

表 4-17 中包含了 DNSClient 查询数据包和 BIND 域名服务器响应的数据包。这是一次由浏览器最初发起的 DNS 查询,也就是在浏览器里输入 www.mit.edu 地址时,浏览器发起的查询。

可以看到,查询是由 IP 地址为 192.168.1.100 的主机发起的,本地域名服务器是 192.168.1.118。

表 4-17 DNSClient 与 BIND 域名服务器交互的数据包列表

No.	Time	Source	Destination	Protocol	Length	Info
1	0.000000	192.168.1.100	192.168.1.118	DNS	71	Standard query 0x0f2e A
2	0.014107	192.168.1.118	192.168.1.100	DNS	529	Standard query response

查询消息封装在 UDP 数据段中,使用了 DNS 的标准端口 53。这是一个标准的查询,

第 4 部分　数据包的流动　　　　　　　　　　　　　　　　　　　　· 209 ·

由标志字段 0x0100 可知，这个查询没有截断、期望递归。查询区域只包含了一个类型为 A 的查询。DNS 查询数据包格式如图 4-39 所示。

>Frame 1: 71 bytes on wire (568 bits), 71 bytes captured (568 bits) on interface 0
>Ethernet II, Src: IntelCor_2b:9f:e9 (58:fb:84:2b:9f:e9), Dst: Tp-LinkT_c5:6b:44 (08:57:00:c5:6b:44)
>Internet Protocol Version 4, Src: 192.168.1.100, Dst: 192.168.1.118
>User Datagram Protocol, Src Port: 60797, Dst Port: 53
∨Domain Name System (query)
　[Response In: 2]
　Transaction ID: 0x0f2e
　>Flags: 0x0100 Standard query
　Questions: 1
　Answer RRs: 0
　Authority RRs: 0
　Additional RRs: 0
　∨Queries
　　>www.mit.edu: type A, class IN

图 4-39　DNS 查询数据包格式

如图 4-40 所示应答消息具有和查询消息一样的 Transaction ID，都是 0x0f2e。由此可知它们属于同一次事务。除了查询记录以外，应答消息还包含三个回答记录和十三个权威记录。可以发现 www.mit.edu 是主机 e9566.dscb.akamaiedge.net 的别名，且这台主机的地址是 223.119.211.100。

>Frame 2: 529 bytes on wire (4232 bits), 529 bytes captured (4232 bits) on interface 0
>Ethernet II, Src: Tp-LinkT_c5:6b:44 (08:57:00:c5:6b:44), Dst: IntelCor_2b:9f:e9 (58:fb:84:2b:9f:e9)
>Internet Protocol Version 4, Src: 192.168.1.118, Dst: 192.168.1.100
>User Datagram Protocol, Src Port: 53, Dst Port: 60797
∨Domain Name System (response)
　[Request In: 1]
　[Time: 0.014107000 seconds]
　Transaction ID: 0x0f2e
　>Flags: 0x8180 Standard query response, No error
　Questions: 1
　Answer RRs: 3
　Authority RRs: 13
　Additional RRs: 7
　∨Queries
　　>**www.mit.edu: type A, class IN**
　∨Answers
　　>www.mit.edu: type CNAME, class IN, cname www.mit.edu.edgekey.net
　　>www.mit.edu.edgekey.net: type CNAME, class IN, cname e9566.dscb.akamaiedge.net
　　>**e9566.dscb.akamaiedge.net: type A, class IN, addr 223.119.211.100**
　>Authoritative nameservers
　>Additional records

图 4-40　DNS 应答数据包格式

4) 顶级域名 edu 的解析

Windows 系统中提供了 nslookup 工具,它是用来查询域名服务基础结构信息的程序。nslookup 提供了两种模式:交互式和非交互式。非交互模式只能完成一次主机或域名查询。交互模式容许用户查询域名服务器,获取各种关于主机和域名的信息或输出一个域内的主机列表。在交互式查询中可以设置更改查询的类型。

实例 4-18:使用 nslookup 查询顶级域名 edu

```
C:\WINDOWS\system32>nslookup         ~进入交互查询模式
默认服务器:   UnKnown
Address:    192.168.1.118            ~域名服务器地址
> set type=ns                         ~设置查询类型为 NS
> edu
服务器:    UnKnown
Address:    192.168.1.118
非权威应答:
edu       nameserver = l.edu-servers.net    ~应答资源记录
edu       nameserver = c.edu-servers.net
edu       nameserver = f.edu-servers.net
edu       nameserver = d.edu-servers.net
edu       nameserver = g.edu-servers.net
edu       nameserver = a.edu-servers.net
a.edu-servers.net     internet address = 192.5.6.30
>exit
C:\WINDOWS\system32>
```

nslookup 首先进入交互查询模式,然后使用 set 命令设置查询类型。在查询类型设置完毕后,输入 edu 域名进行查询。

表 4-18   edu 顶级域名查询过程中的 DNS 数据包列表

No	Time	Source	Destination	Info
41	21.570	192.168.1.118	192.36.148.17	Standard query 0xda1d NS edu OPT
43	21.618	192.36.148.17	192.168.1.118	Standard query response 0xda1d NS edu NS
46	21.619	192.168.1.118	192.112.36.4	Standard query 0x31b5 A d.edu-servers.net OPT
47	21.619	192.168.1.118	192.112.36.4	Standard query 0x2322 A f.edu-servers.net OPT
49	21.620	192.168.1.118	192.112.36.4	Standard query 0x2c4a A g.edu-servers.net OPT
53	21.620	192.168.1.118	192.112.36.4	Standard query 0xea8d A l.edu-servers.net OPT
61	21.815	192.112.36.4	192.168.1.118	Standard query response 0x2c4a A g.edu-servers.net
62	21.815	192.112.36.4	192.168.1.118	Standard query response 0x2322 A f.edu-servers.net
65	21.818	192.112.36.4	192.168.1.118	Standard query response 0x31b5 A d.edu-servers.net
71	21.835	192.112.36.4	192.168.1.118	Standard query response 0xea8d A l.edu-servers.net

表 4-18 是 edu 域名查询过程中的部分数据包列表。从表中可以看到,BIND 首先向服务器 192.36.148.17 发起了类型为 NS 的关于 edu 域的查询。查阅 named.root 文件可知,这

是一台位于瑞典的根服务器。

根据查询的 Transaction ID 值 0xda1d，可以判定 43 号数据包对应的应答数据包。43 号数据包中其实包含了以下的权威资源记录：

  Authoritative nameservers
    edu: type NS, class IN, ns f.edu-servers.net
    edu: type NS, class IN, ns l.edu-servers.net
    edu: type NS, class IN, ns g.edu-servers.net
    edu: type NS, class IN, ns c.edu-servers.net
    edu: type NS, class IN, ns a.edu-servers.net
    edu: type NS, class IN, ns d.edu-servers.net
    edu: type DS, class IN
    edu: type RRSIG, class IN

BIND 下一步需要查询以上服务器的 IP 地址，于是发起了类型为 A 的查询。在这个捕获的数据包文件中，包含了其中的四个 edu 域名服务器的查询，分别是 d、f、g 和 l.edu-servers.net。有趣的是，再次发起类型为 A 的域名查询时，BIND 服务器转向了另外一个根域名服务器 192.112.36.4，这是一台位于美国的根域名服务器。它返回了 edu 顶级域名服务器的地址。

5) 域名 mit.edu 的解析

重新启动 BIND 服务器后，服务器内部的缓存记录被删除了。这次将进行 mit.edu 域名的查询。

实例 4-19：使用 nslookup 查询域名 mit.edu

  C:\WINDOWS\system32>**nslookup**
  默认服务器： UnKnown
  Address: 192.168.1.118
  > **set type=ns**   ~设置查询类型为 NS
  > **mit.edu**
  服务器： UnKnown
  Address: 192.168.1.118
  非权威应答：
  mit.edu nameserver = asia2.akam.net
  mit.edu nameserver = ns1-173.akam.net
  mit.edu nameserver = use2.akam.net
  mit.edu nameserver = usw2.akam.net
  mit.edu nameserver = asia1.akam.net
  mit.edu nameserver = ns1-37.akam.net
  mit.edu nameserver = use5.akam.net
  mit.edu nameserver = eur5.akam.net

  eur5.akam.net   internet address = 23.74.25.64
  use2.akam.net   internet address = 96.7.49.64

use5.akam.net	internet address = 2.16.40.64	
usw2.akam.net	internet address = 184.26.161.64	
asia1.akam.net	internet address = 95.100.175.64	
asia2.akam.net	internet address = 95.101.36.64	
ns1-37.akam.net	internet address = 193.108.91.37	
ns1-173.akam.net	internet address = 193.108.91.173	
use5.akam.net	AAAA IPv6 address = 2600:1403:a::40	~IPv6 类型应答资源记录
ns1-37.akam.net	AAAA IPv6 address = 2600:1401:2::25	
ns1-173.akam.net	AAAA IPv6 address = 2600:1401:2::ad	

>exit

C:\WINDOWS\system32>

表 4-19　mit.edu 域名查询过程中的 DNS 数据包列表

No	Time	Source	Destination	Info
51	30.507	192.168.1.118	192.112.36.4	Standard query 0x1992 NS mit.edu OPT
52	30.719	192.112.36.4	192.168.1.118	Standard query response 0x1992 NS mit.edu
53	30.722	192.168.1.118	202.12.27.33	Standard query 0x422a A c.edu-servers.net OPT
55	30.722	192.168.1.118	202.12.27.33	Standard query 0x916c A d.edu-servers.net
57	30.722	192.168.1.118	202.12.27.33	Standard query 0xba2f A g.edu-servers.net OPT
60	30.723	192.168.1.118	202.12.27.33	Standard query 0xb3d6 A f.edu-servers.net OPT
63	30.725	192.168.1.118	202.12.27.33	Standard query 0x3018 A l.edu-servers.net OPT
65	30.765	202.12.27.33	192.168.1.118	Standard query response 0x422a A
71	30.767	202.12.27.33	192.168.1.118	Standard query response 0xba2f A
72	30.767	202.12.27.33	192.168.1.118	Standard query response 0x916c A
73	30.768	202.12.27.33	192.168.1.118	Standard query response 0xb3d6 A
82	30.772	202.12.27.33	192.168.1.118	Standard query response 0x3018 A
87	31.522	192.168.1.118	192.5.6.30	Standard query 0x12b3 NS mit.edu OPT
88	31.863	192.5.6.30	192.168.1.118	Standard query response 0x12b3 NS mit.edu

表 4-19 是 mit.edu 域名查询过程中的部分数据包的列表。从表中可以看到，BIND 这次向服务器 192.112.36.4 发起了类型为 NS 的关于 mit.edu 域的查询。完成 edu 顶级域的查询后，向 edu 顶级域名服务器 192.5.6.30(a.edu-servers.net)发起关于 mit.edu 的 NS 类型查询。最终返回了八个 IPv4 主机地址和三个 IPv6 主机地址。

6）域名 www.mit.edu 的解析

在不重新启动 BIND 服务器的情况下进行域名 www.mit.edu 类型为 A 的查询。

实例 4-20：使用 nslookup 查询主机 www.mit.edu

C:\WINDOWS\system32>**nslookup**

默认服务器：　UnKnown

Address:　192.168.1.118

>**set type=A**

> **www.mit.edu**

第 4 部分　数据包的流动

服务器：　UnKnown

Address:　192.168.1.118

DNS request timed out.

　　timeout was 2 seconds.

非权威应答：

名称：　　e9566.dscb.akamaiedge.net

Address:　23.2.142.184

Aliases:　www.mit.edu

　　www.mit.edu.edgekey.net

>exit

C:\WINDOWS\system32>

表 4-20　www.mit.edu 域名查询过程中的 DNS 数据包列表

No.	Time	Source	Info
90	53.066083	192.168.3.118	
		Stand query 0xa0f9 A www.mit.edu OPT	
91	53.391474	23.74.25.64	
		Stand query response 0xa0f9 A www.mit.edu CNAME www.mit.edu.edgekey.net OPT	
92	53.393083	192.168.3.118	
		Stand query 0x7874 A www.mit.edu.edgekey.net OPT	
93	53.711676	84.53.139.66	
		Stand query response 0x7874 A www.mit.edu.edgekey.net CNAME e9566.dscb.akamaiedge.net	
94	53.713374	192.168.3.118	
		Stand query 0x9f47 A e9566.dscb.akamaiedge.net OPT	
95	54.049780	23.61.199.194	
		Stand query response 0x9f47 A e9566.dscb.akamaiedge.net NS n5dscb.akamaiedge.net NS	
966	54.051177	192.168.3.118	
		Stand query 0xfbe3 A e9566.dscb.akamaiedge.net OPT	
978	54.459744	210.201.32.38	
		Standard query response 0xfbe3 A e9566.dscb.akamaiedge.net A 23.2.142.184 OPT	

　　由于没有重新启动 BIND 服务器，服务器内部缓存还保留上次的查询结果。在表 4-20 中可以看到，BIND 服务器向 23.74.25.64 发起了查询。地址为 23.74.25.64 的服务器是 eur5.akam.net，它是 mit.edu 域的一台域名服务器。

　　在 eur5.akam.net 处 BIND 了解到 www.mit.edu.edgekey.net 是 www.mit.edu 的真实主机。再次查询知道 www.mit.edu.edgekey.net 也不是一台真实主机，而是另外一台主机 e9566.dscb.akamaiedge.net。在查询得到 e9566.dscb.akamaiedge.net 的域名服务器后，发起了类型为 A 的查询，从服务器 210.201.32.38 处得到了充当 www.mit.edu 网站的服务器地址 23.2.142.184。

　　这个例子显示出的结果有点出乎意外，说明 Internet 现实网络结构的复杂情况远远超出大家的想象。

5．问题思考

（1）在 BIND 域名工作过程中，差不多同时向多个主机发起查询，请大家思考它为什么会采取这种策略。

（2）在 BIND 域名向根域名的查询过程中，不是每一次都是向同一台根域名主机发起查询，请大家思考它采取这种策略有什么好处。

（3）大家仔细观察可能会发现，在本实验中得到服务器 e9566.dscb.akamaiedge.net 的 IP 地址并不相同，试分析在什么样的情况下会发生这种现象？

4.3.6　TCP 协议

1．实验原理

TCP 可以说是 Internet 提供的最重要传输服务了。我们在第 3 部分学习了 TCP 协议的基本原理和 Socket 编程。本节将通过 Wireshark 软件捕获 TCP 客户机和服务器连接建立、数据传输、连接终止等数据包，深入学习 TCP 连接建立和终止的过程，了解 TCP 可靠传输机制的工作原理和 TCP 传输控制变量在这个过程中的作用。

2．实验目的

（1）了解 TCP 报文段的结构。
（2）掌握 TCP 数据流追踪的方法。
（3）理解 TCP 三次握手的基本过程。
（4）理解 TCP 连接终止的基本过程。
（5）认识 TCP 重置。
（6）理解 TCP 可靠数据传输的基本原理。

3．实验拓扑

本实验可以使用 WiFi 接入，例如无线路由器或是无线 AP，也可以使用有线局域网接入。但都应该具有 Internet 连接。另外还需要一台安装有 Wireshark 软件的 PC。TCP 数据包捕获实验拓扑结构如图 4-41 所示。

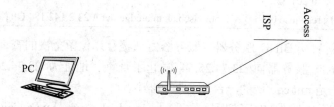

图 4-41　TCP 数据包捕获实验拓扑结构

4．实验步骤

1) TCP 数据流的追踪

TCP 数据流在 Internet 流量中占据了很大一部分。以我们日常生活中经常使用的应用为例，WWW 浏览的 HTTP 协议是使用 TCP 传输的，即时通信软件也是用 TCP 进行传输的。可以说 TCP 承载了大部分的 Internet 流量。

在这么多的 TCP 流量里，要如何追踪数据流的蛛丝马迹呢？

Wireshark 的分析功能中最实用的就是数据流的追踪了。数据流追踪，也就是说它能将各种数据流重组成容易阅读的格式。Wireshark 提供了 TCP、UDP、SSL、HTTP 四种最常见数据流的追踪功能。

以一个简单的 TCP 交互为例，在捕获的流量数据里，用鼠标点击任何一个 TCP 数据包(找到一个 TCP 数据包是非常容易的，协议字段已经表明各个数据包的类型)，右键菜单中就会出现"追踪流"功能，再选择 TCP，Wireshark 就会在一个新的窗口中显示这个 TCP 会话中所有的数据包列表。

2) TCP 连接的建立

追踪任何一个 TCP 数据流，该数据流开始的三个数据包都是其连接建立过程的三次握手。也可以使用 FLAGS 标志位进行检索，例如三次握手的第二个数据包非常特殊，SYN ACK 同时置位，可以利用这个特点发现一个三次握手的过程。

实例 4-21：Wireshark 过滤显示 SYN ACK 置位数据包

tcp.flags.syn == 1 && tcp.flags.ack == 1   ～flags 表示 TCP 标志字段

表 4-21 TCP 连接建立过程的三次握手

No	Time	Source	Destination	Protocol	Length	Info
4	7.0908	192.168.1.103	223.119.144.197	TCP	66	54168 → 80 [SYN] Seq=0
8	7.1840	223.119.144.197	192.168.1.103	TCP	66	80→54168 [SYN, ACK] Seq=0
9	7.1841	192.168.1.103	223.119.144.197	TCP	54	54168 → 80 [ACK] Seq=1 Ack=1

表 4-21 中的第一个数据包显示的其实是一个 HTTP 数据流，因为它的连接对象是一个使用 80 号端口的应用，客户机使用的端口是 54168。

> Frame 4: 66 bytes on wire (528 bits), 66 bytes captured (528 bits) on interface 0
> Ethernet II, Src: IntelCor_2b:9f:e9 (58:fb:84:2b:9f:e9), Dst: Tp-LinkT_c5:6b:44 (08:57:00:c5:6b:44)
> Internet Protocol Version 4, Src: 192.168.1.103, Dst: 223.119.144.197
∨ Transmission Control Protocol, Src Port: 54087, Dst Port: 80, Seq: 0, Len: 0
　　Source Port: 54168
　　Destination Port: 80
　　[Stream index: 3]
　　[TCP Segment Len: 0]
　　Sequence number: 0   (relative sequence number)
　　Acknowledgment number: 0
　　1000 .... = Header Length: 32 bytes (8)
　> **Flags: 0x002 (SYN)**
　　Window size value: 17520
　　[Calculated window size: 17520]
　　Checksum: 0xa522 [unverified]
　　[Checksum Status: Unverified]
　　Urgent pointer: 0
　> Options: (12 bytes), Maximum segment size, No-Operation (NOP), Window scale, No-Operation (NOP), No-Operation (NOP), SACK permitted

图 4-42 TCP 三次握手的 SYN 数据包

图 4-42 显示的是三次握手过程中的第一个数据包，即 SYN 数据包，它不包含任何数据，因为 TCP 报文段内部没有任何数据。SYN 数据包其实是指 TCP 报文段首部 FLAGS 标志的 SYN 比特位置位。除了 SYN 置位表示连接建立请求，这个数据包还包含客户机方的初始序列值(Sequence number)，这里的取值是 0。数据包还包含了最大分段大小，也就是 TCP 报文段的最大取值 MSS(Maximum Segment Size)，这里的取值是 1460。回顾第一部分以太网帧的最大取值 1500，可以推断这是去掉 IP 数据报头部的 20 个字节和 TCP 段首部的 20 个字节后的取值。

> Frame 8: 66 bytes on wire (528 bits), 66 bytes captured (528 bits) on interface 0
> Ethernet II, Src: Tp-LinkT_c5:6b:44 (08:57:00:c5:6b:44), Dst: IntelCor_2b:9f:e9 (58:fb:84:2b:9f:e9)
> Internet Protocol Version 4, Src: 223.119.144.197, Dst: 192.168.1.103

Transmission Control Protocol, Src Port: 80, Dst Port: 54087, Seq: 0, Ack: 1, Len: 0
 Source Port: 80
 Destination Port: 54168
 [Stream index: 3]
 [TCP Segment Len: 0]
 Sequence number: 0 (relative sequence number)
 Acknowledgment number: 1 (relative ack number)
 1000 .... = Header Length: 32 bytes (8)
 ∨ **Flags: 0x012 (SYN, ACK)**
  000. .... = Reserved: Not set
  ...0 .... = Nonce: Not set
  .... 0... .... = Congestion Window Reduced (CWR): Not set
  .... .0.. .... = ECN-Echo: Not set
  .... ..0. .... = Urgent: Not set
  ....1 .... = Acknowledgment: Set
  .... 0... = Push: Not set
  .... .0.. = Reset: Not set
  ....1. = Syn: Set
 > ....0 = Fin: Not set
  [TCP Flags: ....A..S.]
 Window size value: 29200
 [Calculated window size: 29200]
 Checksum: 0x0d54 [unverified]
 [Checksum Status: Unverified]
 Urgent pointer: 0
 > Options: (12 bytes), Maximum segment size, No-Operation (NOP), No-Operation (NOP), SACK permitted, No-Operation (NOP), Window scale
 ∨ [SEQ/ACK analysis]
  [This is an ACK to the segment in frame: 4]
  [The RTT to ACK the segment was: 0.093152000 seconds]
  [iRTT: 0.093304000 seconds]

图 4-43　TCP 三次握手的 SYN ACK 数据包

图 4-43 显示的是三次握手过程中的第二个数据包,即 SYN ACK 数据包。它从服务器方返还给客户机,也不包含任何数据。这是服务器对客户机的响应。在这个报文段中包含了初始序列号和 MSS,它们的取值分别是 2 和 1460。值得注意的是确认号的取值为 2。TCP 的确认号是接收方上一次从发送方接收的报文段所包含的序号加上报文段内容的长度,表示下一次期望从对方处接收数据的序号。显然这个规则在 TCP 连接创建的时候是个例外,因为 TCP 服务器端这时并没有从客户端接收任何数据。

从展开的 FLAGS 字段中,可以清楚的看到 SYN 和 ACK 位的取值都是 1。

```
>Frame 9: 54 bytes on wire (432 bits), 54 bytes captured (432 bits) on interface 0
>Ethernet II, Src: IntelCor_2b:9f:e9 (58:fb:84:2b:9f:e9), Dst: Tp-LinkT_c5:6b:44 (08:57:00:c5:6b:44)
>Internet Protocol Version 4, Src: 192.168.1.103, Dst: 223.119.144.197
∨Transmission Control Protocol, Src Port: 54087, Dst Port: 80, Seq: 1, Ack: 1, Len: 0
    Source Port: 54168
    Destination Port: 80
    [Stream index: 3]
    [TCP Segment Len: 0]
    Sequence number: 1     (relative sequence number)
    Acknowledgment number: 1     (relative ack number)
    0101 .... = Header Length: 20 bytes (5)
  ∨ Flags: 0x010 (ACK)
    Window size value: 68
    [Calculated window size: 17408]
    [Window size scaling factor: 256]
    Checksum: 0xbff0 [unverified]
    [Checksum Status: Unverified]
    Urgent pointer: 0
  ∨[SEQ/ACK analysis]
        [This is an ACK to the segment in frame: 8]
        [The RTT to ACK the segment was: 0.000152000 seconds]
        [iRTT: 0.093304000 seconds]
```

图 4-44 TCP 三次握手的 ACK 数据包

图 4-44 显示的是三次握手过程中的第三个数据包,即 ACK 数据包。它从客户机发往服务器,已经可以传输客户机的数据。

在 SYN、SYN ACK、ACK 三个数据包的交换完成后,TCP 服务器和客户机初始化了连接所需的序号、确认号、MSS、接收窗口等变量。同时操作系统也已经初始化完成发送、接收缓冲区。它们可以开始通信并进行数据传输了。

3) TCP 连接的终止

在每个正常结束的 TCP 数据流中,其尾部都是 TCP 连接终止时在客户机和服务器间的数据包交互。TCP 通信的双方都有权力发起 TCP 连接的终止,也可以使用 FLAGS 标志位进行检索。例如发起 TCP 连接终止的数据包非常特殊,FIN 置位,可以利用这个特点发现一次终止过程。

实例 4-22:Wireshark 过滤显示 FIN 置位数据包

    tcp.flags.fin == 1

表 4-22 中的数据包列表显示了一个由服务器方发起的终止。

表 4-22   TCP 连接的终止

No.	Time	Source	Destination	Protocol	Length	Info
1986	501.25	13.107.4.52	192.168.1.103	TCP	54	80→54168 [FIN, ACK]
1987	501.25	192.168.1.103	13.107.4.52	TCP	54	54168→80 [ACK] Seq=155
1988	501.25	192.168.1.103	13.107.4.52	TCP	54	54168→80 [FIN, ACK]
1989	501.34	13.107.4.52	192.168.1.103	TCP	54	80→54168 [ACK] Seq=805

服务器发送一个 FIN 标志置位的报文段,表示希望结束这次通信,客户机很快就给出了 ACK 确认。在客户机的 ACK 包中,确认号为刚收到的 FIN 数据包加 1。这时,服务器和客户机之间的连接进入半关闭状态。由于客户机和服务器都有各自的发送、接收缓冲区,半关闭状态的通信模式是容易理解的。在这种状态下,客户机和服务器之间的通信只能单向进行。TCP 连接终止服务器端的 FIN SYN 数据包如图 4-45 所示。

\> Frame 1986: 54 bytes on wire (432 bits), 54 bytes captured (432 bits) on interface 0
\> Ethernet II, Src: Tp-LinkT_c5:6b:44 (08:57:00:c5:6b:44), Dst: IntelCor_2b:9f:e9 (58:fb:84:2b:9f:e9)
\> Internet Protocol Version 4, Src: 13.107.4.52, Dst: 192.168.1.103
∨ Transmission Control Protocol, Src Port: 80, Dst Port: 54168, Seq: 804, Ack: 155, Len: 0
  Source Port: 80
  Destination Port: 54168
  [Stream index: 91]
  [TCP Segment Len: 0]
  Sequence number: 804   (relative sequence number)
  Acknowledgment number: 155   (relative ack number)
  0101 .... = Header Length: 20 bytes (5)
  ∨ **Flags: 0x011 (FIN, ACK)**
    000. .... = Reserved: Not set
    ...0 .... = Nonce: Not set
    .... 0... = Congestion Window Reduced (CWR): Not set
    .... .0.. = ECN-Echo: Not set
    .... ..0. = Urgent: Not set
    ....1 = Acknowledgment: Set
    .... 0... = Push: Not set
    .... .0.. = Reset: Not set
    .... ..0. = Syn: Not set
  \> ....1 = Fin: Set
    [TCP Flags: ....A.... F]
  Window size value: 1026
  [Calculated window size: 262656]
  [Window size scaling factor: 256]
  Checksum: 0x410a [unverified]
  [Checksum Status: Unverified]
  Urgent pointer: 0

图 4-45   TCP 连接终止服务器端的 FIN SYN 数据包

第 4 部分　数据包的流动　·219·

TCP 连接终止客户端的 ACK 数据包如图 4-46 所示。

>Frame 1987: 54 bytes on wire (432 bits), 54 bytes captured (432 bits) on interface 0
>Ethernet II, Src: IntelCor_2b:9f:e9 (58:fb:84:2b:9f:e9), Dst: Tp-LinkT_c5:6b:44 (08:57:00:c5:6b:44)
>Internet Protocol Version 4, Src: 192.168.1.103, Dst: 13.107.4.52
∨Transmission Control Protocol, Src Port: 54168, Dst Port: 80, Seq: 155, Ack: 805, Len: 0
　　Source Port: 54168
　　Destination Port: 80
　　[Stream index: 91]
　　[TCP Segment Len: 0]
　　Sequence number: 155　　　(relative sequence number)
　　Acknowledgment number: 805　　　(relative ack number)
　　0101 .... = Header Length: 20 bytes (5)
　　>Flags: 0x010 (ACK)
　　Window size value: 255
　　[Calculated window size: 65280]
　　[Window size scaling factor: 256]
　　Checksum: 0x440d [unverified]
　　[Checksum Status: Unverified]
　　Urgent pointer: 0
　　∨[SEQ/ACK analysis]
　　　　[This is an ACK to the segment in frame: 1986]
　　　　[The RTT to ACK the segment was: 0.000186000 seconds]
　　　　[iRTT: 0.089883000 seconds]

图 4-46　TCP 连接终止客户机端的 ACK 数据包

在客户机向服务器发出连接关闭请求，服务器确认以后，它们之间的通信也就结束了。

4）TCP 连接的重置

在理想的情况下，TCP 连接都是正常关闭的。但在现实中的一些情况下，TCP 连接会突然断掉。例如网络的瞬时拥塞或存在潜在的攻击者等。在这些情况下，就可以使用 RST 标志置位的数据包，指出连接被异常终止或拒绝连接请求。

实例 4-23：Wireshark 过滤显示 RST 置位数据包

如图 4-47 所示。

　　tcp.flags.reset == 1

>Frame 804: 54 bytes on wire (432 bits), 54 bytes captured (432 bits) on interface 0
>Ethernet II, Src: IntelCor_2b:9f:e9 (58:fb:84:2b:9f:e9), Dst: Tp-LinkT_c5:6b:44 (08:57:00:c5:6b:44)
>Internet Protocol Version 4, Src: 192.168.1.103, Dst: 223.119.144.197
∨Transmission Control Protocol, Src Port: 54087, Dst Port: 80, Seq: 2, Ack: 416, Len: 0
　　Source Port: 54087
　　Destination Port: 80
　　[Stream index: 3]
　　[TCP Segment Len: 0]
　　Sequence number: 2　　　(relative sequence number)

```
            Acknowledgment number: 416     (relative ack number)
            0101 .... = Header Length: 20 bytes (5)
          ∨ Flags: 0x014 (RST, ACK)
              000. .... .... = Reserved: Not set
              ...0 .... .... = Nonce: Not set
              .... 0... .... = Congestion Window Reduced (CWR): Not set
              .... .0.. .... = ECN-Echo: Not set
              .... ..0. .... = Urgent: Not set
              .... ...1 .... = Acknowledgment: Set
              .... .... 0... = Push: Not set
            > .... .... .1.. = Reset: Set
              .... .... ..0. = Syn: Not set
              .... .... ...0 = Fin: Not set
              [TCP Flags: ·······A·R··]
          Window size value: 0
          [Calculated window size: 0]
          [Window size scaling factor: 256]
          Checksum: 0xbe90 [unverified]
          [Checksum Status: Unverified]
          Urgent pointer: 0
```

图 4-47 TCP RST 置位数据包

使用 RST 置位数据包的典型场景是访问一个不存在的网络服务。例如可以使用浏览器访问一个熟悉的网站。在正常情况下用户是可以浏览这个网站的网页的，但是只要修改了这个网址的访问端口，例如原来访问的是 www.mit.edu，现在使用 www.mit.edu:8080，则访问会失败，因为主机没有在 8080 端口监听连接请求。因此服务器返回了一个 RST 置位的数据包，通知客户机此次连接无效，也就是拒绝了用户的连接请求。RST 除了 RST、ACK 标志置位以外，没有其他任何信息。

5) TCP 重传

TCP 重传是 TCP 可靠数据传输机制的核心。正是由于发送缓冲区、接收缓冲区和重传机制的使用，TCP 数据传输才变的可靠。发送端发送数据、收到接收方确认，发送指针(指向下一个可以发送字节的内存地址)才会向前移动。而接收方在一段数据全部都正确接收后，才会通知发送方已经正确接收，然后把数据交付给上层协议模块进行处理。

数据包的丢失有很多原因，包括网络拥塞、通信链路错误、主机错误等。但是首要的原因却是由于网络拥塞引起的超时。

操作系统的 TCP 模块使用估计的 RTT(Round Trip Time)来确定一个数据包是否超时。估计的 RTT 其实是一个变量，操作系统维护这个变量并且根据每次确认信息回来的时间不断地进行调整，以此来粗略地描述数据包在网络中传输的延时。

因为 RTT 的波动特别大，所以操作系统并不是直接将一个数据包真实的 RTT 时间和它的估计时间进行比较，而是使用另外一个值来设置超时定时器，例如使用这个估计的 RTT 再加上一个波动范围作为判断数据包超时的依据。若有个数据包发送了很久都没有收到接收方的确认信息,如果它的超时定时器已经触发,TCP 模块就假设数据包已经丢失,然后启动重传。

Wireshark 帮我们对每个数据包都进行了 SEQ/ACK 分析,并标注了每个数据包,特别是不正常的数据包,还会指出其可能的不正常原因。因此可以借助这个功能对重传数据包展开分析。在 Wireshark 数据包列表面板中,不正常的数据包通常使用黑色显示,根据这个特点可以进一步查看 Info 字段,非常容易定位重传数据包。

实例 4-24:Wireshark 过滤显示重传数据包

  tcp.analysis.retransmission   ~表示经分析可能是重传的数据包

点击数据包列表面板中的其中一个重传数据包,右键选择跟踪 TCP 流,进入数据流跟踪窗口。观察这个数据包 TCP 报文段的序号,重新设置显示过滤器,可以得到原始的数据包和重传的数据包。

实例 4-25:Wireshark 过滤显示特定的重传数据包

见表 4-23,图 4-48。

  tcp.stream eq 166 && tcp.seq ==1818   ~stream 是 Wireshark 标记,自动生成

表 4-23　TCP 的重传数据包列表

No.	Time	Source	Destination	Protocol	Length	Info
3579	742.94	192.168.3.118	220.181.7.190	TCP	54	51209 → 443 [ACK] Seq=1818
4251	743.41	192.168.3.118	220.181.7.190	TCP	1156	[TCP Retransmission] 1209→ 443

> Frame 3579: 54 bytes on wire (432 bits), 54 bytes captured (432 bits) on interface 0
> Ethernet II, Src: IntelCor_2b:9f:e9 (58:fb:84:2b:9f:e9), Dst: Tp-LinkT_a6:ac:44 (00:23:cd:a6:ac:44)
> Internet Protocol Version 4, Src: 192.168.3.118, Dst: 220.181.7.190
∨ Transmission Control Protocol, Src Port: 51209, Dst Port: 443, Seq: 1818, Ack: 476, Len: 0
 Source Port: 51209
 Destination Port: 443
 [Stream index: 166]
 [TCP Segment Len: 0]
 Sequence number: 1818 (relative sequence number)
 Acknowledgment number: 476 (relative ack number)
 0101 .... = Header Length: 20 bytes (5)
 > Flags: 0x010 (ACK)
 Window size value: 66
 [Calculated window size: 16896]
 [Window size scaling factor: 256]
 Checksum: 0x6c91 [unverified]
 [Checksum Status: Unverified]
 Urgent pointer: 0
 ∨ [SEQ/ACK analysis]
  [This is an ACK to the segment in frame: 3549]
  [The RTT to ACK the segment was: 0.040114000 seconds]
  [iRTT: 0.034810000 seconds]

图 4-48　TCP 重传的原始数据包

图 4-49 显示的重传数据包是一个典型的 PSH/ACK 数据包，长度为 1102，从客户机 192.168.3.118 发送到服务器 220.181.7.190。它和原始数据包除了 IP 标识、校验和不一样，其他基本一致。

在这个数据包的末尾，有 Wireshark 对这个数据包的标注(SEQ/ACK analysis)。说明这是一个重传数据包，RTO(Retransmission Time-Out)为 0.250 s，是基于数据包 3599 推算出来的，而这里 iRTT(initial RTT)是 0.034。这里 3599 是这次捕获所有数据包的一个编号。

```
> Frame 4251: 1156 bytes on wire (9248 bits), 1156 bytes captured (9248 bits) on interface 0
> Ethernet II, Src: IntelCor_2b:9f:e9 (58:fb:84:2b:9f:e9), Dst: Tp-LinkT_a6:ac:44 (00:23:cd:a6:ac:44)
> Internet Protocol Version 4, Src: 192.168.3.118, Dst: 220.181.7.190
∨ Transmission Control Protocol, Src Port: 51209, Dst Port: 443, Seq: 1818, Ack: 476, Len: 1102
    Source Port: 51209
    Destination Port: 443
    [Stream index: 166]
    [TCP Segment Len: 1102]
    Sequence number: 1818        (relative sequence number)
    [Next sequence number: 2920    (relative sequence number)]
    Acknowledgment number: 476     (relative ack number)
    0101 .... = Header Length: 20 bytes (5)
    > Flags: 0x018 (PSH, ACK)
    Window size value: 66
    [Calculated window size: 16896]
    [Window size scaling factor: 256]
    Checksum: 0xe9d0 [unverified]
    [Checksum Status: Unverified]
    Urgent pointer: 0
    ∨ [SEQ/ACK analysis]
        [iRTT: 0.034810000 seconds]
        [Bytes in flight: 1102]
        [Bytes sent since last PSH flag: 1102]
        ∨ [TCP Analysis Flags]
            ∨  [Expert Info (Note/Sequence): This frame is a (suspected) retransmission]
                [This frame is a (suspected) retransmission]
                [Severity level: Note]
                [Group: Sequence]
        [The RTO for this segment was: 0.250592000 seconds]
        [RTO based on delta from frame: 3599]
    TCP payload (1102 bytes)
    Retransmitted TCP segment data (1102 bytes)
```

图 4-49   TCP 重传数据包

在用前面这种方法进行数据包捕获的时候，要注意区别虚假重传。

虚假重传(Spurious Retransmission)指的是不必要的重传。在 Wireshark 捕获到重复的数据包时,判断网络中发生了重传。但是,Wireshark 接着又捕获到了原始数据包的确认 ACK 数据包,因此它判断原始数据包实际并没有丢失,故称为虚假重传。客户端在收到服务器的下行数据包后发送反馈 ACK 数据包并被 Wireshark 抓到,但很有可能服务器并未按时收到此反馈 ACK 数据包,RTO 超时,触发服务器端重传。显然这种情况在服务器到客户机的传输方向上比较常见。因此当 Wireshark 部署在客户端时,虚假重传一般为下行数据包。

实例 4-26:Wireshark 过滤显示虚假重传数据包

  tcp.analysis.spurious_retransmission   ～表示经分析可能是虚假重传的数据包

点击数据包列表面板中的其中一个虚假重传数据包,右键选择跟踪 TCP 流,进入数据流跟踪窗口。观察这个数据包 TCP 分段的序号,重新设置显示过滤器,例如

  tcp.stream eq 78 && tcp.seq == 160060

即可以得到原始的数据包和虚假重传的数据包。

表 4-24　TCP 的虚假重传数据包列表

No.	Time	Source	Destination	Protocol	Length	Info
4746	743.57	122.228.251.113	192.168.3.118	TCP	1506	[TCP Retransmission] 80 →
5011	743.68	122.228.251.113	192.168.3.118	TCP	1506	[TCP Spurious Retransmission]

6) TCP 重复确认和快速重传

TCP 报文段使用了序号和确认号。序号和确认号帮助接收方在收到多个报文段后准确地进行重组。这两个字段同时也使接收方能够快速确认一个报文段是否按其出发时的原始顺序到达。

在数据流向目的主机的过程中,有一种情况是这样的:一个数据流中的某个数据包经历一个短暂的网络拥塞后丢失了,但是后续的数据包却没有经历这个拥塞,按时到达了目的主机。在这种情况下,接收主机在重组这些数据包时会发现少了一个数据包。即这个数据包包含的 TCP 分段丢失了。

为避免该问题,TCP 采用累积确认的方式向发送方确认正确接收到的数据。这里的正确包含两层意思:一是数据本身没有错误,二是按顺序到达。当接收主机没有收到某个数据包所包含的分段,而却接收到后续数据包所包含的分段时,接收主机还是会给出确认,但却是对丢失的数据包所包含分段之前一个正确、按顺序接收的分段的确认。

所以在有些时候,当一系列数据包中的一个数据丢失而没有按时到达目的主机,而后续数据包正确、按时到达时,发送方有可能接收到接收方的重复确认。在 TCP 的拥塞控制算法中认为,发生这种情况,也就是发送方收到接收方多个重复的确认数据包,意味着这个确认数据包指向的后续数据包已经丢失。确认数据包所携带的确认号就是接收方期望从发送方得到的后续数据分段。这时 TCP 拥塞控制算法会启动重传,这就是快速重传。

实例 4-27:Wireshark 过滤显示快速重传数据包

  tcp.analysis.fast_retransmission   ～表示经分析可能是快速重传的数据包

点击数据包列表面板中的其中一个快速重传数据包,右键选择跟踪 TCP 流,进入数据流跟踪窗口。观察这个数据包 TCP 分段的序号,重新设置显示过滤器,例如

  tcp.stream eq 78 && (tcp.seq ==136828 ||tcp.ack == 136828)

      ～136828 是快速重传 TCP 报文段的序号

可以得到重复确认和快速重传的数据包，见表 4-25。

表 4-25 重复确认和快速重传的数据包

No.	Time	Source	Destination	Protocol	Length	Info
4134	743.36	192.168.3.118	122.228.251.113	TCP	66	51121 → 80 [ACK] Seq=6614
4241	743.40	192.168.3.118	122.228.251.113	TCP	74	[TCP Dup ACK 4134#1] 51121 → 80
4379	743.44	192.168.3.118	122.228.251.113	TCP	74	[TCP Dup ACK 4134#2] 51121 → 80
4384	743.45	122.228.251.113	192.168.3.118	TCP	1506	[TCP Fast Retransmission] 80 →

7) TCP 拥塞控制和流量控制

TCP 使用滑动窗口机制调整发送的速率。

TCP 是一个基于流水线的可靠传输协议，意味着它一次可以发送多个数据包进入网络，而不需要等待每一个数据包的确认。同时 TCP 使用滑动窗口机制调整发送速率。滑动窗口机制就是限制发送进入网络、同时未被接收方确认数据包的总体数量，从而控制发送速率。有意思的是，由于 TCP 报文段是使用字节流序号编码的，所以这些未确认报文段的总体数量使用字节数而不是个数来衡量。

滑动窗口，或者说发送窗口的大小取决于两个因素：网络是否拥塞和接收方是否有足够的缓存存放数据。

TCP 协议使用拥塞窗口变量来表示网络是否拥塞。对于这个变量值的确定，TCP 使用了一种试探策略。开始的时候这个值取的很小，然后慢慢地增加，当出现超时重传或者快速重传，也就是数据包有丢失的时候，就快速地减小拥塞窗口。整个控制过程表现出加性增、乘性减的特点。调整拥塞窗口的方法称为拥塞控制算法。有很多的拥塞控制算法，例如 TCP Reno、TCP Tahoe 等。而且随着网络硬件的发展，传输速度的加快，研究者也在不断地发明新的拥塞控制算法。

至于接收方是否有足够的缓存存放数据，TCP 则让接收方在反馈报文段中的接收窗口字段清楚地告知发送方。发送方就可以通过调整滑动窗口，以适应接收方的接收能力。这其实是一个速度匹配服务，即发送方的发送速率与接收方应用程序的读取速率相匹配。这个过程称为流量控制。滑动窗口的取值应该满足以下关系：

滑动窗口 ≤ min {拥塞窗口, 接收窗口}

表 4-26 滑动窗口示例

No.	Time	Source	Destination	Info
11	2.5688	192.168.10.5	192.168.1.100	20 → 53379 [SYN] Seq=0 Win=8192 Len=0 MSS=1460
12	2.5689	192.168.1.100	192.168.10.5	53379 → 20 [SYN, ACK] Seq=0 Ack=1 Win=65535
14	2.5702	192.168.10.5	192.168.1.100	20 → 53379 [ACK] Seq=1 Ack=1 Win=65700 Len=0
15	2.5734	192.168.10.5	192.168.1.100	FTP Data: 1460 bytes
16	2.5734	192.168.10.5	192.168.1.100	FTP Data: 1460 bytes
17	2.5735	192.168.1.100	192.168.10.5	53379 → 20 [ACK] Seq=1 Ack=2921 Win=65536 Len=0
18	2.5757	192.168.10.5	192.168.1.100	FTP Data: 1460 bytes
19	2.5757	192.168.10.5	192.168.1.100	FTP Data: 1460 bytes
20	2.5757	192.168.10.5	192.168.1.100	FTP Data: 1460 bytes
21	2.5757	192.168.10.5	192.168.1.100	FTP Data: 1460 bytes
22	2.5760	192.168.1.100	192.168.10.5	53379 → 20 [ACK] Seq=1 Ack=8761 Win=65536 Len=0

表 4-26 中的数据包来自一个 FTP 服务中文件下载传输数据流的例子。在服务器和客户机完成三次握手后，服务器开始传送文件。在第一个确认报文段回来前，它发送了两个数据包，长度都是 1460。根据滑动窗口的定义，这时窗口的大小是 2920。在收到确认以后，发送进入网络的、未确认的数据包数量变为四个。这时，TCP 模块已经调整滑动窗口大小为 5840。

滑动窗口由拥塞窗口和接收窗口共同决定，拥塞窗口是 TCP 协议模块自己控制的变量，但是接收窗口是由接收方告知的。一个有趣的问题是：当接收窗口变为零，也就是接收方接收缓存填充满了以后怎么办呢？发送端是不是就不发数据了？是的，发送方就不再发送数据，但是如果接收方缓存可用了，怎么通知发送方呢？

TCP 使用了 ZWP(Zero Window Probe)技术解决这个问题。发送方会持续发送 ZWP 的报文段给接收方，让接收方来确认接收窗口的大小。当接收方的应用程序读取缓冲区的数据，缓冲区出现空余空间时，接收方在 ZWP 的确认中通知发送方可以重新开始发送数据。

5．问题思考

在虚假重传的场景中，接收方在两个重复的数据包之间收到了一个关于第一个重复数据包的确认。请设计实验，使用 Wireshark 过滤器找出这个数据包。

4.3.7 HTTP 协议

1．实验原理

如果说 TCP 是 Internet 提供的最重要的传输服务，那么 HTTP 就是最重要的应用层协议。很大一部分 TCP 报文段里封装的内容都是 HTTP 消息。在第 3 部分，我们已经学习了 HTTP 协议的基本原理和 Apache Web 服务器的安装和配置。在这一节，将通过 Wireshark 捕获 HTTP 客户端浏览器和 Web 服务器之间连接、传输等数据包，深入学习浏览器使用 HTTP 协议从服务器获取网页内容的基本过程，理解 HTTP 持久连接和非持久连接的区别，了解缓存和 Cookie 技术在实际中的应用。

2．实验目的

(1) 了解 HTTP 消息的结构。
(2) 掌握 HTTP 数据流追踪的方法。
(3) 理解持久连接和非持久连接的区别。
(4) 理解 Conditional Get 的作用。
(5) 理解 Cookie 的工作原理。

3．实验拓扑

本实验可以使用 WiFi 接入，例如无线路由器或是无线 AP，也可以使用有线局域网接入。但都应该具有 Internet 连接。总共需要两台 PC，但你只需要在充当客户机的 PC0 进行数据包捕获，因此只需要在 PC0 安装 Wireshark 软件。在另外一台充当 Web 服务器的 PC1 安装 Apache、Web 服务器软件的基本方法请参见 3.3.2 节。HTTP 数据包捕获实验拓扑结构如图 4-50 所示。

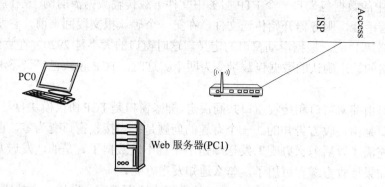

图 4-50　HTTP 数据包捕获实验拓扑结构

4．实验步骤

1) 一次普通的 HTTP 请求和响应

开启 PC0 的 Wireshark 软件，设置合适的捕获网卡，然后随便浏览一个网站，在 Wireshark 的 Packet List 面板中就会出现各种各样的数据。这里面就有 HTTP GET 数据包，因为最简单的网页浏览请求就包含了一次 GET 操作。

实例 4-28：Wireshark 过滤显示 HTTP GET 数据包

　　http.request.method == GET　　　　　　　　　～注意 GET 的大写

观察 Packet List 面板中的 Info 字段，选择有"GET"字样的数据包，右键选择跟踪 HTTP 流，进入数据流跟踪窗口，即可以得到这一次 HTTP 传输的所有数据包。表 4-27 列出了一次 GET 请求操作和其 HTTP 响应消息。

表 4-27　HTTP GET 请求和响应

No.	Time	Source	Destination	Protocol	Length	Info
112	5.831237	192.168.1.103	223.119.144.197	HTTP	429	GET / HTTP/1.1
162	5.984630	223.119.144.197	192.168.1.103	HTTP	253	HTTP/1.1 200 OK

从图 4-51 中可以看到，这是一个 HTTP1.1 的 GET 请求。请求的主机是 www.mit.edu。消息头部依次显示了 Connection、User-Agent 等。跟第三部分 HTTP 协议介绍的头部格式基本一致。

> Frame 112: 429 bytes on wire (3432 bits), 429 bytes captured (3432 bits) on interface 0
> Ethernet II, Src: IntelCor_2b:9f:e9 (58:fb:84:2b:9f:e9), Dst: Tp-LinkT_c5:6b:44 (08:57:00:c5:6b:44)
> Internet Protocol Version 4, Src: 192.168.1.103, Dst: 223.119.144.197
> Transmission Control Protocol, Src Port: 54743, Dst Port: 80, Seq: 1, Ack: 1, Len: 375
∨ Hypertext Transfer Protocol
　> **GET / HTTP/1.1**\r\n
　　Host: www.mit.edu\r\n
　　Connection: keep-alive\r\n
　　User-Agent: Mozilla/5.0 (Windows NT 10.0; WOW64) AppleWebKit/537.36 (KHTML, like Gecko) Chrome/63.0.3239.108 Safari/537.36\r\n
　　Upgrade-Insecure-Requests: 1\r\n
　　Accept: text/html,application/xhtml+xml,application/xml;q=0.9,image/webp,image/apng,*/*;q=0.8\r\n
　　Accept-Encoding: gzip, deflate\r\n

Accept-Language: zh-CN,zh;q=0.9\r\n
\r\n
[Full request URI: http://www.mit.edu/]
[HTTP request 1/7]
[Response in frame: 162]

图 4-51　HTTP GET 请求消息

图 4-52 显示了对应的响应消息。在响应消息中包含了 html 格式的文本，其长度为 5686 字节。这其实是这个网站默认页面的 html 文件。注意它头部状态行的状态码 200 OK，表示这是一次正常的响应。

>Frame 162: 253 bytes on wire (2024 bits), 253 bytes captured (2024 bits) on interface 0
>Ethernet II, Src: Tp-LinkT_c5:6b:44 (08:57:00:c5:6b:44), Dst: IntelCor_2b:9f:e9 (58:fb:84:2b:9f:e9)
>Internet Protocol Version 4, Src: 223.119.144.197, Dst: 192.168.1.103
>Transmission Control Protocol, Src Port: 80, Dst Port: 54743, Seq: 5841, Ack: 376, Len: 199
>[5 Reassembled TCP Segments (6039 bytes): #158(1460), #159(1460), #160(1460), #161(1460), #162(199)]
∨Hypertext Transfer Protocol
　>**HTTP/1.1 200 OK**\r\n
　Server: Apache/1.3.41 (Unix) mod_ssl/2.8.31 OpenSSL/0.9.8j\r\n
　Last-Modified: Sat, 17 Feb 2018 05:01:14 GMT\r\n
　ETag: "10e88900-51fe-5a87b71a"\r\n
　Accept-Ranges: bytes\r\n
　X-Cnection: close\r\n
　Content-Type: text/html\r\n
　Vary: Accept-Encoding\r\n
　Content-Encoding: gzip\r\n
　Date: Sat, 17 Feb 2018 09:38:57 GMT\r\n
　>Content-Length: 5686\r\n
　Connection: keep-alive\r\n
　\r\n
　[HTTP response 1/7]
　[Time since request: 0.153393000 seconds]
　　[Request in frame: 112]
　Content-encoded entity body (gzip): 5686 bytes -> 20990 bytes
　File Data: 20990 bytes
>Line-based text data: text/html

图 4-52　HTTP 响应消息

2) HTTP 1.0 和 Connection：Keep-Alive

HTTP 1.0 规定浏览器与服务器只保持短暂的连接。浏览器的每次请求都需要与服务器建立一个 TCP 连接，服务器完成请求处理后立即断开 TCP 连接。服务器也不跟踪或记录每个客户的浏览请求。这个过程大致可以分为建立连接、请求、响应、关闭连接四个阶段。

HTTP 1.0 仅支持 GET、HEAD、POST、PUT、DELETE 五种基本方法。但是 HTTP 1.1 开始默认支持持久连接，即一旦浏览器发起 HTTP 请求，建立的连接不会在请求响应之后立刻关闭。此外，HTTP 1.1 还支持更多的方法。

现在大部分浏览器和 Web 服务器都同时支持 HTTP 1.0 和 1.1。而且有了一个新的概念：最大并发连接数限制。随着硬件和软件技术的进步，用户可以根据需要在允许范围内与服务器建立更多的 TCP 持久连接来处理 HTTP 请求。一个 TCP 持久连接可以持续地传输处理多个 HTTP 请求。由于并发连接的存在，要在日常的 HTTP 流量中捕获一个持久连接已经不太容易。这里指不但标注 Keep-Alive，而且确实是在一次 TCP 传输中 GET 多个对象的连接。因此本步骤展示的是在一个受控的环境中如何捕获到一个这样的数据流。

首先需要给 Web 服务器准备一个 index.html 文件，这个文件包含三幅图片，因此加上 html 文件总共有四个对象。图片改成 index.html 文件中的相应名字，然后放置到 Apache Web 服务器的根目录。

实例 4-29：一个包含四个 Object 的网页 index.html

```
<html>
    <head>
    <title>This is a persistent/non-persistent connection test</title>
    </head>
    <body>
    Hello World!
    <img src="test1.jpg"/><img src="test2.jpg"/><img src="test3.jpg"/>
    </body>
</html>
```

现在的大部分浏览器都默认支持并发连接，所以需要使用一个方便设置的浏览器来访问 Web 服务器。Firefox 就是一个这样的浏览器，它提供了许多设置选项，可以达到实验的目标。对 Firefox 浏览器的设置布骤如下：

(1) 在 PC0 安装好 Firefox 浏览器后，在其地址栏输入 about：config 进入设置页面。

(2) 查找 network.http.version，双击此选项可修改版本，默认为 1.1，改为 1.0。

(3) 查找 network.http.max-connections-per-server，双击此选项可修改数值，默认为 6，改为 1，表示一个服务器只允许一个 TCP 连接。

(4) 在设置完成后，Firefox 就会在一个连接中，使用 HTTP 1.0 协议多次 GET Web 网站的对象了。

(5) 在 Firefox 选项菜单中选择隐私栏目，清空浏览器的缓存。然后就可以开始访问 Web 服务器了。

实例 4-30：Wireshark 过滤显示 HTTP 1.0 数据包

```
http.request.version == "HTTP/1.0"
```

观察 Packet List 面板中的数据包，右键选择跟踪 HTTP 流，进入数据流跟踪窗口，可以得到这一次 HTTP 传输的所有数据包。表 4-28 列出了一次 HTTP 持久连接中传递四个对象的所有数据包。

可以看到，首先客户端浏览器和服务器建立 TCP 连接，然后获取 html 文件，最后依次开始传输 test1.jpg、test2.jpg、test3.jpg。图片是单独传输的，传输完成后服务器给予 200OK 响应。在所有页面对象传输结束后，终止 TCP 连接。尽管客户机在这个过程中使用的是 HTTP 1.0，服务器却一直使用 HTTP 1.1 进行响应。

表 4-28　HTTP 1.0 和 Connection:Keep-Alive 获取页面的数据包列表

No.	Time	Source	Destination	Protocol	Length	Info
91	22.778	192.168.3.103	192.168.3.118	TCP	74	50144 → 8081 [SYN] Seq=0
96	22.817	192.168.3.118	192.168.3.103	TCP	66	8081 → 50144 [SYN, ACK]
97	22.817	192.168.3.103	192.168.3.118	TCP	54	50144 → 8081 [ACK] Seq=1
98	22.818	192.168.3.103	192.168.3.118	HTTP	421	GET / HTTP/1.0
105	22.833	192.168.3.118	192.168.3.103	HTTP	572	HTTP/1.1 200 OK
146	23.054	192.168.3.103	192.168.3.118	TCP	54	50144 → 8081 [ACK]
179	23.270	192.168.3.103	192.168.3.118	HTTP	377	GET /test1.jpg HTTP/1.0
						(略去了图片传输的数据包)
444	24.034	192.168.3.118	192.168.3.103	HTTP	95	HTTP/1.1 200 OK (JPEG JFIF
445	24.034	192.168.3.103	192.168.3.118	TCP	54	50144 → 8081 [ACK]
446	24.035	192.168.3.103	192.168.3.118	HTTP	377	GET /test2.jpg HTTP/1.0
						(略去了图片传输的数据包)
701	24.421	192.168.3.118	192.168.3.103	HTTP	95	HTTP/1.1 200 OK (JPEG JFIF
702	24.421	192.168.3.103	192.168.3.118	TCP	54	50144 → 8081 [ACK]
703	24.422	192.168.3.103	192.168.3.118	HTTP	377	GET /test3.jpg HTTP/1.0
						(略去了图片传输的数据包)
959	24.690	192.168.3.118	192.168.3.103	HTTP	95	HTTP/1.1 200 OK (JPEG JFIF
960	24.691	192.168.3.103	192.168.3.118	TCP	54	50144 → 8081 [ACK]
964	29.728	192.168.3.118	192.168.3.103	TCP	54	8081 → 50144 [FIN, ACK]
965	29.728	192.168.3.103	192.168.3.118	TCP	54	50144 → 8081 [ACK]
967	29.730	192.168.3.118	192.168.3.103	TCP	54	8081 → 50144 [ACK]

\> Frame 2703: 377 bytes on wire (3016 bits), 377 bytes captured (3016 bits) on interface 0
\> Ethernet II, Src: HonHaiPr_e1:b0:26 (90:4c:e5:e1:b0:26), Dst: IntelCor_2b:9f:e9 (58:fb:84:2b:9f:e9)
\> Internet Protocol Version 4, Src: 192.168.3.103, Dst: 192.168.3.118
\> Transmission Control Protocol, Src Port: 50144, Dst Port: 8081, Seq: 1014, Ack: 447361, Len: 323
∨ Hypertext Transfer Protocol
　　\> GET /test3.jpg HTTP/1.0\r\n
　　　Host: 192.168.3.118:8081\r\n
　　　User-Agent: Mozilla/5.0 (Windows NT 6.1; WOW64; rv:59.0) Gecko/20100101 Firefox/59.0\r\n
　　　Accept: */*\r\n
　　　Accept-Language: zh-CN,zh;q=0.8,zh-TW;q=0.7,zh-HK;q=0.5,en-US;q=0.3,en;q=0.2\r\n
　　　Accept-Encoding: gzip, deflate\r\n
　　　Referer: http://192.168.3.118:8081/\r\n
　　　Connection: keep-alive\r\n
　　　\r\n
　　　[Full request URI: http://192.168.3.118:8081/test3.jpg]
　　　[HTTP request 4/5]
　　　[Prev request in frame: 2446]
　　　[Response in frame: 2959]
　　　[Next request in frame: 2961]

图 4-53　HTTP 1.0 GET 请求消息

图 4-53 显示，此 HTTP1.0 GET 请求消息头部 Connection 字段设置为 Keep-Alive。

3) HTTP 缓存机制

为了提高用户响应速度，HTTP 使用了缓存技术。缓存有多种规则，根据是否需要重新向服务器发起请求，可以将其分为强制缓存和对比缓存。强制缓存指如果缓存有效，不需要再查询服务器；对比缓存不管是否有效，都需要与服务器进行确认。

两类缓存规则可以同时存在，强制缓存优先级高于对比缓存。也就是说，当执行强制缓存的规则时，如果缓存有效，直接使用缓存，不再执行对比缓存规则。

对比缓存有两种规则：Last-Modified/If-Modified-Since 和 Etag/If-None-Match 规则。

(1) Last-Modified/If-Modified-Since 规则。

Last-Modified：指服务器在响应请求时，在头部告知浏览对象的最后修改时间。

If-Modified-Since：在客户机再次请求相同资源时，客户机通过此字段告知服务器本地缓存中此浏览对象的最后修改时间。

服务器收到请求后检查头部的 If-Modified-Since 字段所含时间，与被请求对象的最后修改时间进行比对。若对象的最后修改时间晚于 If-Modified-Since，说明对象已被改动，则重新返回对象，状态码置 200OK；若对象的最后修改时间早于或等于 If-Modified-Since，说明对象没有变动，则响应为 304 Not Modified，告知浏览器可以使用其缓存。

(2) ETag /If-None-Match 规则。

ETag：服务器对象的唯一标识符，浏览器可以根据 ETag 值缓存数据。

If-None-Match：客户机再次请求服务器时，通过此字段告知服务器客户端缓存数据的 Etag 值。

服务器收到请求后发现头部的 If-None-Match 与被请求对象的唯一标识进行比对。如果两个值不相同，说明对象已被改动，则响应此对象，返回状态码 200OK；如果相同，说明对象没有变动，则响应 304 Not Modified，告知浏览器可以使用其缓存。

实例 4-31：Wireshark 过滤显示 If-Modified-Since 数据包

HTTP 1.1 If-Modified-Since GET 请求和响应数据包见表 4-29。

    http matches "If-Modified-Since"　或者

    http matches "If-None-Match"

表 4-29　HTTP1.1 If-Modified-Since GET 请求和响应数据包

No.	Time	Source	Destination	Protocol	Length	Info
1289	9.9033	192.168.1.103	223.119.144.197	HTTP	710	GET / HTTP/1.1
1292	9.9992	223.119.144.197	192.168.1.103	HTTP	247	HTTP/1.1 304 Not Modified

>Frame 1289: 710 bytes on wire (5680 bits), 710 bytes captured (5680 bits) on interface 0
>Ethernet II, Src: IntelCor_2b:9f:e9 (58:fb:84:2b:9f:e9), Dst: Tp-LinkT_c5:6b:44 (08:57:00:c5:6b:44)
>Internet Protocol Version 4, Src: 192.168.1.103, Dst: 223.119.144.197
>Transmission Control Protocol, Src Port: 54750, Dst Port: 80, Seq: 712, Ack: 331609, Len: 656
∨Hypertext Transfer Protocol
  >GET / HTTP/1.1\r\n
  Host: www.mit.edu\r\n
  Connection: keep-alive\r\n

第 4 部分　数据包的流动

　　Cache-Control: max-age=0\r\n
　　User-Agent: Mozilla/5.0 (Windows NT 10.0; WOW64) AppleWebKit/537.36 (KHTML, like Gecko) Chrome/63.0.3239.108 Safari/537.36\r\n
　　Upgrade-Insecure-Requests: 1\r\n
　　Accept: text/html,application/xhtml+xml,application/xml;q=0.9,image/webp,image/apng,*/*;q=0.8\r\n
　　Accept-Encoding: gzip, deflate\r\n
　　Accept-Language: zh-CN,zh;q=0.9\r\n
　　＞Cookie: _ga=GA1.2.1943980333.1518860338\r\n
　　If-None-Match: "10e88900-51fe-5a87b71a"\r\n
　　If-Modified-Since: Sat, 17 Feb 2018 05:01:14 GMT\r\n
　　\r\n
　　[Response in frame: 1292]

图 4-54　HTTP1.1 If-Modified-Since GET 请求消息

　　在图 4-54 的请求消息中，注意 ETag 值：10e88900-51fe-5a87b71a 和时间 Sat, 17 Feb 2018 05:01:14 GMT。这两个字段是这个消息的关键。在图 4-55 的响应消息中，服务器通知这个在客户机缓存中的对象没有改变。

　　＞Frame 1292: 247 bytes on wire (1976 bits), 247 bytes captured (1976 bits) on interface 0
　　＞Ethernet II, Src: Tp-LinkT_c5:6b:44 (08:57:00:c5:6b:44), Dst: IntelCor_2b:9f:e9 (58:fb:84:2b:9f:e9)
　　＞Internet Protocol Version 4, Src: 223.119.144.197, Dst: 192.168.1.103
　　＞Transmission Control Protocol, Src Port: 80, Dst Port: 54750, Seq: 331609, Ack: 1368, Len: 193
　　∨Hypertext Transfer Protocol
　　　＞**HTTP/1.1 304 Not Modified**\r\n
　　　Content-Type: text/html\r\n
　　　Last-Modified: Sat, 17 Feb 2018 05:01:14 GMT\r\n
　　　ETag: "10e88900-51fe-5a87b71a"\r\n
　　　Date: Sat, 17 Feb 2018 09:39:01 GMT\r\n
　　　Connection: keep-alive\r\n
　　　\r\n
　　　[HTTP response 3/5]
　　　[Time since request: 0.095873000 seconds]
　　　[Request in frame: 1289]

图 4-55　HTTP 1.1 Not Modified 响应消息

4) HTTP 的 Cookie 机制

　　HTTP 协议本身是无状态的，不支持服务端保存客户浏览器的状态信息。但在电子商务等应用类事务中，服务器需要跟踪保持客户端的状态信息，技术人员首先发明了 Cookie 技术，再有了后来的 Session 技术。一般用 Cookie 表示储存在客户端浏览器中的数据，而 Session 是保留在 Web 应用服务器中的客户端数据。Session 需要应用服务器支持，需要进一步了解的读者可以参阅相关资料。

　　在 3.1.3 节中已经了解到 Cookie 技术基本上由四个部分组成，其中包括 Web 服务器 HTTP 响应消息中的 Cookie 首部行 Set-Cookie 和用户浏览器请求消息中的 Cookie 首部行 Cookie。由于大部分网站都使用了 Cookie，因此捕获一次 Cookie 交互的数据包是非常容易的。

　　实例 4-32：Wireshark 过滤显示 Set-Cookie 数据包
　　　　http matches "Set-Cookie"

观察 Packet List 面板中的数据包，右键选择跟踪 HTTP 流进入数据流跟踪窗口，可以得到这一次 HTTP 传输的所有数据包。表 4-30 列出了一次完整 Cookie 设置和访问过程的三个数据包。

表 4-30　一次 Cookie 设置和返回过程的数据包

No.	Time	Source	Destination	Protocol	Length	Info
91	5.855593	192.168.1.103	119.75.213.61	HTTP	639	GET /img/baidu_jgylogo3.gif
114	5.923368	119.75.213.61	192.168.1.103	HTTP	759	HTTP/1.1 200 OK　(GIF89a)
146	8.863363	192.168.1.103	119.75.213.61	HTTP	678	GET

这三个数据包是在清空浏览器的 Cookie 文件后捕获的。IE 浏览器的 Cookie 数据存放在临时文件目录中，不同的 Windows 版本路径稍有不同。谷歌 Chrome 浏览器的 Cookie 可以在其设置页面进行管理。在 Chrome 浏览器地址栏中输入 chrome://settings/siteData 即可进入其管理界面。

```
> Frame 91: 639 bytes on wire (5112 bits), 639 bytes captured (5112 bits) on interface 0
> Ethernet II, Src: IntelCor_2b:9f:e9 (58:fb:84:2b:9f:e9), Dst: Tp-LinkT_c5:6b:44 (08:57:00:c5:6b:44)
> Internet Protocol Version 4, Src: 192.168.1.103, Dst: 119.75.213.61
> Transmission Control Protocol, Src Port: 55430, Dst Port: 80, Seq: 1, Ack: 1, Len: 585
∨ Hypertext Transfer Protocol
   > GET /img/baidu_jgylogo3.gif HTTP/1.1\r\n
    Host: www.baidu.com\r\n
    Connection: keep-alive\r\n
    User-Agent: Mozilla/5.0 (Windows NT 10.0; WOW64) AppleWebKit/537.36 (KHTML, like Gecko) Chrome/63.0.3239.108 Safari/537.36\r\n
    Accept: image/webp,image/apng,image/*,*/*;q=0.8\r\n
    Accept-Encoding: gzip, deflate\r\n
    Accept-Language: zh-CN,zh;q=0.9\r\n
     ∨ [truncated]Cookie: BDUSS=FlZ…4257
    \r\n
    [Full request URI: http://www.baidu.com/img/baidu_jgylogo3.gif]
    [HTTP request 1/3]
    [Response in frame: 114]
```

图 4-56　一个普通的 GET 请求消息

图 4-56 的数据包是一个访问搜索引擎的 GET 请求。当搜索某个关键字后，搜索引擎网站一般会在浏览器端记录下你使用的关键字，并且在很多时候会与它的商业伙伴共享这个关键字。

由于已经清空了这个搜索引擎的 Cookie 文件，所以在图 4-57 的响应消息中出现了 Set-Cookie 关键字，正是这一关键字后面跟着的字符串，泄漏了大家的隐私。这个字符串将会一直保留在硬盘的某个地方，直到被删除。

第 4 部分　数据包的流动

```
>Frame 114: 759 bytes on wire (6072 bits), 759 bytes captured (6072 bits) on interface 0
>Ethernet II, Src: Tp-LinkT_c5:6b:44 (08:57:00:c5:6b:44), Dst: IntelCor_2b:9f:e9 (58:fb:84:2b:9f:e9)
>Internet Protocol Version 4, Src: 119.75.213.61, Dst: 192.168.1.103
>Transmission Control Protocol, Src Port: 80, Dst Port: 55430, Seq: 505, Ack: 586, Len: 705
>[2 Reassembled TCP Segments (1209 bytes): #113(504), #114(705)]
∨Hypertext Transfer Protocol
    >HTTP/1.1 200 OK\r\n
    Date: Sat, 17 Feb 2018 10:07:59 GMT\r\n
    Server: Apache\r\n
    P3P: CP=" OTI DSP COR IVA OUR IND COM "\r\n
    Set-Cookie:      BAIDUID=4EA1E836BD537A0A0B73AF259B5DDB93:FG=1;      expires=Sun,
17-Feb-19 10:07:59 GMT; max-age=31536000; path=/; domain=.baidu.com; version=1\r\n
    Last-Modified: Wed, 22 Jun 2011 06:40:43 GMT\r\n
    ETag: "2c1-4a6473f6030c0"\r\n
    Accept-Ranges: bytes\r\n
    Content-Length: 705\r\n
    Cache-Control: max-age=315360000\r\n
    Expires: Tue, 15 Feb 2028 10:07:59 GMT\r\n
    Connection: Keep-Alive\r\n
    ∨Content-Type: image/gif\r\n
    \r\n
    [HTTP response 1/3]
    [Time since request: 0.067775000 seconds]
    [Request in frame: 91]
    [Next request in frame: 146]
    File Data: 705 bytes
>Compuserve GIF, Version: GIF89a
```

图 4-57　Set-Cookie 响应消息

如图 4-58 所示，再次访问这个网站时，浏览器会在请求消息中携带这个 Cookie 给 Web 服务器。Web 服务器也因此把用户与数据库中的某个人联系起来，然后继续忠实地记录并跟踪用户在这个网站上所有的行踪。携带 Cookie 的 GET 请求消息如图 4-58 所示。

```
>Frame 146: 678 bytes on wire (5424 bits), 678 bytes captured (5424 bits) on interface 0
>Ethernet II, Src: IntelCor_2b:9f:e9 (58:fb:84:2b:9f:e9), Dst: Tp-LinkT_c5:6b:44 (08:57:00:c5:6b:44)
>Internet Protocol Version 4, Src: 192.168.1.103, Dst: 119.75.213.61
>Transmission Control Protocol, Src Port: 55430, Dst Port: 80, Seq: 586, Ack: 1210, Len: 624
∨Hypertext Transfer Protocol
    >GET /su?wd=%E5%BF%91&p=3&cb=sugCallback&t=1518862082558 HTTP/1.1\r\n
    Host: www.baidu.com\r\n
    Connection: keep-alive\r\n
    User-Agent: Mozilla/5.0 (Windows NT 10.0; WOW64) AppleWebKit/537.36 (KHTML, like Gecko) Chrome/63.0.3239.108 Safari/537.36\r\n
    Accept: */*\r\n
    Accept-Encoding: gzip, deflate\r\n
    Accept-Language: zh-CN,zh;q=0.9\r\n
    ∨[truncated]Cookie: BDUSS=FlZ…4275
        Cookie pair: BAIDUID=4EA1E836BD537A0A0B73AF259B5DDB93:FG=1
    \r\n
    [Full request URI: http://www.baidu.com/su?wd=%E5%BF&cb=sugCallback&t=1518862082558]
    [HTTP request 2/3]
    [Prev request in frame: 91]
```

图 4-58　携带 Cookie 的 GET 请求消息

5. 问题思考

在第 3 部分的 HTTP 实验中,大家曾经安装配置过 HTTPS 服务。请设计实验,观察 HTTPS 消息和一般的 HTTP 消息的异同点。

4.3.8 ICMP 协议

1. 实验原理

通往 MIT 的道路是艰苦漫长的。在网络空间中一个数据包前往目的地的道路同样漫长。

ICMP(Internet Control Message Protocol)用于主机、路由器等设备之间互相交换网络层信息。最典型的用途是差错报告。例如当用户访问某个突然停止服务的网站时,就可能收到类似"目的主机不可达"之类的错误数据包,这种数据包就是 ICMP 协议产生的。甚至可能中间的某个路由器根本找不到去往目的网络的路径,这个路由器就会发出"目的网络不可到达"的错误数据包。

ICMP 除了差错报告功能,还有 Echo 功能和源抑制功能等。

ping 命令就实现了回显请求功能,这个命令在本书中一直使用。而 ICMP 的源抑制功能最初的目的是执行拥塞控制,即允许拥塞的路由器向一台主机发送一个 ICMP 源抑制报文,以通知该主机减小发送速率。但这个功能实际很少使用。

ICMP 数据直接封装在 IP 数据报中。当一台主机收到一个上层协议为 ICMP 的 IP 数据报时,它会将该数据报的内容传送给 ICMP 协议模块。

ICMP 消息有一个类型字段和一个编码字段,这两个字段同时包含了引发该 ICMP 消息生成的原始 IP 数据报的首部和前 8 字节内容。ICMP 消息的类型见表 4-31。

表 4-31 ICMP 消息类型

ICMP 类型	编码	描 述
0	0	回显响应(对 ping 的响应)
3	0	目的网络不可达
3	1	目的主机不可达
3	2	目的协议不可达
3	3	目的端口不可达
3	6	目的网络未知
3	7	目的主机未知
4	0	源抑制(用于拥塞控制)
8	0	回显请求
9	0	路由器通告
10	0	路由器发现
11	0	TTL 过期
12	0	IP 首部错误

利用 ICMP 协议回显请求和响应功能实现的 tracert 程序可以帮助我们找到数据包通往主机 www.mit.edu 的路径。

2. 实验目的

(1) 理解 ping 命令的工作原理。
(2) 理解 tracert 命令的工作原理。
(3) 掌握 tracert 命令的使用方法。

3. 实验拓扑

本实验可以使用 WiFi 接入，例如无线路由器，或是无线 AP，也可以使用有线局域网接入。但都应该具有 Internet 连接。另外还需要一台安装有 Wireshark 软件的 PC。ICMP 数据包捕获实验拓扑结构如图 4-59 所示。

图 4-59　ICMP 数据包捕获实验拓扑结构

4. 实验步骤

1) ping 命令

大家熟悉的 ping 命令发送一个 ICMP 类型为 8、编码为 0 的 ICMP 消息到指定主机。目的主机收到这个回显请求消息，会向源主机发回一个类型为 0、编码为 0 的 ping 回显响应。多数操作系统都具有 ping 服务器功能，但也有部分操作系统出于安全原因关闭了该功能或者设置防火墙阻挡所有进入的 ping 回显请求，ping 命令回显请求和响应见表 4-32。

实例 4-33：Wireshark 过滤显示 ping 数据包

icmp.type ==0 || icmp.type ==8

表 4-32　ping 命令回显请求和响应

No	Time	Source	Destination	Protocol	Length	Info
79	29.6726	192.168.1.103	223.119.144.197	ICMP	74	Echo (ping) request
80	29.7672	223.119.144.197	192.168.1.103	ICMP	74	Echo (ping) reply

在图 4-60 的 ping 回显请求中，可以看到 IP 数据报的上层协议指向 ICMP。ICMP 消息中的类型字段是 8，编码为 0。

```
>Frame 79: 74 bytes on wire (592 bits), 74 bytes captured (592 bits) on interface 0
>Ethernet II, Src: IntelCor_2b:9f:e9 (58:fb:84:2b:9f:e9), Dst: Tp-LinkT_c5:6b:44 (08:57:00:c5:6b:44)
∨Internet Protocol Version 4, Src: 192.168.1.103, Dst: 223.119.144.197
    0100 .... = Version: 4
    .... 0101 = Header Length: 20 bytes (5)
    >Differentiated Services Field: 0x00 (DSCP: CS0, ECN: Not-ECT)
    Total Length: 60
    Identification: 0x2ae4 (10980)
    >Flags: 0x00
    Fragment offset: 0
    Time to live: 128
    Protocol: ICMP (1)
```

Header checksum: 0xdd90 [validation disabled]
[Header checksum status: Unverified]
Source: 192.168.1.103
Destination: 223.119.144.197
[Source GeoIP: Unknown]
[Destination GeoIP: Unknown]
∨ Internet Control Message Protocol
Type: 8 (Echo (ping) request)
Code: 0
Checksum: 0x4d50 [correct]
[Checksum Status: Good]
Identifier (BE): 1 (0x0001)
Identifier (LE): 256 (0x0100)
Sequence number (BE): 11 (0x000b)
Sequence number (LE): 2816 (0x0b00)
[Response frame: 80]
> Data (32 bytes)

图 4-60　ping 命令回显请求数据包

ping 命令执行时，操作系统会启动计时器。它在收到回显响应数据包后，计算来回所消耗的时间，并在控制台上显示。为 ping 命令回显响应数据包如图 4-61 所示。

> Frame 80: 74 bytes on wire (592 bits), 74 bytes captured (592 bits) on interface 0
> Ethernet II, Src: Tp-LinkT_c5:6b:44 (08:57:00:c5:6b:44), Dst: IntelCor_2b:9f:e9 (58:fb:84:2b:9f:e9)
> Internet Protocol Version 4, Src: 223.119.144.197, Dst: 192.168.1.103
∨ Internet Control Message Protocol
Type: 0 (Echo (ping) reply)
Code: 0
Checksum: 0x5550 [correct]
[Checksum Status: Good]
Identifier (BE): 1 (0x0001)
Identifier (LE): 256 (0x0100)
Sequence number (BE): 11 (0x000b)
Sequence number (LE): 2816 (0x0b00)
[Request frame: 79]
[Response time: 94.636 ms]
> Data (32 bytes)

图 4-61　ping 命令回显响应数据包

2) Tracert 命令

Tracert 程序是 Windows 操作系统提供的一个命令，用于发现从某台主机到网络中任意一台其他主机之间的路径。Tracert 利用了 ICMP 协议的回显请求和响应功能。

为了获得源主机和目的主机之间所有路由器的名字和地址，源主机中的 Tracert 向目的主机发送一系列精心构造的 IP 数据报，数据报内部封装了一个 ICMP 类型为 8、编码为 0 的回显请求。而且这些数据报每个都包含不同的 TTL 值。

第一组三个数据报的 TTL 设置为 1。

当第一组数据报到达第一台路由器时，路由器观察到这个数据报的 TTL 为 0(经过一个

第4部分 数据包的流动

路由器后数据报 TTL 减 1),而且不能直接交付。根据 IP 协议规定,路由器将丢弃这个数据报并发送一个类型 11、编码 0 的 TTL 过期 ICMP 报告给源主机,同时这个 ICMP 消息包含有路由器的名字与 IP 地址。由于源主机也为发送出去的每个数据报启动定时器,因此在源主机收到路由器的反馈后可以计算 RTT,显示这个往返时延。

第二组三个数据报的 TTL 设置为 2。

这几个数据报到达第二个路由器时,它们的 TTL 才会为 0。第二个路由器同样反馈 TTL 过期的报告给源主机。源主机再一次收到路由器发送的 TTL 过期报告,接着它计算此次探测的 RTT,显示这个往返时延。

第三组三个数据报的 TTL 设置为 3。

……

Tracert 的源主机不断地发送 TTL 依次加 1 的数据报。最终,有一组三个数据报将沿着去往目的主机的路径到达目的地。因为数据报此时已经到达目的主机,目的主机会向源主机返回一个类型为 0、编码为 0 的 ICMP 回显响应。当源主机收到这个 ICMP 回显响应,停止发送新的探测数据包。

实例 4-34:Windows 操作系统中的 tracert 程序

```
C:\WINDOWS\system32>tracert www.mit.edu

通过最多 30 个跃点跟踪
到 e9566.dscb.akamaiedge.net [223.119.211.100]的路由:

  1     1 ms     4 ms     4 ms   192.168.1.253
  2     6 ms     5 ms     3 ms   123.71.228.65
  3     4 ms     6 ms     4 ms   61.236.130.225
  4    78 ms    12 ms    10 ms   61.232.214.21
  5    14 ms    20 ms    11 ms   61.236.156.165
  6    53 ms    53 ms    52 ms   61.237.124.217
  7    76 ms    51 ms    51 ms   61.237.0.198
  8   118 ms    69 ms    52 ms   221.176.23.81
  9    84 ms    79 ms    79 ms   221.183.23.53
 10    86 ms    86 ms    83 ms   221.176.22.106
 11     *        *      100 ms   221.183.25.121
 12    86 ms    86 ms    88 ms   221.183.55.57
 13    88 ms     *        *     223.120.2.1
 14    90 ms    95 ms    90 ms   223.120.2.62
 15    89 ms    91 ms    91 ms   223.119.211.100

跟踪完成。
```

实例 4-35:Wireshark 过滤显示 tracert 程序执行过程中的响应数据包

icmp.type ==3 || icmp.type ==11

表 4-33 列出了一次 tracert 执行捕获到的部分数据包。可以发现,它使用了 ICMP 协议,同一组三个回显请求的 IP 数据报具有相同的 TTL 取值。目标主机最后返回的是一个回显响应数据包。

表 4-33 Tracert 程序产生的数据包列表

No.	Time	Source	Destination	Protocol	Length	Info
186	61.554	192.168.1.103	223.119.211.100	ICMP	106	Echo (ping) …ttl=1 …
187	61.555	192.168.1.253	192.168.1.103	ICMP	126	Time-to-live exceeded
188	61.557	192.168.1.103	223.119.211.100	ICMP	106	Echo (ping) …ttl=1 …
189	61.561	192.168.1.253	192.168.1.103	ICMP	126	Time-to-live exceeded
190	61.564	192.168.1.103	223.119.211.100	ICMP	106	Echo (ping) …ttl=1 …
191	61.568	192.168.1.253	192.168.1.103	ICMP	126	Time-to-live exceeded
218	67.1116	192.168.1.103	223.119.211.100	ICMP	106	Echo (ping) …ttl=2 …
219	67.117	123.71.228.65	192.168.1.103	ICMP	70	Time-to-live exceeded
						(略去了部分数据包)
574	157.66	192.168.1.103	223.119.211.100	ICMP	106	Echo (ping) …ttl=15 …
575	157.75	223.119.211.100	192.168.1.103	ICMP	106	Echo (ping) reply

在图 4-62 所示的 tracert 程序的一次回显请求中，可以发现其 IP 数据报的上层协议指向 ICMP。ICMP 数据包中的类型字段是 8，编码为 0。

> Frame 218: 106 bytes on wire (848 bits), 106 bytes captured (848 bits) on interface 0
> Ethernet II, Src: IntelCor_2b:9f:e9 (58:fb:84:2b:9f:e9), Dst: Tp-LinkT_c5:6b:44 (08:57:00:c5:6b:44)
∨ Internet Protocol Version 4, Src: 192.168.1.103, Dst: 223.119.211.100
　　0100 .... = Version: 4
　　.... 0101 = Header Length: 20 bytes (5)
　　> Differentiated Services Field: 0x00 (DSCP: CS0, ECN: Not-ECT)
　　Total Length: 92
　　Identification: 0x63ee (25582)
　　> Flags: 0x00
　　Fragment offset: 0
　　> **Time to live: 2**
　　Protocol: ICMP (1)
　　Header checksum: 0xdfc7 [validation disabled]
　　[Header checksum status: Unverified]
　　Source: 192.168.1.103
　　Destination: 223.119.211.100
　　[Source GeoIP: Unknown]
　　[Destination GeoIP: Unknown]
∨ Internet Control Message Protocol
　　Type: 8 (Echo (ping) request)
　　Code: 0
　　Checksum: 0xf7ec [correct]
　　[Checksum Status: Good]
　　Identifier (BE): 1 (0x0001)
　　Identifier (LE): 256 (0x0100)
　　Sequence number (BE): 18 (0x0012)
　　Sequence number (LE): 4608 (0x1200)
　　> [No response seen]
　　> Data (64 bytes)

图 4-62　tracert 命令的回显请求

在 Tracert 命令执行过程中,收到 TTL 过期报告后,会计算来回所消耗的时间然后在控制台上显示。图 4-63 显示的是一个 TTL 过期的报告数据包。

> Frame 219: 70 bytes on wire (560 bits), 70 bytes captured (560 bits) on interface 0
> Ethernet II, Src: Tp-LinkT_c5:6b:44 (08:57:00:c5:6b:44), Dst: IntelCor_2b:9f:e9 (58:fb:84:2b:9f:e9)
> Internet Protocol Version 4, Src: 123.71.228.65, Dst: 192.168.1.103
∨ Internet Control Message Protocol
   Type: 11 (Time-to-live exceeded)
   Code: 0 (Time to live exceeded in transit)
   Checksum: 0xf4ff [correct]
   [Checksum Status: Good]
   > Internet Protocol Version 4, Src: 192.168.1.103, Dst: 223.119.211.100
   > Internet Control Message Protocol

图 4-63　tracert 命令接收到的回显响应

UNIX/Linux 下与 tracert 命令对应的是 traceroute 命令。但 traceroute 的实现基于 UDP 协议。Traceroute 发出的探测数据报中包含的不是 ICMP 报文,而是 UDP 报文段。这些 UDP 报文段的头部包含了一个不可到达的目的端口。不过这些探测数据包的 TTL 字段使用了和 tracert 同样的处理方法,也就是依次加 1,直到目的主机。由于 traceroute 发出的探测数据包包含的是 UDP 报文段,因此 traceroute 最后收到目的主机的反馈不是 ICMP 类型为 0、编码也为 0 的回显响应,而是一个类型为 3、编码为 3 的目的端口不可到达 ICMP 报告。

5.问题思考

Windows 系统也提供了 pathping 命令,可以说是 tracert 和 ping 的混合体。pathping 命令的执行结果返回两部分内容,第一部分显示到达目的地经过了哪些路由,第二部分显示了路径中每个路由器上数据包丢失方面的信息。其基本用法如下:

    pathping　[-g host-list] [-h maximum_hops] [-i address] [-n]
           [-p period] [-q num_queries] [-w timeout]
           [-4] [-6] target_name

pathping 选项含义见表 4-34。

表 4-34　pathping 选项含义

选项	参数含义
-g host-list	与主机列表一起的松散源路由
-h maximum_hops	搜索目标的最大跃点数
-i address	使用指定的源地址
-n	不将地址解析成主机名
-p period	两次 Ping 之间等待的时间(以毫秒为单位)
-q num_queries	每个跃点的查询数
-w timeout	每次回复等待的超时时间(以毫秒为单位)
-4	强制使用 IPv4
-6	强制使用 IPv6

请大家仿照实验步骤 2)的方法,用 Wireshark 捕获一个完整的数据包列表,说明 pathping 命令的执行过程,并分析执行过程的基本原理。

附录A Cisco Packet Tracer 使用初步

Cisco Packet Tracer 是由 Cisco 公司发布的一个辅助学习工具，为初学者设计、配置及排除网络故障提供了一个网络模拟环境。用户可以在模拟器的图形用户界面上直接使用拖拽方法建立网络拓扑，模拟设备的配置过程，甚至观察数据包在网络中流动的具体过程。由于思科公司早期在行业内的主导地位，很多其他厂家设备的配置、管理界面甚至命令都和它基本类似。因此，在此基础上积累的经验对于其他厂家设备的配置和管理也是非常有用的。思科公司为初学者特别提供了 Student 版本的 Packet Tracer。

本附录将介绍 Cisco Packet Tracer6.0 中最基本的组网和配置方法。

A.1 Packet Tracer 的主界面

安装好 Packet Tracer 后，点击启动 Packet Tracer 进入模拟器的主界面，如图 A-1 所示。在这里需要知道两个最基本的区域：工作区和设备库。

工作区：工作区是主界面的空白区域。在工作区中可以创建网络拓扑、配置设备和观察模拟过程。大家可以像操作真实设备一样打开设备的控制台对设备进行配置和管理。

设备库：设备库在模拟器的左下角。设备库两排图标中最重要的设备是路由器、交换机、链接和终端设备。

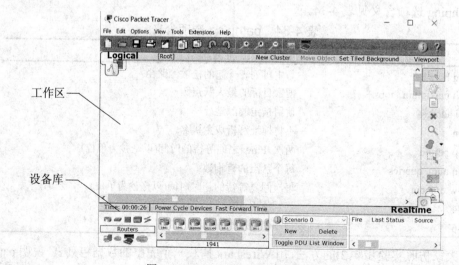

图 A-1 Cisco Packet Tracer 主界面

以路由器(Routers)为例，当鼠标移动到路由器图标时，设备库右边的窗口会出现模拟器可以模拟的各种型号路由器。大家可以查看图标的提示符来获知该设备的型号，路由器选项如图 A-2 所示。

图 A-2　路由器选项

图 A-3　交换机选项

交换机选项如图 A-3 所示。在交换机(Switches)选项中需要注意二层交换机和三层交换机的区别。在本书中三层交换机主要指 3560 型号交换机。这个型号交换机的图标为自右往左第二个。

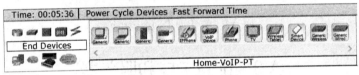

图 A-4　终端设备选项

终端设备选项如图 A-4 所示。在本书中用到的终端设备(End Devices)包括 PC 主机和服务器，分别是左边起第一个和第三个图标。

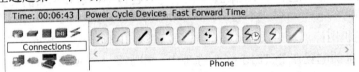

图 A-5　链接选项

在本书中用到的链接设备(Connections)包括直通和交叉双绞线。如图 A-5 所示，其中黑色实心的是直通线，黑色虚线是交叉线。大家一定要注意区别这两种类型的链接。如果不确定应该使用哪种链接，那么可以使用自动连接，也就是左边起第一个图标，让模拟器自动选择相应的连接方式。

A.2　构建一个简单的网络

模拟器中网络的构建过程非常简单，只需要将图标拖拽到工作区，并按照设备要求选择合适的链路连接设备即可。

在设备的连接过程中大家只要用鼠标选择链路、单击需要连接的设备，模拟器就会显示可用的端口。在选择端口的时候一定要仔细，在不确定的情况下可以完全按照书中每个实验的拓扑图进行连接。如果链路工作正常，模拟器图中会出现闪烁的绿色小点。

图 A-6 中的简单的网络表示一台 PC 主机通过一个交换机和一个路由器相连，路由器和一台服务器相连。因为路由器端口需要配置，在配置完成前链路上只有红色的小点在闪烁。闪烁的红色小点表示链路工作不正常。但是这个简单的网络包含了一个错误，那就是路由器和服务器之间错误地选择了直通线相连。因此即使接下来的配置正确，这条链路也不会出现闪烁的绿色小点。

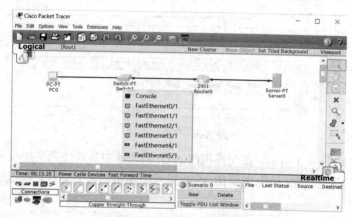

图 A-6 一个简单的网络示例

A.3 配置 PC 和服务器

PC 主机和服务器的网络配置类似，这里只介绍 PC 主机的网络配置。

PC 主机的 IP 地址配置和网关配置不在同一个窗口中，这和真实的计算机有区别。具体配置过程如下。

单击 PC 主机图标，然后选择 Config 选项后进入 IP 地址配置界面。

其中 IP 地址的配置在 INTERFACE 选项中。在如图 A-7 所示的"FastEthernet0"端口中设置 IP 地址和子网掩码。动态主机配置也在此界面进行选择，点击 DHCP 前面的单选按钮即可完成这个配置。

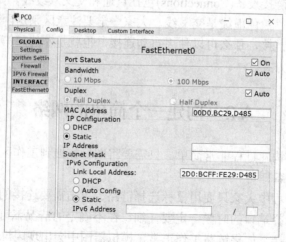

图 A-7 IP 地址的配置

网关和 DNS 的配置在 Global Settings 界面，如图 A-8 所示。

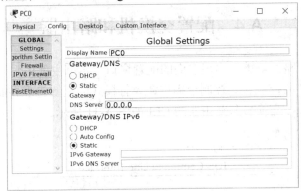

图 A-8　IP 网关和 DNS 的配置

在 PC 主机的 Desktop 选项中点击 Command Prompt 可以启动命令行窗口。在这个窗口中可以使用网络调试命令对所构建的网络进行调试。命令行窗口如图 A-9 所示。

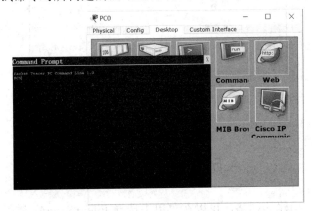

图 A-9　命令行窗口

服务器和 PC 主机的区别在于服务器可以启动 Web、FTP、Firewall 等简单的服务。这些应用服务在服务器的 Service 选项中启动。图 A-10 是配置 FTP 的界面。在这个界面中大家可以看到 FTP 服务有一个默认的用户 Cisco。这个用户登录 FTP 服务的口令也是 Cisco。

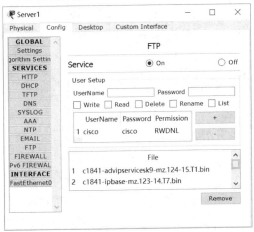

图 A-10　服务器应用的配置

A.4 配置交换机和路由器

单击交换机或者路由器就会出现它们的配置窗口。本书主要用到的是 CLI 选项卡，这个选项卡包含了设备的控制台。控制台提供命令行模式的配置管理界面，这个界面与真实设备的配置界面类似。交换机和路由器的 CLI 如图 A-11 所示。

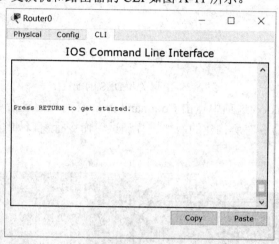

图 A-11　交换机和路由器的 CLI

A.5 保存一次配置

如果要保存自己构建的网络，可以在菜单中选择 File→SaveAs 进行网络配置的保存。模拟器会询问你想要保存文件的位置。在你指定文件名后模拟器会将所有的配置保存成扩展名为 pkt 的文件。在实验过程中可以使用这种方式保存模拟的现场，在需要的时候继续练习。

附录B Cisco、HUAWEI、Ruijie公司配置命令参考对照

表B-1 1.3.3 命令对照

Cisco	HUAWEI	Ruijie	功能说明
enable	system-view	enable	用户模式进入特权模式
configure terminal		configure terminal	进入全局配置模式
interface	interface	interface	进入端口配置模式
exit	quit	exit	退出
end		end	结束配置
disable	return	disable	退出特权模式
?	?	?	显示帮助
ping	ping	ping	
hostname	sysname	hostname	配置主机名
banner	header login/shell	banner	配置交换机登录提示
speed	speed	speed	配置端口速度
duplex	duplex	duplex	配置双工模式
description		description	配置端口描述信息
show	display	show	查看配置
no	undo	no	取消配置
copy	copy	copy	保存配置
write	save	write	保存配置

表 B-2 1.3.4 命令对照

公司	命令	功能说明
Cisco	vlan x	配置 VLAN x
	Interface xxx	指定端口 xxx
	switchport access vlan x	指定端口 xxx 归属 VLAN x
	interface yyy	指定端口 yyy
	switchport mode trunk	指定端口 yyy 为 Trunk 端口
	interface vlan x	指定 VLAN x 端口
	ip address a.b.c.d A.B.C.D	IP 地址 a.b.c.d 掩码 A.B.C.D
	ip routing	开启路由
HUAWEI	vlan x	配置 VLAN x
	Interface xxx	指定端口 xxx
	port link-type access	指定端口 xxx 归属 VLAN x
	port default vlan x	
	Interface yyy	指定端口 yyy
	port link-type trunk	指定端口 yyy 为 Trunk 端口
	port trunk allow-pass vlan x	允许 VLAN x 通过
	Interface VLANif x	指定端口 VLAN x
	ip address a.b.c.d DD	IP 地址 a.b.c.d，DD 是掩码长度
Ruijie	vlan x	配置 VLAN x
	Interface xxx	指定端口 xxx
	switchport access vlan x	指定端口 xxx 归属 VLAN x
	Interface yyy	指定端口 yyy
	switchport mode trunk	指定端口 yyy 为 Trunk 端口
	Interface vlan x	指定 VLAN x 端口
	ip address a.b.c.d A.B.C.D	IP 地址 a.b.c.d 掩码 A.B.C.D
	ip routing	开启路由

表 B-3 1.3.5 命令对照

公司	命令	功能说明
Cisco	spanning-tree mode rapid-pvst	生成树协议的类型为 RSTP
	show spanning-tree	查看生成树配置
	spanning-tree vlan x root primary	指定为根交换机
	spanning-tree vlan x root secondary	指定为备份根交换机
	spanning-tree vlan x priority <0-61440>	交换机优先级，4096 的倍数
	spanning-tree vlan x port-priority <0-240>	设置端口优先级，16 的倍数
HUAWEI	stp mode rstp	生成树协议的类型为 RSTP
	display stp brief	查看生成树配置
	stp root priority	指定为根交换机
	stp root secondary	指定为备份根交换机
	stp priority	设置交换机优先级
	stp cost	设置交换机端口代价

附录 B　Cisco、HUAWEI、Ruijie 公司配置命令参考对照

续表

公司	命令	功能说明
Ruijie	spanning-tree	开启生成树配置
	Spanning-tree mode rstp	生成树协议的类型为 RSTP
	show spanning-tree	查看生成树配置
	spanning-tree priority <0-61440>	交换机优先级，4096 的倍数
	spanning-tree port-priority <0-240>	设置端口优先级，16 的倍数

表 B-4　2.3.1 命令对照

公司	命令	功能说明
Cisco	show ip route	查看转发表
	ip route a.b.c.d A.B.C.D Destination prefix	添加路由条目
	ip route 0.0.0.0 0.0.0.0 Destination prefix	添加默认路由
HUAWEI	display ip routing-table	查看转发表
	ip route-static a.b.c.d DD Destination prefix	添加路由条目，DD 是掩码长度
	ip route-static 0.0.0.0 0 Destination prefix	添加默认路由
Ruijie	show ip route	查看转发表
	ip route a.b.c.d A.B.C.D Destination prefix	添加路由条目
	ip route 0.0.0.0 0.0.0.0 Destination prefix	添加默认路由

表 B-5　2.3.2 命令对照

公司	命令	功能说明
Cisco	router rip	进入 RIP 路由配置模式
	network a.b.c.d	添加路由的子网
	auto-summary	路由汇聚功能
	timers	定时器设置
	debug ip rip	开启 RIP 调试功能
	show ip protocols	查看协议运行状态
HUAWEI	rip	进入 RIP 路由配置模式
	network a.b.c.d	添加路由的子网
	summary-always	路由汇聚功能
	timers	定时器设置
	debugging rip 1	开启 RIP1 调试功能
	display rip database	查看协议运行状态
Ruijie	router rip	进入 RIP 路由配置模式
	network a.b.c.d	添加路由的子网
	auto-summary	路由汇聚功能
	timers	定时器设置
	debug ip rip	开启 RIP 调试功能
	show ip protocols	查看协议运行状态

表 B-6　2.3.3 命令对照

公司	命令	功能说明
Cisco	route ospf	进入 OSPF 路由配置模式
	network a.b.c.d A.B.C.D area x	添加路由的子网
	area x authentication	区域明文认证
	area x authentication message-digest	区域密文认证
	router-id	设置路由 ID
	show ip ospf interface	查看 OSPF 配置端口状态
	show ip ospf neighbor	查看邻居状态
	show ip ospf database	查看 OSPF 数据库
	ip ospf authentication-key	链路配置明文认证、口令
	ip ospf message-digest-key keyid md5	链路配置密文认证、密码
HUAWEI	ospf	进入 RIP 路由配置模式
	area x	指定区域 x
	network a.b.c.d A.B.C.D	添加路由的子网，使用反掩码
	authentication-mode simple	区域明文认证
	authentication-mode md5	区域密文认证
	router-id	设置路由 ID
	display ospf interface	查看 OSPF 配置端口状态
	display ospf peer	查看邻居状态
	display ospf lsdb	检查 OSPF 链路状态信息
	ospf authentication md5	链路配置密文认证
Ruijie	route ospf	进入 OSPF 路由配置模式
	network a.b.c.d A.B.C.D area x	添加路由的子网，使用反掩码
	area x authentication	区域明文认证
	area x authentication message-digest	区域密文认证
	router-id	设置路由 ID
	show ip ospf interface	查看 OSPF 配置端口状态
	show ip ospf neighbor	查看邻居状态
	ip ospf authentication-key	链路配置明文认证、口令
	ip ospf message-digest-key keyid md5	链路配置密文认证、密码

附录 B　Cisco、HUAWEI、Ruijie 公司配置命令参考对照

表 B-7　2.3.4 命令对照

公司	命令	功能说明
Cisco	ip nat inside source static inside-IP global-IP	内外部 IP 地址映射
	ip nat inside	指定内部接口
	ip nat outside	指定外部接口
	access-list x	指定访问列表 x
	ip nat pool y	指定地址池 y
	ip nat inside source list x pool y	指定地址池的访问列表
	show ip nat translations	查看 NAT 转换表
HUAWEI	nat static global-IP inside -IP	内外部 IP 地址映射
	acl x	指定访问列表 x
	nat address-group y	指定地址池 y
	nat outbound x address-group y	指定地址池的访问列表
	diplay nat outbound	查看 outbound 信息
Ruijie	ip nat inside source static inside-IP global-IP	内外部 IP 地址映射
	ip nat inside	指定内部接口
	ip nat outside	指定外部接口
	access-list x	指定访问列表 x
	ip nat pool y	指定地址池 y
	ip nat inside source list x pool y	指定地址池的访问列表
	show ip nat translations	查看 NAT 转换表

表 B-8　2.3.5 命令对照

公司	命令	功能说明
Cisco	access-list x	定义访问控制列表
	ip access-group x	配置端口访问权限
	ip access-list	基于名称的访问控制列表
	show access x	查看访问控制列表 x
HUAWEI	acl x	定义访问列表 x
	acl x inbound	在某接口入方向应用控制列表
	display acl all	查看访问控制列表
Ruijie	ip access-list standard x	定义标准访问控制列表
	ip access-list extended x	定义扩展访问控制列表
	ip access-group x in	在某接口入方向应用控制列表
	show ip access-lists x	查看访问控制列表 x

表 B-9　2.3.6 命令对照

公司	命令	功能说明
Cisco	ip helper-address	中继指定 DHCP 服务器
	ip dhcp pool	配置 DHCP 服务器
	network a.b.c.d A.B.C.D	地址池
	default-router a.b.c.d	默认网关
	dns-server a.b.c.d	域名服务器
	ip dhcp excluded-address	不参与分配的 IP 地址
HUAWEI	dhcp select relay	指定 DHCP 中继
	dhcp enable	开启 DHCP 服务
	dhcp dhcp excluded-address select interface	开启接口的 DHCP 功能
	dhcp server lease	地址租用有效期
	dhcp server excluded-ip-address	不参与分配的 IP 地址
	dhcp server dns-list	DNS 服务器列表
	ip pool	地址池
Ruijie	service dhcp	开启 DHCP 服务
	ip dhcp pool	配置 DHCP 服务器
	lease	地址租用有效期
	network a.b.c.d A.B.C.D	地址池
	default-router a.b.c.d	默认网关
	dns-server a.b.c.d	域名服务器
	ip dhcp excluded-address	不参与分配的 IP 地址

附录 C Wireshark 入门

Wireshark 的原名是 Ethereal。1997 年，由于 Gerald Combs 需要一个能够追踪网络数据流的工具软件作为其工作的辅助，所以开发了 Ethereal 软件。2006 年他决定离开原来供职的公司并继续开发这个软件，但由于 Ethereal 这个商标的使用权已经被公司注册，Wireshark 这个新名字就应运而生了。

Wireshark 是一个非常方便的网络分析工具。这个强大的工具可以捕捉网络中的数据包，通过数据包的分析为用户提供关于网络和相关协议的各种信息。

Wireshark 使用 WinPCAP 网络函数库来进行数据包的捕获。

Wireshark 的主要优势有三点，分别是：

① 安装方便。
② 具有简单易用的界面。
③ 功能丰富。

可以从 Wikipedia 网站上得到更多关于 Wireshark 的信息。

目前已经有很多 Wireshark 的介绍书籍，因此本书不再做详细介绍，本附录仅介绍阅读本书、以及进行相关实验所需的 Wireshark 技能。

C.1 Wireshark 的安装和启动

现在大部分计算机的处理器和内存条件都能满足 Wireshark 的运行需求。而且它的安装过程非常简单，但需要注意以下两点：

① 网卡(接口)支持混杂模式。
② WinPcap 驱动。

WinPcap 驱动是 Windows 对 Pcap 数据包捕获通用程序接口(API)的实现，Wireshark 需要调用这个驱动，通过操作系统捕获原始数据包和应用过滤器。但 Wireshark 在新版本发布的时候，其安装包中已经包含了 WinPcap，且它们已经通过了兼容性测试。所以大家不需要额外下载安装 WinPcap，只要在安装时选择这个安装选项就可以了。

Windows 环境下的安装：

① 下载安装包后，双击.exe 可执行文件按提示进行安装。首先出现的是介绍页面，单击 Next。
② 阅读许可条款，如果同意接受此条款，单击 I Agree。

③ 选择希望安装的 Wireshark 组件。这里接受默认设置即可，单击 Next。
④ 新版 Wireshark 增加了 USPCap 功能。这是一个可选安装，单击 Next。
⑤ 选择 Wireshark 的安装位置，并单击 Next。
⑥ 当安装过程提示是否需要安装 WinPcap 时，请一定要选择 Install WinPcap，然后单击 Install。随后开始整个安装过程。
⑦ 在 WinPcap 和 Wireshark 安装完成后，可以选择安装后立即运行，在安装完成确认界面中单击 Finish。Wireshark 安装组件选择和结束窗口如图 C-1 所示。

安装结束后，启动 Wireshark，进入 Wireshark 启动界面，如图 C-2 所示。

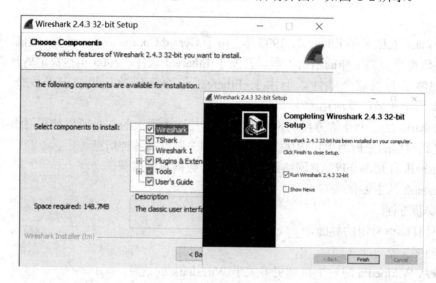

图 C-1　Wireshark 安装组件选择和结束窗口

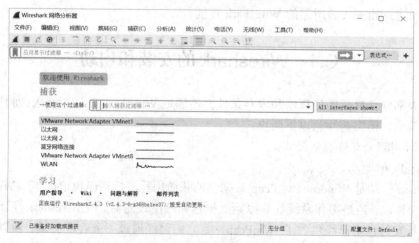

图 C-2　Wireshark 启动界面

C.2　Wireshark 主窗口

安装完成 Wireshark 后大家就可以开始第一次数据包捕获实验了。

附录 C　Wireshark 入门　·253·

Wireshark 主窗口是它展示捕获数据包的主界面。Wireshark 主窗口界面如图 C-3 所示。和大多数图形界面程序一样，Wireshark 主窗口由如下部分组成。

- Menu：　　　　　菜单，用于开始操作。
- Main Toolbar：　　主工具栏，提供快速访问菜单中经常用到的功能项目。
- Filter Toolbar：　　过滤工具栏，提供处理当前显示过滤的方法。
- Packet List：　　　数据包列表面板，显示所打开文件中每个数据包的摘要。
- Packet Detail：　　数据包详细信息面板，显示 Packet list 面板所选中的数据包。
- Packet Bytes：　　数据包字节面板，显示所选中数据包的字节信息。
- Status：　　　　　状态栏，显示当前程序状态以及捕获数据的相关情况。

图 C-3　Wireshark 主窗口界面

主窗口中最重要的三个面板 Packet List、Packet Detail 和 Packet Bytes 相互联系。如果希望在 Packet Detail 和 Packet Bytes 面板中查看单个数据包的具体内容，必须在 Packet List 面板中单击选中那个数据包。数据包被选中以后，在 Packet Detail 面板中可以查看它的文本信息，也可以选中数据包的某个字段，在 Packet Bytes 面板查看相应字段的十六进制信息。以下对这三个面版作具体介绍：

① Packet List(列表)：这个面板用表格形式展示当前捕获的所有数据包。它包括数据包的帧序号、捕获的时间、数据包的源地址和目标地址、协议类型和所包含信息的摘要等。

② Packet Detail(细节)：中间的面板分层次地显示数据包的细节内容。各个层次可以展开或者收缩，按照需要查看这个数据包的全部内容。这里展示的文本信息内容使用 ASCII 码表示。

③ Packet Bytes(字节)：最下面的面板展示的是数据包未经处理的原始状态。信息使用十六进制表示。当大家需要深入数据包内部研究网络协议的时候可以使用这部分信息，因为在 Packet Detail 面板通常只显示数据包头部信息。

C.3 Wireshark 捕获选项

在菜单的捕获子菜单中第一个选项就是捕获选项(设置)。

如图 C-4 所示，捕获选项总共有选项(设置)、开始、停止、重新开始、捕获过滤器和刷新接口列表。

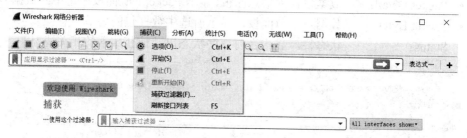

图 C-4　捕获菜单选项

在正式开始捕获数据包之前，需要在"选项"这里指定输入(需要捕获数据包的网卡)和输出(捕获数据包存放的文件路径以及文件名)。选中这个选项后，系统显示如图 C-5。

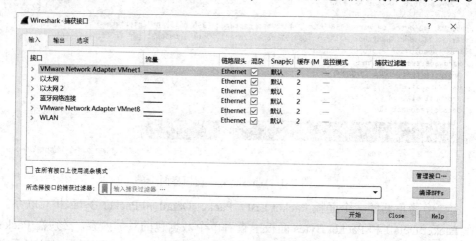

图 C-5　捕获输入和输出指定

输入其实是指捕获数据包的网卡。一般的计算机，例如笔记本电脑都有两个网卡：有线网卡和无线网卡，需要在这里指定具体的网卡。

注意：

在 Windows7、8 和 10 环境中，Wireshark 有时不能发现可以采集数据包的网卡，这时需要做两件事情：在 C-5 界面中重置"在所有接口中使用混杂模式"选项，然后指定网卡。还需要在具有管理员权限的命令提示符下输入"net start npf"命令打开驱动服务。

NPF(Netgroup Packet Filter)是网络数据包过滤器。它是 Winpcap 的核心部分，也是 Winpcap 最重要的组件。它处理网络上传输的数据包，并且为用户提供捕获(capture)、注入(injection)和分析能力(analysis capabilities)。

输出是指捕获数据包的去处。在默认的情况下，Wireshark 仅在内存中保留捕获的数据，在关闭 Wireshark 时会提示保存捕获的数据包。大家可以在这个界面指定数据保存目录、文件名以及保存的格式。文件保存的格式包括 pcapng 和 pcap。由于捕获的数据一般数量庞大，可以使用文件的环形缓冲器来保存文件，但这种方式只能保留最近采集的数据包。

C.4 第一次捕获数据包

在指定需要捕获数据包的接口后，点击"开始"选项，Wireshark 立即开始捕获数据包。大家可能会惊奇地发现，网络上竟然会有这么多的数据包，而且其中很多数据包自己根本不认识。

Wireshark 可以在 Packet Detail 面板显示数据包的细节。也可以通过双击 Packet List 中的数据包，单独为这个数据包打开一个显示窗口，如图 C-6 所示。这个窗口包含数据包细节和字节面板中显示的信息。它的操作方法和主窗口面板操作方法一致。

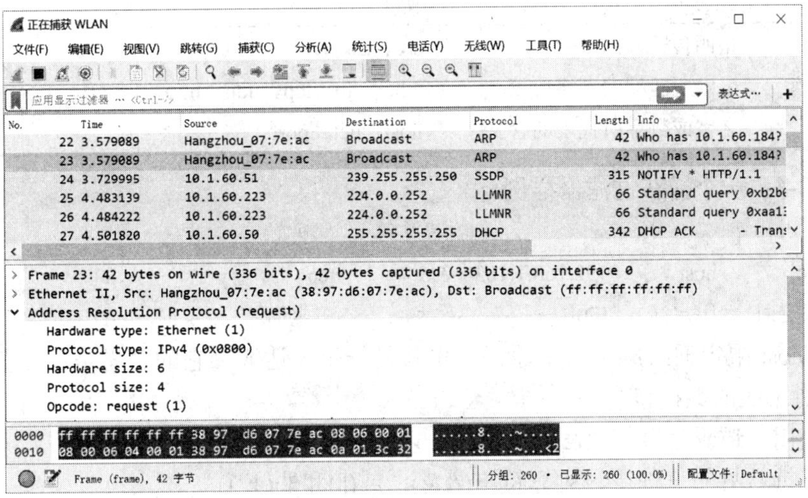

图 C-6　数据包单独显示窗口

C.5 过滤器使用

由于 Wireshark 捕获的数据包实在太多了。为了方便用户使用，它提供了过滤器帮助大家找出希望分析的数据包。

过滤器指通过定义一定的条件即一个表达式，用来包含或者排除数据包。如果只希望捕获某种类型的数据包，就可以使用一个过滤器屏蔽不需要的类型。如果只希望显示某些数据包，也可以定义一个过滤器来排除不希望看到的数据包。

Wireshark 有两种类型的过滤器，分别为捕获过滤器和显示过滤器。

捕获过滤器：这种类型的过滤器在数据捕获时起作用。由于在捕获时过滤，不需要的数据包直接抛弃，相比全部捕获所有数据包，这种捕获方式效率要高得多。

显示过滤器：显示过滤器根据指定的表达式来过滤一个已捕获的数据包集合，隐藏不想显示的数据包，只显示那些需要分析的数据包。

1) 捕获过滤器

如图 C-4 所示，在捕获输入指定窗口的最下面一行"所选择接口的捕获过滤器"可以编辑设置过滤器。

例如，指定"port 80"，就意味着只捕获 80 号端口的出站和入站数据流，该主机上其他进程，也就是说对于端口号不是 80 的进程产生的所有网络通信数据 Wireshark 将不予以捕获。

捕获过滤器其实应用于 WinPcap，它使用的是 BPF(Berkeley Packet Filter)语法。BPF 广泛用于各种数据包嗅探软件。它的广泛采用应归功于 WinPcap 库，因为大部分数据包嗅探软件都用它来捕获数据。

BPF 语法创建的过滤器本质是一个表达式。这个表达式包含一个或多个原语，每个原语包含一个或多个限定词，然后是限定词的具体 ID 或者数字取值。BPF 限定词见表 C-1。

表 C-1 BPF 限定词

限定词	含义	例子
Dir	指明传输方向	src、dst
Proto	限定所匹配的网络协议	ether、ip、tcp、udp、http、ftp
Type	名字或数字所代表的含义	host、net、port

实例 C-1：一个捕获过滤器样例

```
        原语一                              操作符      原语二
    src     host    192.168.1.103    &&     tcp       port      80
    限定词   限定词    ID                    限定词    限定词    ID
```

src 和 host 限定词组成了一个原语，也就是一个表达式。它的意思是仅捕获源 IP 地址是 192.168.1.103 的数据包。

这里使用了逻辑运算符"&&"对原语一和原语二进行了组合。

BPF 支持常见的三种逻辑运算符与(&&)，或(||)和非(！)。

下面通过实例介绍 BPF 的常见用法。

实例 C-2：主机名和地址过滤器

假定我们对子网内主机与某个互联网服务器产生的流量感兴趣，就可以使用 host 限定词构造一些过滤器。

```
    host  192.168.1.103              ~使用 IP 地址限定词进行过滤
    host  testserver                 ~使用主机名限定词进行过滤
    ether host 00-11-22-33-44-55-66  ~使用 MAC 地址限定词进行过滤
    src   host 192.168.1.103         ~传输方向和 IP 地址限定词进行联合过滤
    dst   host 202.212.112.103       ~传输方向和 IP 地址限定词进行联合过滤
    src   192.168.1.103              ~限定词没有指定类型限定词，默认为 host
```

实例 C-3：端口过滤器

不仅仅可以基于主机过滤，也可以基于每个数据包的端口进行过滤，下面是一些例子。

```
    port    80      ~只对 80 端口进行数据包捕获
    !port   80      ~只捕获除 80 端口以外的数据包
```

dst port   80   ~只对目标端口 80 进行数据包捕获

实例 C-4：协议过滤器

协议过滤器让我们能够基于特定的协议进行数据包过滤。下面是两个例子。

icmp   ~只捕获 icmp 数据包

!ip6   ~只捕获 IPv6 之外的数据包

BPF 语法的一个强大功能是可以通过指定协议头部字段的取值创建特殊过滤器。这些过滤器可以让大家用数据包中的某个特定字段进行过滤。

实例 C-5：对 ICMP 过滤器的类型域进行过滤

ICMP 的类型域从偏移量为 0 的位置开始，从而可以使用某个下标值指定偏移量在一个数据包内部进行检查。

icmp[0] == 3   ~表示目标不可到达信息的 ICMP 数据包

icmp[0] == 8 || icmp[0] == 0   ~表示 echo 请求或者回复的 ICMP 数据包

实例 C-6：对 TCP 过滤器的类型域进行过滤

如果只希望捕获带有 RST 标志的 TCP 数据包，RST 标志位是偏移量为 13 字节的第 4 比特，这个过滤器就如下设置：

tcp[13]&4 == 4

2）显示过滤器

显示过滤器作用于捕获的数据包集合，用来指示 Wireshark 显示符合过滤条件的数据包。大家可以在 Packet List 面板上方的 Filter 文本框中编辑输入一个显示过滤器。

例如要过滤掉 Packet List 中所有的 ARP 数据包(ARP 数据实在太多了！)，把光标移动到 Filter 文本框中，然后输入!arp，就可以在 Packet List 面板中隐藏所有的 ARP 数据包了。如图 C-7 和图 C-8 所示，即为显示过滤器的使用方式。

图 C-7 显示过滤器的使用 1

又例如要定位 ID 为 0X4fed 的 IP 数据包，可以使用图 C-8 所示的 ip.id == 0X4fed 的过滤器。

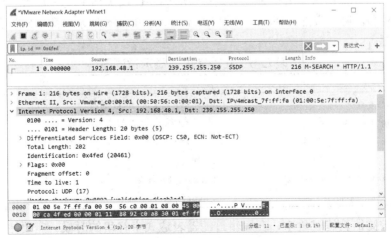

图 C-8 显示过滤器的使用 2

Wireshark 提供了过滤器表达式对话框帮助初学者构建显示过滤器。但是这个表达式对话框里面的选项非常多,刚开始时想找到自己想要的选项不是一件容易的事情。因此这里介绍一些本书中可能用到的、最基本的显示过滤器构造语法。大多数时候是直接在 Filter 文本框中编辑显示过滤器。

显示过滤器的构造语法中有比较操作符、逻辑操作符和搜索操作符等。比较操作符可以让大家进行值的比较,见表 C-2。而逻辑操作符可以使用多个过滤条件,见表 C-3。Wireshark 也提供了搜索和匹配操作符,见表 C-4。

表 C-2　过滤器表达式的比较操作符

操作符	说明	例子
==	等于	tcp.flags.syn==1
!=	不等于	tcp.port!= 80
>	大于	ip.addr>192.168.1.5
<	小于	ip.id<2454
>=	大于或等于	frame.len>=1500
<=	小于或等于	frame.number<=2333

表 C-3　过滤器表达式的逻辑操作符

操作符	说明	例子
And, &&	两个条件同时满足	ip.addr==192.168.1.5　and　tcp.port==80
or, ||	其中一个条件被满足	ip.addr==192.168.1.5　or　ip.addr==192.168.1.4
not, !	没有条件被满足	not arp

表 C-4　过滤器表达式的搜索和匹配操作符

操作符	说明	例子
contains	包含某个值	http contains "https://www.wireshark.org"
matches, ~	匹配某个值	http.request.uri matches "www.mit.edu"

了解显示过滤器的操作符以后,就可以开始构造自己的过滤器了。TCP/IP 协议中能够用来构造显示过滤器的最重要两种元素是协议名称和协议头部字段的名称。协议名称例如 http、ip、tcp 等。协议头部的字段,例如 ip.addr、tcp.flags.ack 等。表 C-5 总结了几种常用的显示过滤器。

表 C-5　几种常用的显示过滤器

例子	说明
tcp.flags.syn==1	具有 syn 标志位的数据段
tcp.flags.rst==1	具有 rst 标志位的数据段
not arp	排除 arp 流量
ftp	ftp 流量
tcp.port==21 or tcp.port==23	telnet 或 ftp 流量
smtp or pop or smtp	Email 流量

在显示过滤器构造过程中,在编辑过滤器表达式字符串的时候一定要注意 Wireshark 的用户提示。如果用户输入的显示过滤器语法正确,输入框背景会变为绿色。对于错误的

显示过滤器表达式，输入框背景将会显示红色。

C.6 保存和导出捕获文件

如果要保存捕获的数据包，可以在菜单中选择 File→SaveAs 进行文件的保存。Wireshark 会询问保存文件的位置以及格式。如果没有选择文件格式，那么它会默认保存成扩展名为 pcapng 的文件。

参 考 文 献

[1] J.F. Kurose, K.W. Ross. 计算机网络:自顶向下方法. 6版. 陈鸣, 译. 北京：机械工业出版社, 2014.

[2] A.S.Tanenbaum, D.J.Wetherall. 计算机网络. 5版. 严伟, 潘爱民, 译. 北京：清华大学出版社, 2012.

[3] 谢希仁. 计算机网络. 7版. 北京：电子工业出版社, 2017.

[4] HCNA 网络技术实验指南, 华为技术有限公司. 北京：人民邮电出版社, 2017.

[5] 锐捷网络股份有限公司. 锐捷交换机常用功能配置案例集. http://www.ruijie.com.cn.

[6] C. Liu, P. Albitz. DNS 与 BIND. 5版. 房向明, 孙云, 陈治州, 译. 北京：人民邮电出版社, 2014.

[7] 王江伟. Apache 服务器配置与使用工作笔记. 北京：电子工业出版社, 2012.

[8] C.Sanders. Wireshark 数据包分析实战. 2版. 诸葛建伟, 陈霖, 许伟林, 译. 北京：人民邮电出版社, 2013.

[9] Packet Tracer, Cisco. https://www.netacad.com.

[10] BIND, Internet Systems Consortium. https://www.isc.org.

[11] Apache HTTP Server. Apache Software Foundation. http:// http://httpd.apache.org.

[12] WireShark, G. Combs. https://www.wireshark.org.

[13] [RFC 950] Mogul J, Postel J. Internet Standard Subnetting Procedure. RFC 950, Aug. 1985.

[14] [RFC 959] Postel J, Reynolds J. File Transfer Protocol (FTP). RFC 959, Oct. 1985.

[15] [RFC 1028] Davin J, Case J. D, Fedor M, Schoffstall M. A Simple Gateway Monitoring Protocol. RFC 1028, Nov. 1987.

[16] [RFC 1034]. Mockapetris P.V. Domain Names：Concepts and Facilities. RFC 1034, Nov. 1987.

[17] RFC 1035] Mockapetris P. Domain Names：Implementation and Specification. RFC1035, Nov. 1987.

[18] [RFC 1058] Hendrick C.L. Routing Information Protocol. RFC 1058, June 1988.

[19] [RFC 1075] Waitzman D. Partridge C. Deering S. Distance Vector Multicast Routing Protocol. RFC 1075, Nov. 1988.

[20] [RFC 1256] Deering S. ICMP Router Discovery Messages. RFC 1256, Sept. 1991.

[21] [RFC 1700] Reynolds J. Postel J. Assigned Numbers. RFC 1700, Oct. 1994.

[22] [RFC 1918] Rekhter Y, Moskowitz B. Karrenberg D, G. J. de Groot, Lear E. Address Allocation for Private Internets. RFC 1918, Feb. 1996.

[23] [RFC 1945] Berners-Lee T. Fielding R, Frystyk H, Hypertext Transfer Protocol：HTTP/1.0. RFC 1945, May 1996.

[24] [RFC 2018] Mathis M, Mahdavi J, Floyd S, Romanow A. TCP Selective Acknowledgment

Options. RFC 2018, Oct. 1996.

[25] [RFC 2131] Droms R. Dynamic Host Configuration Protocol: RFC 2131, Mar. 1997.

[26] [RFC 2328] Moy J. OSPF Version 2. RFC 2328, Apr. 1998.

[27] [RFC 2453] Malkin G. RIP Version 2. RFC 2453, Nov. 1998.

[28] [RFC 2616] Fielding R, Gettys J, Mogul J, Frystyk H, Masinter L, Leach P, BernersLee T. Fielding R, Hypertext Transfer Protocol: HTTP/1.1. RFC 2616, June 1999.

[29] [RFC 2663] Srisuresh P, Holdrege M. IP Network Address Translator (NAT) Terminology and Considerations. RFC 2663.

[30] [RFC 3022] Srisuresh P, Egevang K. Traditional IP Network Address Translator (Traditional NAT). RFC 3022, Jan. 2001.

[31] [RFC 3221] Huston G. Commentary on Inter-Domain Routing in the Internet. RFC 3221, Dec. 2001.

[32] [RFC 3390] Allman M, Floyd S, Partridge C. Increasing TCP's Initial Window. RFC 3390, Oct. 2002.

[33] [RFC 3649] Floyd S. High Speed TCP for Large Congestion Windows. RFC 3649, Dec. 2003.

[34] [RFC 4271] Rekhter Y. Li T, Hares S, Ed. A Border Gateway Protocol 4 (BGP-4): RFC4271, Jan. 2006.

[35] [RFC 4632] Fuller V, Li T. Classless Inter-domain Routing (CIDR): The Internet Address Assignment and Aggregation Plan. RFC 4632, Aug. 2006.

[36] [RFC 5681] Allman M, Paxson V, Blanton E. TCP Congestion Control. RFC 5681, Sept. 2009.

[37] [RFC 6265] Barth A. HTTP State Management Mechanism. RFC 6265, Apr. 2011.

[38] [RFC 6298] Paxson V. Allman M, Chu J, Sargent M. Computing TCP's Retransmission Timer. RFC 6298, June. 2011.